Christel Rittmeyer & Holger Schäfer

Diagnostik in Schule und Unterricht

Ein synthetischer,
qualitativ-quantitativer Ansatz

für die Handlungsfelder
Deutsch, Mathematik und Verhalten

Mit einem Vorwort von
Prof. Dr. Rudolf Kretschmann

Schneider Verlag Hohengehren GmbH

Umschlagbild: Schulkinder malen © contrastwerkstatt – fotolia.com

Gedruckt auf umweltfreundlichem Papier (chlor- und säurefrei hergestellt).

Bibliografische Information der Deutschen Nationalbibliothek

Die Deutsche Nationalbibliothek verzeichnet diese Publikation in der Deutschen Nationalbibliografie; detaillierte bibliografische Daten sind im Internet über ›http://dnb.d-nb.de‹ abrufbar.

ISBN 978-3-8340-1143-5 – **2. unveränderte Auflage**

Schneider Verlag Hohengehren, Wilhelmstr. 13, 73666 Baltmannsweiler

Homepage: www.paedagogik.de

Printed in Germany – Druckerei Stückle, Ettenheim

Inhaltsverzeichnis

Allgemeine Anmerkungen:

- Unsere Ausführungen beziehen sich auf den aktuellen Stand der Literatur, insbesondere im Hinblick auf gesetzliche Grundlagen, landeseigene Verwaltungsvorschriften und Verordnungen, sowie Richtlinien und Lehrpläne beziehen wir uns auf deren Ausführungen mit dem Stand **01. September 2012**.
- Ebenso beziehen sich die angegebenen Quellen und Verweise aus dem Internet auf den Online-Zugriff am **01. September 2012**.
- In Anlehnung an die Ausführungen von Pitsch / Thümmel (2011) zur „*Verwirrung*" (45) im deutschen Bildungssystem, orientieren wir uns im Bezug auf die **Bezeichnungen der Förderschwerpunkte** zunächst noch an den Empfehlungen der Kultusministerkonferenz von 1994 (Drave et al. 2000, 9ff. und Hannig 2000, 41ff.).

  Auf der Grundlage der sogenannten „*Behindertenrechtskonvention*" (VN-BRK), die 2006 von den Vereinten Nationen verabschiedet wurde, *„hat die Ständige Konferenz der Kultusminister* (nun) *mit der Fortschreibung der Empfehlungen (2008) begonnen"* (Terfloth / Bauersfeld 2012, 42). Hier sind Förderschwerpunkte zu finden, die sich von den Ausführungen von 1994 und einer daran anknüpfenden Konkretisierung (z.B. FSP Geistige Entwicklung 1998) unterscheiden:

    - *„Lernentwicklung,*
    - *die emotionale und soziale Entwicklung,*
    - *die körperliche und motorische Entwicklung,*
    - *die Entwicklung der Wahrnehmung,*
    - *die Entwicklung des sprachlichen und kommunikativen Handelns"* (KMK 2010, 7f. zit. nach Terfloth / Bauersfeld 2012, 42).

  Um in diesem Zusammenhang eine weitere „Verwirrung" (Pitsch / Thümmel 2011, 45) zu vermeiden – *der Förderschwerpunkt geistige Entwicklung wird hier nicht ausgewiesen* – und die o.g. Felder in der schulpraktischen Umsetzung bis dato nur marginale Berücksichtigung fanden, verwenden wir in unseren Ausführungen zunächst die bisherigen Bezeichnungen der Förderschwerpunkte.
- Im **Bildquellennachweis** (262ff.) verweisen wir im Detail auf die ursprünglichen Quellen und Originalbeiträge. Wir danken den Autoren und Verlagen für die Überlassung der Bildrechte.
- Mit dem Ziel eines besseren Leseflusses verwenden wir **durchgehend die männliche Schreibform**, gemeint ist jedoch – *außer bei expliziter Geschlechtertrennung* – immer auch die weibliche Form.
- **Fragen und Anregungen** gerne per Mail an Holger.Schaefer@Rosenberg-Schule.de

Vorwort

Kaum ein Themenbereich wurde und wird in der Pädagogik derart kontrovers diskutiert wie der der Diagnostik. An kaum eine andere pädagogische Vorgehensweise knüpfen und knüpften sich derart unterschiedliche Erwartungen. Verbreitet ist z.B. bei Lehrern die Sorge, dass Diagnosen in Schule und Unterricht – insbesondere die Feststellung eines sonderpädagogischen Förderbedarfs - zu Etikettierungen und diese wiederum zu sozialen Ausgrenzungen führen können: Zu de facto reduzierten Bildungsbemühungen und zu Bildungsabschlüssen ohne Tauschwert, auch dann, wenn mit der Diagnose eigentlich eine präzisere Passung der pädagogischen Angebote und ggf. auch eine sozialpädagogisch-therapeutische Unterstützung eingeleitet werden sollte. Denn keinesfalls sind in der Pädagogik die faktischen immer deckungsgleich mit den intendierten Handlungsfolgen, und man kann zu Recht fragen, welche Existenzberechtigung Institutionen wie Sonder- oder Förderschulen haben, wenn ihre Absolventen so gut wie keine Chance haben, eine Lehre anzutreten oder überhaupt eine ausreichend bezahlte Arbeit zu finden.

Andererseits ist es eine nicht zu leugnende Tatsache, dass viele Schüler Probleme bei der Bewältigung der pädagogischen Angebote haben, dass anderen Lernenden das Leben und Lernen in der Schule emotionale und soziale Probleme bereitet, dass es Kinder und Jugendliche gibt, die durch hyperaktives bzw. gewaltbereites Verhalten anderen Probleme bereiten, und manche in einem Teufelskreis gefangen sind, derart, dass sie – und in nicht geringem Maße auch ihre Familien – von allen diesen Schwierigkeiten betroffen sind. Derartige Probleme verschwinden nicht dadurch, dass man sie ignoriert, und die Lebens- und Lernchancen der Schüler verbessern sich auch nicht dadurch, dass man sie in den Klassen „mitlaufen“ lässt, ohne ihre Probleme zu benennen, geschweige denn, sich ihnen zu stellen. Beginnt man aber damit, die pädagogischen Bedarfe der Lernenden wahrzunehmen und zu benennen und Präventions- und Unterstützungsangebote für Kinder und Jugendliche zu konzipieren und bereitzuhalten, begibt man sich unweigerlich auf das Terrain der Diagnostik: Wobei Alltagsdiagnostik betreibt, wer sich auf seine Intuition und seine Beobachtungsgabe verlässt und systematische Diagnostik, wer sich wissenschaftlich erarbeiteter Diagnosekonzepte und –Instrumentarien bedient. In einer wissenschaftlich betriebenen Pädagogik kann und sollte die Intuition allerdings nicht der einzige Ratgeber sein.

Besondere Aktualität gewinnt das Thema „Diagnostik“ durch die seit „PISA 2000“ wiederholt durchgeführten nationalen und internationalen Studien zur Effizienz der Bildungssysteme, sowie durch den Beitritt Deutschlands zur Behindertenrechtskonvention der Vereinten Nationen.

Aber auch die qualitative Diagnostik genügt für sich allein genommen nicht. So ist es beispielsweise, wenn man an die bisherigen Verfahren zur Feststellung des sonderpädagogischen Förderbedarfs denkt, unerlässlich, dass ein Bezug zur Gruppe der Gleichaltrigen hergestellt werden kann. Ein solcher Vergleich wird auch in Zukunft in verschiedenen Zusammenhängen weiterhin von großem Interesse sein, beispielsweise bei länderübergreifenden Schulleistungstests oder bei der Beratung von Eltern, wenn es um das Verfahren zur Feststellung des sonderpädagogischen Förderbedarfs geht.

Diagnostik im pädagogischen Bereich muss deshalb quantitativ und qualitativ sein. Ein solcher Ansatz ist bisher aber noch nicht ausführlich in der Literatur beschrieben worden. Er wurde lediglich von Kretschmann (2002, 2003, 2004 und 2009) an einigen Stellen skizzenhaft umrissen.

In den folgenden Ausführungen liegt der Fokus auf der Diagnostik im Allgemeinen, sowie auf den Bereichen Deutsch, Mathematik und Verhaltensstörungen. Darüber hinaus werden auch konkrete Anregungen für die Praxis in sonderpädagogischen Handlungsfeldern gegeben, wie etwa Gutachtenerstellung, das Erstellen und Fortschreiben individueller Förderpläne, die spezifische Förderplanung im Förderschwerpunkt geistige Entwicklung oder auch die Portfolio-Arbeit im Kontext sonderpädagogischer Förderung.

Vor dem Hintergrund der aktuellen Darstellungen um Inklusion und Teilhabe möchten wir im besonderen Maße darauf hinweisen, dass unser synthetischer Ansatz einer qualitativen-quantitativen Diagnostik unabhängig vom Förderort ist. Wichtig ist uns in diesem Zusammenhang die kontinuierliche und zugewandte Betrachtung des Schülers und seiner individuellen Bedürfnisse und der sich daraus ergebenden Möglichkeiten. Mit unseren Ausführungen legen wir einen qualitativ-quantitativen Ansatz pädagogischer Diagnostik vor, wie ihn die aktuellen pädagogischen Aufgaben notwendig machen.

Wir bedanken uns an dieser Stelle bei Herrn Prof. Dr. Rudolf Kretschmann für die freundliche Überlassung seiner den Kapiteln 1 und 2 zugrundeliegenden Ausführungen und beim Verlag für die Begleitung in der Fertigstellung dieses Buches, namentlich Herrn Rainer Schneider und Frau Gabriele Majer. Unseren Kollegen aus Forschung und Praxis Frau Hannah Beckmann und Frau Eva Döring-Tarcan, Frau Förderschulrektorin Sonja Rolf, Herrn Förderschulrektor Michael Heuser und Herrn Förderschulrektor Heinz-Peter Schneider danken wir für die kritische Durchsicht des Manuskripts und die weiterführenden Gedanken und Anregungen.

Christel Rittmeyer und Holger Schäfer im September 2012

Grundlagen

1 Diagnostik und Diagnostizieren

Um die Lernleistungen von Schülern, sowohl in den Regel- als auch an den Förderschulen, zu verbessern, wurden in den letzten Jahren verschiedene Maßnahmen im Rahmen von Schulentwicklungsprozessen eingeleitet bzw. Anregungen und Vorschläge zur qualitativen Entwicklung unterrichtlicher Prozesse eingebracht (Bundschuh 2007, 20ff.).

Nicht zuletzt rücken damit Sachverhalte wie Diagnostik und Förderung in das Zentrum des allgemeinen pädagogischen Interesses, und zwar auch und gerade an den allgemeinbildenden Schulen. Denn bisher war Diagnostik fast ausschließlich ein Thema für die Sonderpädagogik – schließlich war die Sonderpädagogik bis vor kurzem das einzige Lehramtsstudium, in dem eine systematische Diagnostikausbildung eingefordert wurde (vgl. weiterführend die Ausführungen von Hericks 2012, 61ff. und Schuhmann et al. 2009, 116ff.).

Dieses Aufgabenfeld der Diagnostik ist nun so vielfältig und komplex, dass es sinnvoll erscheint, zunächst die Diagnoseaufgaben auf ihren verschiedenen Ebenen abzubilden, denn schließlich kollidieren damit auch die Interessen verschiedener Systeme miteinander. Diagnosen in pädagogischen Handlungsfeldern können auf drei verschiedenen Ebenen eingesetzt werden, nämlich auf

1. der Ebene des unmittelbaren, konkreten pädagogischen Arbeitens, d.h. zur Optimierung pädagogischer Angebote in Abhängigkeit von den Lernständen der zu unterrichtenden Schüler,
2. der Ebene der „Schullaufbahnentscheidung" mit der Möglichkeit, den Zugang zu einer Institution zu steuern, bzw. über den Verbleib in der Institution zu entscheiden und
3. der Ebene der Schulentwicklung bzw. der Steuerung ganzer Bildungssysteme, wobei dann nicht die Leistungen der Individuen Gegenstand des diagnostischen Interesses sind, sondern die Effizienz der Systeme, ihre Stärken, ihre Schwächen und ihr Optimierungsbedarf.

TIMSS, PISA und IGLU sind Beispiele solcher systembezogenen Diagnoseanstrengungen. Evaluationsprozesse an Schulen beziehen sich auf kleinere Systeme, liegen jedoch auf der gleichen Ebene (Köller 2012, 53ff.).

Auf der ersten und für uns in diesem Zusammenhang bedeutsamen Ebene des unmittelbaren, konkreten pädagogischen Arbeitens, hat Diagnostik die folgenden Funktionen:

- Sie unterstützt im regulären Unterricht die optimale Passung der pädagogischen Angebote an die Lernausgangslage von Lernenden – wobei eine Passung durch innere oder durch äußere Differenzierung erfolgen kann.
- Sie dient der Leistungsbewertung, sei es nun in Form von Ziffernbenotungen oder Lernentwicklungsberichten.
- Sie – also die Diagnostik – kann als ein „Frühwarnsystem" fungieren, um rechtzeitig Vorbeugemaßnahmen für lern- und entwicklungsgefährdete Kinder und Jugendliche bereitzustellen.
- Sie ist schließlich unerlässlich als Mittel der Krisenintervention, wenn bereits manifeste Probleme eingetreten sind.

Für viele der hier beschriebenen Diagnoseaufgaben wurden in der Vergangenheit sogenannte Alltagsdiagnosen als ausreichend angesehen. Darunter sind beiläufig im Unterricht und im Schulgeschehen zu tätigende Prozesse der Informationsgewinnung zu verstehen. Systematische und theoriegeleitete Diagnosen waren der Sonderpädagogik vorbehalten bzw. speziellen Diensten wie dem schulpsychologischen Dienst oder Beratungsstellen. Die bisherige Sonderschullehrerausbildung war das einzige Lehramtsstudium, in dem Diagnostik als ein fester Ausbildungsbestandteil vorgesehen war.

Hier sind die Dinge im Begriff sich zu ändern (vgl. dazu auch die Ausführungen in Rittmeyer 2012). Im Zuge der Stärkung der Autonomie von Schule sehen mitunter die Erlasse zur Lese- und Rechtschreibförderung vor, dass die Schule, genauer gesagt, die Klassenkonferenz darüber befindet, ob ein Förderbedarf besteht und ob Nachteilsausgleiche gewährt werden. Das erfordert professionelle Diagnosen vor Ort und die diagnostische Verantwortung kann nicht mehr ohne Weiteres an Beratungsstellen oder vergleichbare externe Institutionen abgegeben werden (Bundschuh 2004, 39ff.).

Andere Richtlinien schreiben den Schulen vor, individuelle Lernpläne für Lernende mit besonderen Förderbedarfen zu erstellen und den Förderverlauf und die Fördererergebnisse zu dokumentieren (vgl. hierzu weiterführend Schäfer 2010). Auch das erfordert ein professionelles Diagnostizieren, das zum einen unterschiedliche Instrumentarien kennt und zum anderen unter qualitativen Gesichtspunkten (förder-)pädagogische Konsequenzen abzuleiten weiß (Hillenbrand 2002, 119).

Konsequenterweise wurden mit der Einführung der Bachelor- und Masterstudiengänge in der Lehrerbildung Diagnostik-Module in den Ausbildungskanon aufgenommen, um eine stringente Verzahnung diagnostischer und fördernder Ansätze auf den Weg bringen zu können (Kretschmann 2004, 123ff.).

1.1 Voraussetzungen professionellen Diagnostizierens[1]

Diagnosen sind immer nur Teil eines größeren Ganzen und sie können nur dann zu einer Optimierung pädagogischer Angebote beitragen, wenn verschiedene Bedingungen erfüllt sind (Ingenkamp / Lissmann 2008, 16):

- Die Ausführenden verfügen über hinreichende Modelle bezüglich Ursachen und Verläufe der Entwicklungsprozesse ihrer Klientel, sowie der regulären Entwicklung und alterstypischer Störungen und Gefährdungen.
- Die Lehrer verfügen über Förderkompetenz. Sie wissen, welche pädagogischen und welche Fördermaßnahmen auf eine diagnostizierte Konstellation folgen müssen und sie sind in der Lage, sie auch auszuführen.
- In den Schulen besteht Zeit und Raum, Präventions- und Förderangebote hinreichend oft, hinreichend intensiv und hinreichend lange auszugestalten.
- Dort, wo die Möglichkeiten von Schule nicht ausreichen, bestehen Möglichkeiten interinstitutioneller Kooperation, in Form von niedrigschwelliger, rasch realisierbarer und unbürokratischer Zusammenarbeit mit Bereichen wie Schulpsychologie oder anderen unterstützenden Diensten.

Diagnosekompetenz erschöpft sich also nicht darin, Diagnoseinstrumente kompetent handhaben zu können (van der Kooij 2004, 55ff.). Man benötigt außerdem

- Metawissen, um überhaupt kompetent diagnostizieren zu können,
- Metawissen, um auf gewonnene Diagnoseergebnisse kompetent zu reagieren,
- geeignete Arbeitsmittel,
- Handlungsspielräume und Organisationsstrukturen, um das, was man als richtig und wichtig erkannt hat, auch nachhaltig umzusetzen und schließlich
- eine pädagogische Grundhaltung, auf der Basis von Diagnoseergebnissen auch Unterstützungsangebote für Lernende mit Schwierigkeiten herbeiführen zu wollen.

1.1.1 Metawissen I: Entwicklungsverläufe und Abweichungen

Wir haben oben die Praxis interdisziplinärer Settings beschrieben: In scheinbar problematischen Lernfeldern fordern Lehrer, Hilfen bei externen Experten einzuholen. Oft sind dies Psychologen oder Therapeuten, die den Schüler aus ihrem Fokus heraus und mit medizinisch-therapeutischem Wissen betrachten, was dann zu folgenden Situationen führen kann:

---

[1] Bei diesen Ausführungen zum Unterpunkt 1.1 (Metawissen I und Metawissen II) handelt es sich um eine von uns überarbeitete und aktualisierte Fassung des Originalbeitrags von Rudolf Kretschmann (2004).

- Der Lehrer – ein erfahrener und kompetenter Pädagoge – hat die Lernprobleme im Kontext Schule und Unterricht fest im Blick. Potentielle Ängste, die bei Lernstörungen durchaus nicht selten zu beobachten sind und das damit einhergehende Vermeidungsverhalten nimmt er dagegen nicht wahr oder deutet es falsch: Als Desinteresse / fehlende Motivation.
- Die Psychologin erkennt die Angstproblematik sofort. Was beim Lesen und Schreiben falsch läuft - dafür hat **sie** wiederum keinen Blick.

Fazit: Man sieht nur, was man weiß oder, um es mit anderen Worten zu formulieren, das Diagnosehandeln und die diagnostische Sensibilität sind abhängig von den Modellen und Vorstellungen, die man von einem Sachverhalt hat.

Nur Lehrer, die über pädagogisches und psychologisches Hintergrundwissen verfügen, sind hinreichend beobachtungssensibel, um Krisensymptome frühzeitig zu erkennen und gegebenenfalls eine weitergehende Überprüfung einzuleiten oder zu veranlassen. Nur Lehrkräfte, die durch profunde Kenntnisse des Lerngegenstands und der Lernverläufe „gute Fehler" von „schlechten Fehlern" zu unterscheiden wissen, werden der Gefahr entgehen, Krisenanzeichen zu übersehen, aber auch der Gefahr, bei „guten Fehlern" in diagnostisch-therapeutischen Aktionismus zu verfallen (Kautter 2002, 194ff.). „Gute Fehler" sind unvollkommene, aber unumgängliche Annäherungen an die Zielkompetenz. Etwa, wenn ein Schreibanfänger Buchstaben verdreht oder schreibt *„wie man spricht*" (Schäfer 2009c).

Eine professionelle Diagnosehandlung ist eine theorie- und hypothesengeleitete gezielte Suche auf der Basis einer Anfangsbeobachtung und einer Anfangsvermutung (Wendeler 2000, 19ff. und Perleth 2003). Theorielos operierende Diagnostiker sind sehenden Auges blind oder setzen alle verfügbaren Instrumente ein, in der Hoffnung „irgendetwas" zu finden. Und in der Tat: „Irgendetwas" findet man immer, mag es nun für die Entwicklung der Person relevant sein oder nicht.

Es ist dabei allerdings nicht immer so, dass die handelnden Personen **keine** Modelle von den Sachverhalten haben. Schon Studienanfänger haben ausgeprägte Vorstellungen, wovon Phänomene wie „Legasthenie" oder das „Aufmerksamkeits-Defizit-Syndrom" vermeintlich abhängen und wie ihnen zu begegnen sei. Inzwischen überholte wissenschaftliche Positionen und Inhalte, periodisch durch Medien verbreiteter Sensationsmeldungen, mischen sich zu sehr stabilen Alltagstheorien. Die Neigung ist groß, lieber an den verinnerlichten Alltagstheorien festzuhalten, als sich mit Forschungsergebnissen auseinander zu setzen, welche die eine oder andere Position relativieren oder gar widerlegen.

Lehrer, die kompetent diagnostizieren sollen und wollen, sollten über folgenden Theorien und Modelle verfügen:

- Ein **entwicklungspsychologisches Grundwissen**, einschließlich alterstypischer Entwicklungsstörungen und zugehöriger Störungsanzeichen,
- über Modelle, wie Menschen sich **Wissen aneignen** und wie schnell es vergessen wird, wenn es nicht periodisch aufgefrischt wird,
- über fachbezogene **Lernentwicklungsmodelle**,
- Wissen um **Wechselwirkungen zwischen Kognition und Emotion**, etwa darüber, wie Versagensängste Lernende an der Entfaltung ihrer Kompetenzen behindern können und schließlich über
- **wissenschaftlich gesicherte Vorstellungen,** wovon eine gedeihliche Entwicklung abhängt und was sie behindern kann, wissenschaftlich ausgedrückt von Schutzfaktoren und Entwicklungsrisiken im Lebensraum Schule und außerhalb desselben.

	Allgemeinentwicklung, Sozialverhalten, Kommunikation, Selbstorganisation (Arbeitsverhalten) und Emotionalität	**Lernbereichsspezifische Entwicklung**
Modelle regulärer Entwicklung	Erscheinungsformen, Verläufe und Bandbreiten alterstypischer und altersadäquater Entwicklung	Lernentwicklungsmodelle, alterstypische Schritte, Etappen und Bandbreiten des Kompetenzzuwachses in einem Fach
Modelle irregulärer Entwicklung	In dem Lebensalter häufig vorkommende Probleme des Sozialverhaltens, des Arbeitsverhaltens, der Motivation und der Emotionalität	„Klippen“ und häufig vorkommende Probleme im Aneignungsprozess

Abb. 1: Metawissen I: Entwicklungsverläufe und Störungsbilder (Kretschmann 2004, 128).

Lernentwicklungsmodelle sind nicht identisch mit der Sach- oder Gegenstandsstruktur. Es handelt sich um Erfahrungsmodelle, in welchen Schritten und Etappen reguläre Aneignungsprozesse bei den Lernenden verlaufen, sowie das Wissen, welche Vorkenntnisse für einzelne Lernschritte erforderlich sind. Deshalb ist auch der exzellente Fachwissenschaftler nicht automatisch der exzellente Pädagoge. Er ist es so lange nicht, wie er nicht weiß, in welcher Reihenfolge und in welchen „Portionen“ die Inhalte von den Lernenden verarbeitet werden können (Matthes et al 2004, 74ff. und weiterführend Wendeler 2000, 24ff.).

Zu den Modellvorstellungen gehört auch das Wissen um Bandbreiten, in denen sich normale Entwicklungen vollziehen können. Nicht jede Abweichung vom statistischen Durchschnitt ist entwicklungsgefährdend. Zu wissen, wann man bei abweichenden Entwicklungen noch auf die Fähigkeit der Lernenden zur Selbstorganisation ihres Aneignungsprozesses vertrauen kann und wann eine Intensivierung der pädagogischen Bemühungen angezeigt ist, gehört sicher zu den anspruchsvollsten Kompetenzen im Lehrerberuf.

Ergänzend sei darauf hingewiesen, dass nicht nur das Zurückbleiben von Lernenden besondere Aufmerksamkeit verdient, sondern auch das Vorauseilen, das eine Differenzierung *„nach oben“* erfordert. Besondere Begabungen also, die ebenso besonderer Beachtung und Förderung bedürfen (Heymann 2010).

1.1.2 Metawissen II: Präventions- und Interventionskonzepte

Möglicherweise verknüpft sich mit der Forderung, die Diagnosekompetenz von Lehrern zu stärken, die Erwartung, dass damit das Problem schon **gelöst** sein könnte, getreu dem Motto „Gefahr erkannt, Gefahr gebannt“. Oder vielleicht die Hoffnung, dass das Diagnoseergebnis einen Weg weisen könnte, wie mit den Lernenden in Zukunft zu ihrem Besseren zu verfahren sei. So einfach erfüllen sich jedoch beide Erwartungen an die Diagnostik leider nicht:

- Eine Diagnose kann Hinweise liefern, in welchen Bereichen und auf welchem Niveau eine Förderung anzusetzen hat. Etwa dass ein Schüler die grundlegenden Operationen des Bruchrechnens nicht automatisiert hat oder auch im schriftlichen Dividieren nicht sicher ist. Wie man dem Schüler helfen kann, diese Schritte zu vollziehen - darüber gibt auch eine differenzierte Diagnose keine Auskunft.
- Eine Diagnose offenbart in der Regel erst einen bestehenden Handlungsbedarf, etwa wenn sich erweist, dass ein Kind im dritten Schuljahr beim Lesen und Schreibenlernen wesentliche Anforderungen des ersten Schuljahres noch nicht bewältigt hat. Bevor der Schüler diagnostiziert wurde, konnte man vor dem Problem mit mäßig schlechten Gewissen die Augen verschließen. Nach einer Diagnose geht das so nicht mehr. Vielleicht ist dies auch ein Grund, warum professionelle Diagnosen sich keiner allzu großen Beliebtheit erfreuen (vgl. hierzu weiter Ingenkamp / Lissmann 2008, 202ff., Mand 2003, 39ff. und Kautter 2003, 81ff.).

Grundsätzlich lässt sich feststellen: Diagnosen alleine heilen nicht! Man muss, um auf ein Diagnoseergebnis kompetent reagieren zu können, schon vorher wissen, wie man auf bestimmte Störungsbilder, Problemkonstellationen und Förderbedarfe antworten kann. Zur Diagnose- und Förderkompetenz von Lehrern gehören daher Modelle und Kenntnisse,

- wie man Stagnation und Störungen in dem unterrichteten Fach vorbeugen kann,
- wie auf stagnierende und gestörte Lernentwicklungen in dem unterrichteten Fach pädagogisch geantwortet werden kann,
- wie Folgen oder Begleitproblemen von gestörter Lernentwicklung in den Unterrichtsfächern zu begegnen ist, z. B. bei Konzentrationsproblemen, Ängsten, Vermeidungsverhalten oder Motivationsverlust,

- wie bei Interaktions- und Kommunikationsstörungen (beispielsweise im Kontext von Verhaltensstörungen) in der Lerngruppe zu verfahren ist und
- welche Experten und Dienste eingeschaltet werden können, wenn die Mittel der Schule nicht ausreichen.

Ohne solches Vorwissen können sich Diagnosen sogar als kontraproduktiv erweisen. Wenn ein Diagnoseergebnis dazu führt, dass ein Lehrer sich mangels pädagogisch-therapeutischen Handlungswissens hilflos fühlt, führt das in der Regel dazu, dass sich die Lehrkräfte von dem Kind zurückziehen oder sogar seine Aussonderung aus der Lerngruppe betreiben.

1.2 Diagnostische Zugänge

Diagnostik ist nicht gleich Diagnostik (Bundschuh 2010). Man kann grundsätzlich unterschieden zwischen

- **psychometrisch-sozialnormierter („normativer“)** Diagnostik, bei der die Leistungen bzw. Merkmalsausprägungen eines Individuums quantifiziert und mit denen der anderen Mitglieder einer Kohorte verglichen werden (ebd. 35ff.),
- **entwicklungsbezogener Diagnostik**, bei der v.a. auf dem Gebiet der psychischen und organischen Entwicklung ermittelt werden kann, welche Entwicklungsschritte eine Person vollzogen hat und welche nicht (Ingenkamp / Lissmann 2008, 202ff.),
- bezogen auf schulische Lerninhalte einer **curriculumbezogenen Diagnostik**, mittels derer man analog zur entwicklungsbezogenen Diagnostik feststellen kann, welche Lernschritte ein Schüler bewältigt hat und welche nicht (ebd. 130ff.) sowie
- einer **prozessorientierten Diagnostik**, mittels derer in Erfahrung zu bringen ist, wie ein Individuum in einer gegebenen Situation oder bei der Bewältigung einer Anforderung operiert (Eggert 2003a, 16ff. und Schlee 2003, 66ff).

Wenn es in pädagogischen Handlungsfeldern um systematische Diagnosen geht, richtet sich der Blick nicht selten zuerst auf **psychometrisch-sozialnormierte** Tests wie z.B. Intelligenz- oder Schulleistungstests (Ingenkamp / Lissmann 2008, 130ff. und 202ff.).
Von Schlee wurden bereits 1985 Kritikpunkte an der psychometrisch-normativen Testdiagnostik aufgelistet. Schlee (1985a und 1985b) zufolge sei an der normativen Diagnostik insbesondere zu kritisieren, dass

- das Augenmerk nur auf den jeweiligen Schüler gerichtet sei und andere Personen aus dem Umfeld nicht in die diagnostische Fragestellung einbezogen würden,
- der Proband in einer ontologisierenden Weise als Merkmalsträger gesehen werde,
- die diagnostischen Daten meist defektorientiert erhoben würden,

1.3 Diagnostizieren, Begutachten und Fördern

Das deutsche Schulwesen ist nach dem Jahrgangsklassenprinzip organisiert. Der Zusammenfassung von Lernenden nach Altersjahrgängen liegt die Vorstellung zugrunde, dass alle Schüler eines Jahrgangs über gleiche oder zumindest annähernd gleiche Lernvoraussetzungen verfügen und daher zeitgleich die identischen, pädagogischen Anforderungen bewältigen können (Wendeler 2000, 13ff und Bach 2004, 21ff.). Der Lehrplan ist bei dieser Konstruktion gewissermaßen der Förderplan. Die pädagogischen Angebote orientieren sich lose an entwicklungspsychologischen Erkenntnissen beziehungsweise an dem schulpädagogischen Erfahrungswissen, wann in etwa eine Alterskohorte welche Lernziele erreichen wird (Kleber 1978, 8ff. und Perleth 2003, 166ff.).

Ein Diagnosebedarf im schulpädagogischen Kontext entsteht, wenn ein Vorgehen nach dem Lehrplan nicht zu befriedigenden Lernerfolgen führt und die weitere schulische Laufbahn von Lernenden gefährdet ist (Albers 2009, 25ff.). Mit Hilfe von Lernstandserhebungen und gegebenenfalls Risiko- und Schutzfaktorenanalysen soll dann geklärt werden, inwieweit die Lernvoraussetzungen eines Schülers von denen der Alterskohorte abweichen und welche besonderen Maßnahmen ergriffen werden müssen, um einen befriedigenden Lernerfolg herbei zu führen (Rittmeyer 2005a, 18ff. und Kornmann 2007, 45ff.). Das Ziel ist zunächst das Erstellen eines individuellen Lernplans respektive Förderplans – als Ergänzung oder Modifikation des für die Altersgruppe geltenden Lehrplans. Basierend auf den Diagnosen und dem Förderplan sind sodann Differenzierungsangebote zu organisieren, sowie Zusatzangebote oder kompensatorische Hilfen zu initiieren (van der Kooij 2004, 55ff.).

Die Initiative zur Durchführung differenzierender Diagnosen kann von unterschiedlichen Personen ausgehen: Von den Lehrpersonen selbst, wenn sie erkennen, dass ein Kind hinter den Anforderungen zurückbleibt; oder aber von den Eltern, wobei dann aber eher außerschulische Institutionen mit Diagnose und Förderung betraut werden. Wir beschreiben hier noch nicht die Einleitung des Verfahrens zur Feststellung sonderpädagogischen Förderbedarfs, sondern zunächst nur das diagnostische Prozedere im Regelschulalltag. Methodisch bedienen wir uns jedoch auch hier ähnlicher Instrumentarien wie in der eigentlichen sonderpädagogischen Diagnostik (☞ Abschnitt 1.3.2).

Diagnosen und Fördermaßnahmen können unterschiedliche Dimensionen annehmen. Sie reichen von einem beiläufigen Vergewissern über den aktuellen Lernstand im Unterricht bis zu lerntherapeutischen Kind-Umfeld-Analysen und entsprechenden Interventionen.

In solchen Fällen kann sich der Prozess des Diagnostizierens und Förderns über einen längeren Zeitraum erstrecken und sich aus unterschiedlichen Teilhandlungen zusammensetzen:

- Kontaktaufnahme mit den beteiligten Personen,
- diagnostische Überprüfungen,
- das Verschriftlichen der Diagnoseergebnisse,
- das Ausformulieren von Entwicklungsplänen / Förderplänen (hier verschwimmen die Begrifflichkeiten natürlich) *(☞ Abschnitt 7.1)*,
- die Durchführung der Förderung selbst, und
- der Prozess der Rückkoppelung mit den Beteiligten.

Das folgende Schema *(☞ Abschnitt 1.3.1)* zeigt die idealtypischen Schritte eines Diagnose- und Förderprozesses, wie er bei schwerwiegenden Lernproblemen durchzuführen ist und auch von Ingenkamp / Lissmann (2008) im Handbuch zur Pädagogischen Diagnostik ähnlich beschrieben wird. Der unten skizzierte Handlungsleitfaden ist nicht zu verwechseln mit der Gliederung bzw. Strukturierung von Gutachten im Sinne einer Überprüfung auf einen sonderpädagogischen Förderbedarf. Dieser Vorgang wird im Sinne der Vollständigkeit nachfolgend vorgestellt *(☞ Abschnitt 1.3.2)*.

Natürlich entwickeln sich in unserem Beispiel in Punkt 1.3.1 (Abb. 4) alleine aus der diagnostischen Annäherung heraus inhaltliche und methodische Analogien, jedoch liegt hier weder ein juristisch-formaler Rahmen vor, noch muss sich der Lehrer im Regelschulbereich an formal verbindlichen Handlungsabfolgen orientieren *(Die Teilprozesse des Verschriftlichens, Analysierens und Planens sind in dem Handlungsleitfaden durch einen kursiven Schrifttypus und mit Schattierung hervorgehoben).*

1.3.1 Handlungsleitfaden Förderdiagnose

Dieser Handlungsleitfaden beschreibt 19 Teilschritte bei der Entwicklung eines individuellen Förderplans, wobei die Schritte durchaus von unterschiedlicher Intensität und Dynamik sein können: Während beispielsweise in der einen Erstellung die Erhebung der informellen Quellen und Datenanalyse zügig von statten geht (möglicherweise auch schon aus einer vorausgegangen Erhebung vorliegt und nur noch aktualisiert werden muss), bedarf diese Arbeitsphase in einer anderen Situation sehr viel mehr Zeit (komplexe familiäre Strukturen, verwobene schulische Biographie, Kooperation mit der Jugendhilfe usw.).

Schrittfolge		Konkrete Vorgehensweisen
1	**Beginn**	Eltern oder ein Lehrer äußern den Wunsch, das Kind oder einen bestimmten Leistungsbereich zu fördern bzw. diagnostisch untersuchen zu lassen. Der Diagnostiker recherchiert im Gespräch: • Warum die Kontaktperson eine Untersuchung wünscht. • Was nach Meinung der Kontaktperson untersucht werden soll. • Was die Kontaktperson von der Untersuchung erwartet. Der Diagnostiker nimmt die Personendaten auf (Alter, Schulklasse, Schulform, aktuelle medizinische Diagnosen und Therapien).
2	**Informelle Quellen nutzen**	Der Diagnostiker lässt sich • von der Kontaktperson das Verhalten, die Entwicklung und die Leistungen des Kindes beschreiben und • erbittet Arbeitsproben, Schreibproben etc.. Es ist schon in dieser Phase wichtig, dass sich der Diagnostiker nach **Stärken und Interessen** des Kindes erkundigt (Individualisierung ☞ Möglichkeiten der Differenzierung).
3	**Erste Kontaktaufnahme mit dem Kind**	Es wird eine spielerische Lernsituation gestaltet, in welcher der Diagnostiker • erste Eindrücke vom Sozial- und Arbeitsverhalten gewinnt und • beiläufig das Kind zu seiner Lernsituation befragt.
4	**Ggf. informelle Kontaktaufnahme mit weiteren Beteiligten**	Durch Gespräche mit der Lehrerin, dem Kind, den Eltern und ggf. anderen Bezugspersonen (Sozialarbeiter etc.) bringt der Diagnostiker in Erfahrung, • wie die Beteiligten die Sachverhalte (das Problem) sehen, • was sie über den Entwicklungsverlauf sagen können, • ggf. worauf sie die aktuelle Entwicklung zurückführen.
5	**Ggf. Sichten bereits vorliegender Befunde**	Hier sind Ergebnisse medizinischer Untersuchungen zur Kenntnis zu nehmen oder die Untersuchungsergebnisse anderer Dienste (Jugendamt, Schulpsychologie, Logopädie). Wichtig ist, sich auf **aktuelle** Befunde zu beschränken. Sofern es sich nicht um chronische Beeinträchtigungen handelt, sind weit zurückliegende Diagnosen nur von sehr begrenztem Wert.

6	***Analysieren und Verschriftlichen der bisher gewonnenen Informationen, Planen des weiteren Vorgehens***	• Aufnahme der Personendaten in den Diagnose- und Förderbericht
		• Schriftliche Benennung des Anlasses der Untersuchung aus der Sicht der verschiedenen Beteiligten;
		• Formulieren
		  o *erster Vermutungen über Ursachen und Erscheinungsformen,*
		  o *einer Fragestellung,*
		  o *eines Untersuchungsplans.*

7	**Feststellen der relativen Position eines Kindes in einem oder mehreren Lernbereichen**	Nach einer mehr oder weniger langen Warming-Up-Phase (während der informell erste diagnostische Informationen gesammelt werden), wird die relative Position in den zur Untersuchung anstehenden Leistungsbereichen (Deutsch, Mathematik) mittels normativer Schulleistungstests untersucht. • Mittels eines Sichtungsverfahrens verschafft sich der Diagnostiker einen ersten Überblick. • Daran anschließen können Tests, die es auch ermöglichen, die Herangehensweise eines Kindes an die Aufgaben zu beobachten.
8	**Erkunden der Zone der aktuellen Leistung mittels curricularer Diagnosen**	Nach der Bestimmung der relativen Position, wird mittels curriculumbezogener Diagnosen erkundet, welche Lernschritte ein Kind vollzogen hat und welche nicht. Dazu eignen sich • Arbeitsproben, Beobachtung und Befragung, • curriculumbezogene Diagnoseverfahren wie z.B. die *„Prozessdiagnose der Schriftsprachkompetenz“* (Kretschmann 1998) bzw. *„Prozessdiagnose mathematischer Kompetenzen“* (Behring et al. 1999).
9	**Erkunden von personenbezogenen Risiken und Ressourcen**	Intelligenztests geben Auskunft darüber, ob ein Kind unterfordert ist oder seine Leistungsgrenzen erreicht hat, daher sollte ein qualitativer Zugang die jeweilige Erhebung abrunden: • Mittels Beobachtung (unter Zuhilfenahme von Checklisten und Kompetenzinventaren) kann ermittelt werden, ob das Kind infolge eines unzweckmäßigen Arbeitsstils hinter seinen Möglichkeiten zurückbleibt. • Mittels Beobachtung und Befragung können Ängste und Lernblockaden ermittelt werden. • Durch Befragung (auch von Bezugspersonen) ist in Erfahrung zu bringen, welche Stärken und Interessen das Kind hat. • Mittels Anamnese wird in Erfahrung gebracht, inwieweit organische / psychische Beeinträchtigungen die Lernfortschritte des Kindes beeinträchtigen.
10	**Ggf. Veranlassen weiterer Untersuchungen**	• Medizinische Untersuchungen • Psychologische Untersuchungen
11	**Erkunden umfeldbezogener Risiken und Ressourcen – schulisches Umfeld**	Durch Beobachtung und Befragung (des Lehrers) wird erkundet, • wie gut das Kind in die Klasse integriert ist – oder ob es eine Außenseiterposition hat bzw. gemobbt wird, • ob das Kind passende, d.h. auf sein Lernniveau abgestimmte Angebote erhält, oder ob es über- oder unterfordert ist, • ob die Angebote formal bzw. interessenbezogen und motivierend sind, • welches Beziehungsverhältnis Schüler – Lehrer gegeben ist und • welche Ressourcen (Förderstunden, Hilfsmittel, personelle Ausgestaltung) in der Schule für Förderangebote zur Verfügung stehen.

12	**Erkunden umfeld-bezogener Risiken und Ressourcen – häusliches Umfeld**	Durch Befragung (der Erziehungsberechtigten) und durch Hausbesuche wird untersucht, • ob das Kind in geregelten Verhältnissen heranwächst, insbesondere ob es sich im häuslichen Umfeld mit schulischen Anforderungen beschäftigen kann und • welche Unterstützung das Kind in seinem häuslichen Umfeld erfährt.
13	***Synopse - Zusammen-fassen der Untersu-chungsergeb-nisse und Deuten der Problematik***	*Die verschiedenen diagnostischen Erkenntnisse werden zu einem Gesamtbild zusammengefügt (möglichst einem Lernstrukturmodell), interpretiert und gedeutet.* *Auf dieser Basis werden die Förderbedarfe formuliert ☞ „Zusammenfassende Deutung der Problematik".*
14	**Rückkoppeln und ggf. kol-legiale Bera-tung**	Besprechen der Diagnoseergebnisse mit der Kontaktperson und gemeinsame Überlegungen zum weiteren Vorgehen. Eine Förderstrategie kann ggf. im Rahmen von Intervision und kollegialer Beratung entwickelt werden (Hilfekonferenz, Pädagogische Runde, Förderausschuss).
15	***Erstellen des individuellen Entwick-lungsplans***	*...mit* • *kurz-, mittel- und langfristigen (operationalen!) Zielen.* • *Beschreiben der Mittel und Methoden sowie der Zeiten, die für die Förderung aufzuwenden sind.* • *Benennen der Zuständigkeiten (Aufgabenverteilung und Verantwortlichkeiten).* • *Benennen der Gültigkeitsdauer des Förderplans und des Zeitpunkts erneuter Überprüfung.*
16	**Absprachen und Zielver-einbarungen**	Austausch der Diagnosebefunde mit den Beteiligten und schriftliche Zielvereinbarungen zwischen den Beteiligten (das Kind eingeschlossen).
17	**Durchführen der Förderung**	... mit fortlaufenden Beobachtungen und Protokollierungen des Förderverlaufs. Es empfiehlt sich, • sich vor jedem Förderkontakt die Förderziele zu vergegenwärtigen und im Hinblick darauf die nächstliegenden Förderangebote vorzubereiten, • bei jedem Kontakt mit dem Kind die Ziele und den geplanten Verlauf der Sitzung zu benennen, • nach jedem Förderkontakt schriftlich festzuhalten, wie die Förderstunde verlaufen ist und sich zu vergegenwärtigen, inwieweit eine Annäherung an die Förderziele erfolgt ist,

		• zu reflektieren, worauf ggf. Erfolge oder ausbleibende Erfolge zurückzuführen sind und schließlich • aufzuschreiben, worauf beim nächsten Kontakt besonders geachtet werden soll. Es sollten auch regelmäßig mit den Kindern Bilanzgespräche geführt (und die Ergebnisse schriftlich festgehalten) werden: • Am Ende eines jeden Förderkontakts, wie das Kind mit sich und mit dem Stundenverlauf zufrieden war sowie • nach mehreren Sitzungen, wie das Kind den Gesamtverlauf beurteilt. Bleibt der Verlauf der Förderung über längere Zeit hinter den Planungen und Erwartungen zurück, sind ggf. die Förderziele neu zu bestimmen.
18	***Beschreiben des Förderverlaufs***	*Beschreiben* • *in welchem Rahmen sich die Förderung vollzog (Orte, Zeiten, Abläufe),* • *welche Förderangebote gemacht und welche Fördermaterialien verwandt wurden und ggf. wie die Angebote im Verlauf der Förderung modifiziert wurden,* • *wie die Lernenden auf die Angebote reagiert haben (Bereitschaft zur Mitarbeit, Arbeitsverhalten, Konzentration),* • *welche Krisen im Verlauf der Förderung eingetreten sind und wie sie überwunden werden konnten,* • *welche Sternstunden es gegeben hat und letztendlich* • *welche Entwicklungen im Verlauf der Förderung beobachtet werden konnten* *Als Form empfehlen sich eine tabellarische Darstellung, ein Gesamtüberblick und die Beschreibung einzelner Fördersituationen (☞ Abschnitt 7.2).*
19	**Evaluieren – Überprüfen des Fördererfolgs**	Mit den identischen metrischen (sozialnormbezogenen) Tests, die vor der Förderung zur Ermittlung der Lernausgangslage verwendet wurden, wird mittels Testwiederholung ermittelt, ob und wie weit sich die relative Position des Kindes im Vergleich zu seiner Bezugsgruppe verbessert hat. Mit curriculumbezogenen Verfahren wird untersucht, ob und wie weit das Kind die Förderziele erreicht hat. Darüber hinaus wird in Gesprächen mit dem Kind und den Bezugspersonen erkundet, ob und wieweit sich Lernhandeln, Sozialverhalten und Motivation verbessert haben.
20	***Schriftliche Darstellung der Ergebnisse der Förderung.***	*Es wird verbal und mittels Lernstrukturmodell ausgeführt,* • *welche Veränderungen im Verlauf der Förderung eingetreten sind (bei dem Kind, im Verhältnis Eltern-Kind, Lehrer-Kind, Kind-Mitschüler, etc.) und* • *inwieweit die Förderziele erreicht wurden bzw. ob weiterer Förderbedarf besteht.*

		Hat sich die relative Position des Kindes nachhaltig verbessert, kann die Förderung abgeschlossen werden. *Sollte das Kind weiterhin förderbedürftig sein, ist erneut ein Anschluss-Förderplan zu entwerfen. Es wiederholt sich die Schrittfolge ab Position 7. Ggf. sind auch erneut diagnostische Informationen einzuholen.*
21	**Rückkoppeln der Ergebnisse mit den Beteiligten**	Besprechen der Fördererergebnisse und ggf. der weiteren Maßnahmen mit dem Kind, den Lehrkräften, den Eltern etc., ggf. erneut kollegiale Beratung und Intervision.

Abb. 4: Abfolge in der Förderplangestaltung.

1.3.2 Das sonderpädagogische Gutachten

1.3.2.1 Grundsätzliche Gedanken zur Korrespondenz von Förderdiagnostik und der Erstellung sonderpädagogischer Gutachten

Betrachtet man die Vorgaben zur Feststellung des sonderpädagogischen Förderbedarfs innerhalb der einzelnen Bundesländer, kommt man sehr schnell zu der Einsicht, dass es hier nur einige Überschneidungen und formale Analogien zu geben scheint – und auch diese werden, bedingt durch regionale und lokale Besonderheiten in der Praxis, mit unterschiedlichen Nuancierungen versehen, so dass man insgesamt von keinem einheitlichen Vorgehen sprechen kann (Albers 2009, 31). Darüber hinaus stellt Jogschies (2008) fest,

> *„dass die Kriterien für die Feststellung von sonderpädagogischem Förderbedarf, als auch die für den Vorschlag für den geeigneten Förderort nicht auf wissenschaftlichen Grundlagen basieren“* (139),

weshalb er die landeseigene, wie auch Bundeslandübergreifende Vergleichbarkeit als sehr schwierig einschätzt (weiterführend Schuck et al. 2006 und Mutzeck et al. 1999). Dies fällt in der Praxis besonders dann auf, wenn Schulwechsel aus anderen Bundesländern auf dem Schreibtisch der Schulleitung liegen, und die abgebende Schule, wie auch die Eltern aus scheinbar völlig anderen Systemen zu kommen scheinen. Aber selbst innerhalb einer regionalen Betrachtung entsteht der Eindruck, an Schulen ein- und desselben Schultyps (also mit demselben Förderschwerpunkt) unterschiedliche Schülerzusammensetzungen vorzufinden (vgl. hierzu weiter die Ausführungen in Bundschuh 2006, Schuck et al. 2006 und Schulze 2004).

Grundlage der sonderpädagogischen Überprüfung insgesamt sind die allgemeinen Empfehlungen der Kultusministerkonferenz von 1994 (Ellger-Rüttgardt 2008, 301ff. und Eggert 1997, 71ff.), die sonderpädagogischen Förderbedarf folgendermaßen definieren:

> *„Sonderpädagogischer Förderbedarf ist bei Kindern und Jugendlichen anzunehmen, die in ihren Bildungs-, Entwicklungs- und Lernmöglichkeiten so beeinträchtigt sind, dass sie im Unterricht der allgemeinen Schule ohne sonderpädagogische Unterstützung nicht hinreichend gefördert werden können. Dabei können auch therapeutische und soziale Hilfen weiterer außerschulischer Maßnahmeträger notwendig sein“* (KMK 1994, 5).

Vor diesem Hintergrund und der Frage nach Möglichkeiten der Veränderung der allgemeinen Schule (z.B. inhaltliche und zeitliche Öffnung) sehen Arnold / Kretschmann (2002) die Aufgabe sonderpädagogischer Diagnostik folgendermaßen:

> *„Die Aufgabe sonderpädagogischer Diagnostik besteht in dieser Sichtweise aus zwei Teilen: Zum einen muss das individuelle Passungsproblem hinreichend präzise erfasst werden (Feststellung des sonderpädagogischen Förderbedarfs). Zum weiteren sollen die Möglichkeiten beschrieben werden, das Passungsproblem entweder zu reduzieren (Plan für kompensatorische Förderung) oder so umzustrukturieren, dass individuell optimales Lernen in der allgemeinen Schule längerfristig möglich ist (Plan für zieldifferente Förderung)“* (Arnold/Kretschmann 2002, 266).

Die zentrale Aufgabe in der Gutachtenerstellung ist demnach Präzision in der Analyse, Auswertung und Dokumentation der gewonnen Daten, die Berücksichtigung aller im System bedeutsamen Einflussfaktoren, sowie die aus dieser Diagnostik abzuleitenden Förderziele und pädagogischen und unterrichtlichen Perspektiven für den Schüler. Hierzu stellt die KMK (1994) folgendes fest:

> *„Die Feststellung sonderpädagogischen Förderbedarfs umfasst die Ermittlung des individuellen Förderbedarfs sowie die Entscheidung über den Bildungsgang und den Förderort. Sie findet statt in Verantwortung der Schulaufsicht, die entweder selbst über eine sonderpädagogische Kompetenz und ausreichende Erfahrungen in der schulischen Förderung Behinderter verfügt oder fachkundige Beratung hinzuzieht“* (1994, II 3).

Ausgangspunkt des Verfahrens ist somit die Ermittlung des sonderpädagogischen Förderbedarfs, also die Erstellung eines sonderpädagogischen Gutachtens, auf dessen Grundlage die Schulaufsicht über den Bildungsgang und den Förderort letztendlich entscheidet (ebd. 8f.).

> *„Auf der Grundlage der* ***Empfehlung*** *unter Beteiligung der Erziehungsberechtigten sowie* ***unter Beachtung der jeweils gegebenen bzw. bereitstellbaren Rahmenbedingungen*** *entscheidet die Schulaufsicht, ob die Schülerin oder der Schüler in die allgemeine Schule aufgenommen wird, dort verbleibt, Unterricht und Förderung in einer Sonderschule oder in kooperativen Förderformen erhält. In diese Entscheidung kann auch die Inanspruchnahme von Einrichtungen mit ergänzenden Betreuungs- oder Ganztagsangeboten einbezogen werden. Dabei sind bei jeder einzelnen Entscheidung zu berücksichtigen:*
>
> - *Art und Umfang des Förderbedarfs,*
> - *Stellungnahme der Erziehungsberechtigten, ggf. beratender Gremien,*
> - *Fördermöglichkeiten der allgemeinen Schule,*
> - *Verfügbarkeit des erforderlichen sonderpädagogischen Personals,*
> - *Verfügbarkeit technischer, apparativer Hilfsmittel / spezieller Lehr- und Lernmittel,*
> - *ggf. baulich-räumliche Voraussetzungen.*
>
> *Vor diesem Hintergrund ist dann derjenige Lernort zu wählen, der auf bestmögliche Weise den Förderbedürfnissen des Kindes bzw. Jugendlichen, seiner Selbstfindung und Persönlichkeitsentwicklung gerecht werden und auf die gesellschaftliche Eingliederung sowie auf berufliche Anforderungen vorbereiten kann. Die Entscheidung über den individuellen Förderbedarf erfordert in geeigneten Abständen eine Überprüfung" (KMK 1994, II 3.2).*

Intention der KMK-Empfehlungen war im Zusammenhang mit der Gutachtenerstellung und der damit immer verbundenen Zuweisung in eine bestimmte Sonderschulform und einer punktuellen Festlegung eines Förderortes die Fokussierung der Diagnostik auf den individuellen Förderbedarf des Schülers. Man wollte also im Sinne des Paradigmenwechsels in der Sonderpädagogik weg von einer primär **objektbezogenen** hin zu einer **subjektorientierten Perspektive** (Speck 1998, 282ff., Schlee 2008, 122ff und Jogschies 2008, 132ff.):

> *„Statt `Sonderschulbedürftigkeit` gilt es seitdem einen `sonderpädagogischen Förderbedarf` festzustellen. Dadurch wird ein vorrangig* ***institutionsbezogenes Verfahren*** *durch ein* ***personenbezogenes Verfahren*** *ersetzt"* (Eggert 2007, 103 - Hervorhebung durch Rittmeyer / Schäfer).

Doch wie soll die Ermittlung sonderpädagogischen Förderbedarfs ablaufen, was muss der Förderschullehrer alles beachten und welche diagnostischen Mittel und Möglichkeiten stehen ihm hier zur Verfügung? Schlee (2008) stellt in diesem Zusammenhang unter konzeptioneller Fragestellung fest, dass der Anspruch einer Förderdiagnostik

- „mit Hilfe diagnostischer Maßnahmen diejenigen Kinder und Jugendlichen bestimmen (zu) können, die einen besonderen Förderbedarf haben,
- zum anderen (...) aus den förderdiagnostischen Daten Hinweise für die Gestaltung einer möglichst optimalen Fördersituation gewinnen (zu wollen)" (Schlee 2008, 130),

aus prinzipiellen Gründen nicht einzulösen ist. Dies belegt er mit Beispielen von Sander (*2002 ☞ Kind-Umfeld-Analyse*), Eggert (*1997 ☞ Individuelle Entwicklungspläne*) und schließlich Bundschuh (*2007 ☞ Förderdiagnostik*). Und tatsächlich lassen sich im Hinblick auf die inhaltliche Erstellung der Gutachten keine konkreten Handreichungen oder eine wissenschaftlich fundierte Begleitung der Praxis ausmachen. Die KMK-Empfehlungen führen hierzu unter II 3.2 (Ermittlung sonderpädagogischen Förderbedarfs) lediglich die Berücksichtigung qualitativer wie auch quantitativer Profilierung, die Darlegung der Intensität der Beeinträchtigung sowie daraus abzuleitende Fördermaßnahmen an:

> *„Bei der Ermittlung Sonderpädagogischen Förderbedarfs sind die diagnostischen Fragestellungen auf ein qualitatives und ein quantitatives Profil der Fördermaßnahmen gerichtet, das Grundlage sein soll für die angestrebte Entscheidungsempfehlung. Es sind Art und Umfang, ggf. auch die Dauer des behinderungsbedingten und problembezogenen Förderbedarfs zu erheben; darüber hinaus sind die im konkreten Einzelfall gegebenen und organisierbaren Formen der Förderung in der Schule abzuklären, die das Kind bzw. der Jugendliche besucht oder besuchen soll"* (KMK 1994, II 3.1).

Während Eggert (1997 und 2007) auf dieser Grundlage feststellen kann, dass weder die quantitativen Verfahren vorgeschrieben noch spezifische Testformen präferiert werden (106), weiß Schuck (2004) aus einer Analyse von über 600 Gutachten heraus zu berichten, dass

> „bei 65,9% aller Gutachten ein Intelligenztest als Entscheidungshilfe zu Grunde gelegt wurde und einige Gutachter sogar bis zu vier Intelligenztests einsetzten, um zu einer Empfehlung für einen Förderort zu kommen" (350ff.).

Unabhängig von der Anwendung eines Intelligenztestes muss sich das Feststellungsverfahren in der Tat die Frage stellen lassen, ab welchem Punkt oder mit welchen Kriterien die Ermittlung sonderpädagogischen Förderbedarfs und eine damit verbundene Feststellung und Zuweisung personeller und sachlicher Ressourcen erfolgen kann. Denn auch wenn die *„Sonderschulüberprüfung"* in der Form nicht mehr stattfindet, steht die sonderpädagogische Förderung – *unabhängig von Bedarf und Ort* – immer noch in einer unmittelbaren Verbindung mit der personellen Zuweisung der Förderstunden (vgl. hierzu die Überlegungen von Dönges 2010, 319ff.).

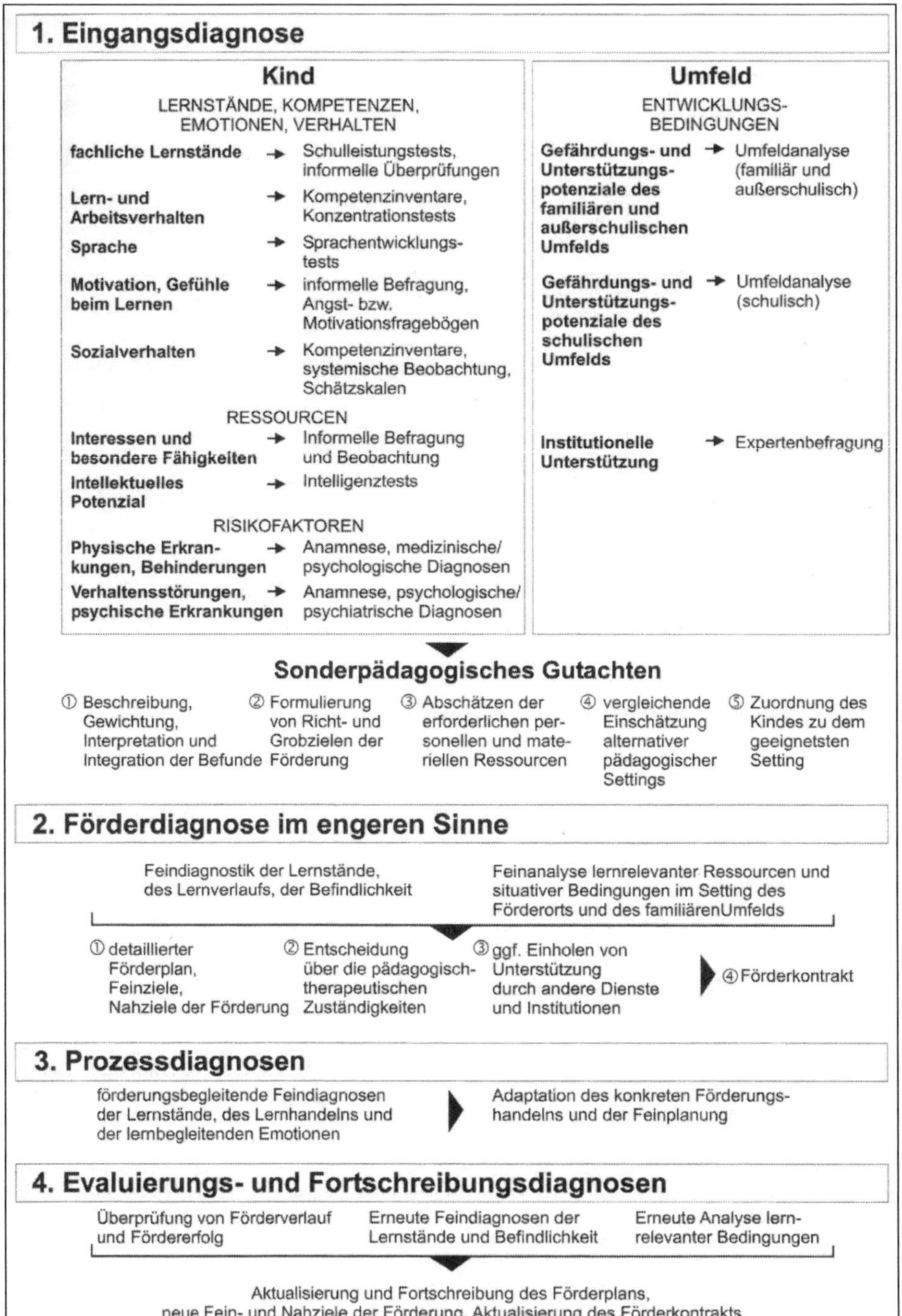

Abb. 5: Verlaufsmodell sonderpädagogischer Diagnostik (Arnold / Kretschmann 2002, 269).

Es ist deshalb davon auszugehen, dass gerade wegen dieser vagen und mitunter unsicheren Beschreibungen und Festlegungen des Förderbedarfs ein nicht geringer Anteil quantitativer Verfahren seine Anwendung findet, um damit – *wie dies in der einstigen „Sonderschulüberprüfung" üblich war* – über IQ-Werte vermutete Bedarfe festzumachen (Schuck 2004, 350ff.). Demgegenüber haben wir den Eindruck, dass mit einem Zuwachs an Erfahrung in Schule und Unterricht sowie in der diagnostischen Einschätzung von Schülern mit spezifischen Förderbedürfnissen, informelle Verfahren und qualitative Erhebungen bevorzugt werden, da aus der Erfahrung und gewissermaßen aus einem interindividuellen Vergleich heraus, Aussagen über den individuellen sonderpädagogischen Förderbedarf entwickelt werden können[3].

Betrachten wir das *„Verlaufsmodell sonderpädagogischer Diagnostik"* (Abb. 5) aus dem Beitrag von Arnold / Kretschmann (2002, 269) nun unter dem formalen Gesichtspunkt der Erstellung eines sonderpädagogischen Gutachtens, scheint der eigentliche Verwaltungsakt in dem Modell einen eher marginalen Rahmen einzunehmen: Nach der Eingangsdiagnose (1), die

- das **Kind** mit seinen Lernständen, Kompetenzen, Emotionen und seinem Verhalten, sowie den vorliegenden Ressourcen und möglichen Risikofaktoren, sowie
- das **Umfeld** mit seinen Entwicklungsbedingungen

betrachtet, steht ganz formal das Erstellen des sonderpädagogischen Gutachtens an. Arnold / Kretschmann (2002) beschreiben aufbauend auf der gezeigten Kind-Umfeld-Analyse insgesamt 5 Schritte, die auf der Grundlage der Beschreibung, Gewichtung, Interpretation und Integration der Befunde konkrete Ziele formulieren und unter Berücksichtigung notwendiger Ressourcen pädagogische Settings vorschlagen (269).

Rein formal geht diesem Schritt die Beantragung der Überprüfung mit dem Einverständnis der Eltern einher, dem Umstand des Verwaltungsaktes ist insbesondere in einer lückenlosen Dokumentation aller Teilschritte, Gespräche und Erhebungen quantitativer wie qualitativer Art Rechnung zu tragen. Zu empfehlen ist unter pragmatischen Gesichtspunkten das Führen eines kleinen Tagebuches, in dem die einzelnen Teilschritte notiert werden können. Spätestens beim sukzessiven Bearbeiten und Schreiben von mehreren Gutachten gleichzeitig über einen Zeitraum von 6 bis 8 Wochen kann ansonsten leicht der Überblick verloren gehen.

---

[3] Zu bedenken ist bei einem solchen primär qualitativen Zugang, dass die zu beschreibenden Fähigkeiten und Fertigkeiten des Schülers nicht nur alleine an den Durchschnittswerten der eigenen Klasse oder der eigenen Schülergruppe zu messen sind, sondern der Blick auf die grundsätzlichen Anforderungen innerhalb der verschiedenen Schulformen (Grundschule, weiterführende Schule Sek. I) und Förderschwerpunkte (Geistige Entwicklung, Lernen, sozial-emotionale Entwicklung, Sprache, u.a.) gerichtet werden muss.

Verfolgt man die Vorgehensweise nach Arnold / Kretschmann (2002) weiter (Abb. 5), baut schlüssig auf dem Gutachten die Förderdiagnose im engeren Sinne auf und verortet damit das Gutachten in einen diagnostischen Prozess, der nun ein weitaus größeres Zeitfenster zu umfassen hat als das eigentliche Gutachten.

Dennoch stellt das sonderpädagogische Gutachten für den Schüler wie für die Eltern und letztendlich auch für den begutachtenden Lehrer[4] ein einschneidendes Ereignis dar: Auch wenn nicht mehr der Förderort festgelegt wird, beschreibt der festgestellte Förderbedarf einen sonderpädagogischen Sachverhalt und nennt damit eine Beeinträchtigung möglicherweise zum ersten Mal beim Namen (☞ Abschnitt 7.2).

---

[4] Unabhängig von der eigentlichen Frage der Diagnostik sind unter systembezogenen Gesichtspunkten nicht selten *„problematische Dinge im häuslichen Umfeld“* zu dokumentieren und später auch in der Gutachteneröffnung zu kommunizieren, denen stets mit viel Sensibilität und Einfühlungsvermögen zu begegnen ist.

1.3.2.2 Grundzüge der Feststellung sonderpädagogischen Förderbedarfs

Wenngleich es bundeslandspezifische Eigenheiten und besondere formale Abläufe gibt, möchten wir in diesem Zusammenhang – *gerade wegen der hohen pädagogischen und emotionalen Besetzung des Gutachtens* – die wesentlichen Grundzüge der Feststellung sonderpädagogischen Förderbedarfs umreißen (ISB 1997, 67ff.):

- Mit dem Paradigmenwechsel in der Sonderpädagogik und der damit verbundenen Abkehr von der defizitorientierten Betrachtung (Kleber 1978, 207) hin zu einer kompetenzorientierten Blickrichtung auf den Schüler, veränderte sich auch die Diagnostik von einer Selektions- und Zuweisungsdiagnostik hin zu einer Förderdiagnostik, die nach dem individuellen Förderbedarf des Kindes fragt (Ingenkamp / Lissmann 2008, 236; Eggert 2003b, 476ff und Trost 2003, 505ff.).
- Auf dieser Grundlage stehen für den Schüler verschiedene Förderorte zur Wahl, die im Rahmen der Beratung im Gutachtenprozess den Eltern vorgestellt werden sollten / müssen. Den Eltern obliegt neben den neuen Rechten in diesem Bereich auch eine gewisse Verantwortung, sollen sie sich doch auch selbst ein Bild von den jeweiligen Fördermöglichkeiten machen.
- Da es sich bei der Gutachtenerstellung um einen Verwaltungsakt handelt, sind vom Gutachter selbst alle Informationen nach bestem Wissen und Gewissen in die Erstellung einzubringen, damit das Gutachten unter inhaltlichen wie auch formalen Gesichtspunkten einer juristischen Betrachtung standhalten kann (ISB 1997, 70).
- Die Zuweisung der Schüler zum Förderort erfolgt durch die Schulaufsicht, in der Regel wird hier dem Elternwunsch entsprochen, was in der Praxis zweierlei Auswirkungen haben kann[5]:
    - Auf der einen Seite entkrampft dieses Vorgehen im positiven Sinne den Kontakt zwischen Eltern und Schule – nicht selten führen rigide Zuweisungen zu Konflikten und stehen der Förderung des Kindes letztendlich im Wege.
    - Auf der anderen Seite wird der Aufwand des Gutachtens und dessen Bedeutung durch die prioritäre Wertung des Elternwunsches natürlich erheblich geschmälert.
- In der Erstellung des Gutachtens selbst ist die subjektorientierte Sichtweise zu betonen, die eben nicht nur den Schüler mit seinen Förderbedürfnissen im Blick haben muss (Kleber 2003, 138ff. und Krawitz 2003, 126), sondern auch

---

[5] Nach unserer Einschätzung gilt es in der aktuellen Debatte um Inklusion zu bedenken, dass durchaus eine gewisse Anzahl an Gutachten nicht mehr den Weg einer genauen und damit möglicherweise unangenehmen Zuweisung zu gehen scheinen – z.B. Förderbedarf geistige Entwicklung – sondern statt dessen einen Bedarf im Förderschwerpunkt Lernen beschreiben, um damit den Eltern den Weg etwas zu erleichtern. Dies scheint für unser Empfinden etwas kurzfristig gedacht, da dadurch weder der tatsächliche Förderbedarf beschrieben, noch im Sinne einer wirklichen Zielorientierung in der weiterführenden Diagnostik gearbeitet werden kann.

  - den familiären Kontext (Hildeschmidt 2003, 182ff.) sowie
  - den aktuellen pädagogischen Rahmen zu berücksichtigen hat (Kauter 2003, 81ff. und weiterführend Bundschuh et al. 2007, 430ff.).

- Schließlich ist der Blick auf die Fortschreibung zu legen, um das Gutachten auf der einen Seite nicht zu einem punktuellen Vorgang werden zu lassen und auf der anderen Seite die Erkenntnisse aus der Eingangsdiagnostik (Gespräche mit Kindergarten, Ärzten und Therapeuten, Elternsicht, usw.) nicht verpuffen zu lassen. Dies muss bedeuten, dass die Kollegen in den Eingangsklassen diesbezügliche Fördervorschläge des Einschulungsgutachtens aufgreifen und in ihrem Förderplan – neben den Gedanken der Eltern und den eigenen Ansätzen – integrieren.

Die beschriebenen Grundzüge können natürlich nur blitzlichtartig den diagnostischen Prozess beleuchten. Zu betonen bleibt in diesem Zusammenhang der auch in der Literatur immer wieder beschriebene Aspekt der Dynamik (insbesondere von Bundschuh (2010), Ingenkamp / Lissmann (2008) und Arnold / Kretschmann (2002)): Entgegen der früheren Statusdiagnostik, die aus der punktuellen Betrachtung und diagnostischen Einschätzung eines Schülers eine oft verbleibende Schulzuweisung entwickelte (Stichwort Einbahnstraße), führt ein prozessdiagnostischer Zugang dazu, immer wieder den aktuellen schulisch-individuellen Entwicklungsverlauf eines Kindes im Blick zu halten, um gegebenenfalls in die eine oder andere Richtung nachzusteuern.

Dass dies nicht zu einer ständigen Verschiebung der Förderschwerpunkte führen darf versteht sich von selbst; ab einem gewissen Zeitpunkt sollte auch im Hinblick auf eine Schullaufbahnberatung eine verbindliche Zielorientierung vorliegen (Pauly 1997). Der Vorteil eines zunächst offenen Vorgehens ist jedoch, dass die Eltern und die am Erziehungsprozess beteiligten Personen im Entscheidungsfindungsprozess mitgenommen werden, wodurch sich verhärtende Fronten schon im Vorfeld vermeiden lassen. Die Kunst bei diesem moderaten Vorgehen besteht darin, zu einer Entscheidung zu kommen, in der sich jeder wiederfinden kann: Eltern, Schüler, Gutachter sowie die abgebende und aufnehmende Einrichtung und schließlich die Schulaufsicht als zuweisende Behörde.

1.3.2.3 Zum zeitlichen Ablauf der Erstellung des Gutachtens zur Feststellung des sonderpädagogischen Förderbedarfs

Wie oben beschrieben, divergieren die formalen Vorgaben in der Gutachtenerstellung von Bundesland zu Bundesland.

Exemplarisch führen wir zu diesem Punkt das derzeit verbindliche Vorgehen in Rheinland-Pfalz an, das mit einem zweiten Entwurf seiner Handreichung zur Feststellung des sonderpädagogischen Förderbedarfs für das Schuljahr 2011/2012 eine aktuelle Vorlage bietet, deren Grundzüge mit denen anderer Bundesländer zumindest in groben Zügen vergleichbar sind (MBWJK Rheinland-Pfalz 2010).

Tabellarisch wird hier beschrieben, welche Maßnahmen zu welchem Zeitpunkt einzuleiten und durchzuführen sind und welche formalen Vorlagen die Schulen und Gutachter benutzen können.

- Besuchen Kinder noch keine Schule erfolgt die *„Anmeldung der Kinder mit offensichtlicher oder vermuteter Beeinträchtigung an (der) Grundschule und in Ausnahmefällen an (der) Förderschule“* (27). Der Zeitpunkt der Anmeldung wird durch die zuständige Grundschule bezogen auf den Wohnort durch Bekanntgabe in der regionalen Presse mitgeteilt. Vorgesehen ist, dass die Kollegen aus der Integration in den Kitas über mögliche Überprüfungsverfahren informieren und beraten.

- Aufgabe der Grundschule ist es dann, die Kinder, die zur Einschulung anstehen und bei denen ein Förderbedarf vermutet wird, über ein Internetportal der zuständigen Förderschule zu melden. Kinder, die regulär in die Grundschule eingeschult werden und bei denen Förderbedarf vermutet wird, werden zunächst entsprechend §1 GSchO (MBWJK Rheinland-Pfalz 2008) frühzeitig in den Grundschulklassen gefördert, darüber hinaus kann gemäß §28 GSchO (ebd.) sonderpädagogische Kompetenz hinzugezogen werden.

- Grundsätzlich sind die Eltern vor der Einleitung des Verfahrens zu informieren: *„Die Eltern sind vor der Antragsstellung zu informieren. Das Verfahren ist ihnen zu erläutern. Dieser Vorgang ist im Sinne einer Anhörung vorzunehmen und muss dokumentiert werden. Eine Zustimmung zur Durchführung des Verfahrens durch die Eltern ist nicht erforderlich; das heißt, Eltern haben ein recht auf umfassende Beratung und haben die Pflicht, ihr Kind am verfahren teilnehmen zu lassen“* (MBWJK 2010, 13).

- Vor Beginn der Erstellung des sonderpädagogischen Gutachtens benachrichtigt die Schulleitung der mit der Gutachtenerstellung beauftragten Förderschule die Eltern über die beabsichtigten Maßnahmen (§11 Abs. 1 der SoSchO MBWJK Rheinland-Pfalz 2006). Erst daraufhin beginnt die Erstellung des sonderpädagogischen Gutachtens gemäß § 11 SoSchO (ebd.)[6].

---

[6] Interessanterweise wird auch hier wiederum keine spezifische Aussage zur eigentlichen Feststellung gemacht. Lediglich der Verweis, dass der Gutachter den Förderbedarf feststellt, wobei er *„Verhaltens- und Unterrichtsbeobachtungen in der vertrauten Lerngruppe, informelle Test und Proben zur Feststellung des Leistungsstandes, Fragebögen zur Entwicklung der Schülerin / des Schülers (und) standardisierte Testverfahren“* (MBWJK Rheinland-Pfalz 2010, 18) verwenden kann. Genauere Zuweisungskriterien sind keine angeführt.

- Nach der Erstellung des sonderpädagogischen Gutachtens erfolgt die *„Meldung der Kinder, bei denen sonderpädagogischer Förderbedarf festgestellt wurde, an das Gesundheitsamt (Prüfung der Schulbesuchsfähigkeit, des Schülertransports, Feststellung des Gesundheitszustandes und ggf. des Unterstützungsbedarfs im schulischen Alltag)"* (MBWJK Rheinland-Pfalz 2010, 28). Außerdem erfolgt die *„Information der Eltern über die durchgeführten Untersuchungen und Beobachtungen während des Verfahrens durch den Gutachter (...)"* (ebd.).

- Abschließend bespricht die Schulleitung das Gutachten und die Möglichkeiten der Förderung mit den Eltern, denen eine Kopie des Gutachtens ausgehändigt wird. Darüber hinaus haben die Eltern die Möglichkeit bzw. das Recht, zusätzlich durch die Schulbehörde beraten zu werden.

- Im Rahmen dieser zweiten Anhörung werden die Einschätzungen der Eltern zum festgestellten Förderbedarf, sowie deren Präferenzen im Hinblick auf den Förderort (Regelschule / Förderschule) festgehalten.

- Nach dieser Gutachteneröffnung wird das Gutachten mit den o.g. Anmerkungen der Eltern an die Schulbehörde weitergeleitet, der die letztendliche Entscheidung über den Förderbedarf und den Förderort obliegt. Gegen diese Entscheidung können die Eltern Widerspruch einlegen.

In diesem zeitlichen Ablauf der Feststellung sonderpädagogischen Förderbedarfs bleiben durch den Charakter des Verwaltungsaktes die interpersonalen Beziehungen zwischen Kind, Eltern und Gutachter zunächst unberührt. Die Beziehungsebene ist jedoch sowohl unter inhaltlichen wie auch zeitlichen Gesichtspunkten nicht zu unterschätzen: Oft befassen sich Eltern gerade bei diesem Übergang von der Kita in die Schule intensiv mit der Beeinträchtigung ihres Kindes[7]. Wenngleich im sonderpädagogischen Fokus der Förderbedarf festgestellt werden soll, bekommen die Eltern die Beeinträchtigung und das Anderssein ihres Kindes widergespiegelt und nicht selten fand im Vorfeld (also in der Zeit von 0 bis 5 Jahren) keine entsprechende oder eine unzureichende Beratung statt. Dieser Situation muss sich der Gutachter stellen, dabei aber zugleich den oben beschriebenen formalen Ablauf und den individuellen Förderbedarf des Kindes im Blick haben.

---

[7] Im Förderschwerpunkt Lernen zeigt sich dieser Verarbeitungsprozess der Beeinträchtigung häufig im ersten, manchmal auch erst im zweiten Schuljahr, da die Beeinträchtigung erst mit Beginn der Schulzeit zu beobachten ist.

1.4 Sonderpädagogische Diagnostik in inklusiven Systemen

1.4.1 Grundlagen

Inklusiver Unterricht und Diagnostik – verträgt sich das überhaupt? Die selektive Funktion der Diagnostik bei der Zuweisung zu Institutionen, die Heranziehung von Diagnosen zum Zwecke der Ressourcenbeschaffung und selbst die Kategorie des sonderpädagogischen Förderbedarfs: Sie alle sind zunächst eher Indikatoren, zumindest für ein Spannungsverhältnis von Diagnostik und Inklusion, wenn nicht sogar für deren Unverträglichkeit (*Boban / Hinz* 1998, 151).

Ohne an dieser Stelle weitere Ausführungen zu den aktuellen Überlegungen zu dem großen Themenfeld Inklusion entwickeln zu wollen[8], stellen wir fest, dass eine fundierte Diagnostik grundsätzlich Voraussetzung erfolgreicher Lehr-Lern-Prozesse ist (*Universität Oldenburg* 2011, 6). Erst nach der konkreten Analyse und fundierten Erhebung der Lernausgangslage entwickelt Unterricht die Basis für eine didaktisch gültige und methodisch plausible Planungsarbeit *(☞ Abschnitt 1.1 und weiterführend 7.2 und 8.1.4).*

Damit ist Diagnostik grundsätzlich als eine Schlüsselkompetenz des Lehrers zu beschreiben. Vom Deutschen Bildungsrat sind bereits 1973 die auch heute noch als gültig anzusehenden bzw. zugrunde zu legenden folgenden fünf Aufgaben von Lehrern benannt worden: **Lehren, Erziehen, Beurteilen, Beraten** und **Innovieren** (Deutscher Bildungsrat 1973) .

Um diese o. g. Aufgaben zu erfüllen, sind nach Weinert (2000) weiterhin vier Kompetenzen notwendig: Sachkompetenz, diagnostische Kompetenz, didaktische Kompetenz und die Klassenführungskompetenz.

Die diagnostische Kompetenz ist mit Weinert (2000) somit als eine der vier für das Unterrichten notwendigen Schlüsselkompetenzen anzusehen. Kiper (2011) hat aufgezeigt, dass das Sekretariat der Kultusministerkonferenz diagnostische Kompetenzen vor allem im Kontext der Beurteilungs- und Beratungsaufgabe von Lehrern konzeptionalisiert. Die Kultusministerkonferenz konkretisiert den Kompetenzbereich Beurteilen durch die Kompetenzen 7 und 8 (KMK 2004 nach *Kiper* 2011, 8).

---

[8] Wir verweisen hier unter kritischen Gesichtspunkten lediglich auf die aktuellen Einschätzungen von Speck 2012, 176ff. und Haeberlin 2012, 183ff., die einen sehr realistischen Blick auf die Bedürfnisse der Schüler innerhalb der verschiedenen Förderschwerpunkte werfen. Die Herausforderungen an eine Diagnostik in inklusiven Bildungssystemen scheinen sich grundsätzlich nicht erheblich von denen in der bisherigen sonderpädagogischen Praxis zu unterscheiden, sie (die Diagnostik) muss jedoch den Übertrag von, und die Synopse zwischen den Systemen schaffen, ohne dabei die Bedürfnislagen der Schüler aus den Augen zu verlieren.

- „**Kompetenz 7**: Lehrerinnen und Lehrer diagnostizieren Lernvoraussetzungen und Lernprozesse von Schülerinnen und Schülern; sie fördern Schülerinnen und Schüler gezielt und beraten Lernende und deren Eltern.
- **Kompetenz 8**: Lehrer erfassen Leistungen von Schülerinnen und Schülern auf der Grundlage transparenter Beurteilungsmaßstäbe" (KMK 2004 nach *Kiper* 2011, 8).

Unter Kompetenzen sind Fähigkeiten / Fertigkeiten zu verstehen. Etymologisch lässt sich der Begriff mit *„Zusammentreffen"* / *„Zuständigkeit"* übersetzen.

> *„Übertragen bedeutet dies, wenn die Anforderungen an eine Situation mit dem Repertoire von Fähigkeiten einer Person „zusammentreffen", ist diese Person kompetent, das Problem oder die Aufgabe zu bewältigen"* (Buholzer / Zulliger 2010, 20).

Die Bedeutung der Diagnostik für die pädagogische Arbeit zeigt sehr gut nachvollziehbar Horstkemper (2006) auf und lässt sich mit der Formel „P-P-I" (**P**rävention - **P**assung – **I**ntervention) umreißen. Danach sind zutreffende Diagnosen aus den folgenden drei Gründen unverzichtbar:

- *„Wenn die Lernausgangslage in einer Lerngruppe nicht richtig eingeschätzt wird, dann kann auch der Unterricht nicht optimal auf die Adressaten hin konzipiert werden.* ***(Passung)***
- *Wenn kein „Frühwarnsystem" existiert, kann auch nicht vorbeugend dafür gesorgt werden, dass lern- und entwicklungsgefährdete Kinder rechtzeitig unterstützt werden.* ***(Prävention)***
- *Wenn Probleme bereits auftreten, aber diffus bleiben, fehlt die Möglichkeit zur gezielten Behebung der Krise.* ***(Intervention)****"* (56 ff.).

Insgesamt stellt Diagnosekompetenz damit eine zentrale professionelle Kompetenz von Lehrern dar (Buholzer / Zulliger 2010, 6).

1.4.2 Neuorientierung in der Rollendefinition der Sonderpädagogik

Die Bedeutung der Diagnostik in inklusiven Schulsystemen ist in früheren Schriften ansatzweise und implizit bereits von Bertrand (2001) und Seitz (2006) aufgezeigt worden. *Bertrand* (2001) hebt deren Bedeutung für die optimale Förderung hervor. *Seitz* (2006) beschreibt sie als unverzichtbare Komponente einer komplexen inklusiven Didaktik. Von *Feyerer et al. (o. J., 17ff.)* sind 17 Aufgaben aufgelistet worden, die der integrative Unterricht an alle Lehrer stellt. Auf Diagnostik sind dabei die folgenden Aufgaben bezogen:

- **Prozessorientierte Förderdiagnostik** (mit Verwendung angemessener Instrumentarien) und das Erstellen von individuellen Förderplänen.
- Neue **Formen der Leistungsfeststellung**, -**rückmeldung** und –**beurteilung**, die den individuellen Lernfortschritt und die individuellen Lernbehinderungen festhalten (*Feyerer et al. o. J.,* 17).

Wocken (o. J.) hat die spezifischen Kompetenzen, die für inklusiven Unterricht erforderlich sind, herausgearbeitet. Er unterscheidet die vier Kompetenzbereiche

- *„Selbstkompetenz,*
- *Aufgabenkompetenz,*
- *Kooperationskompetenz und*
- *Systemkompetenz“* (ebd.).

In diesem Denkgebäude wird die diagnostische Kompetenz als eine von vier Subkategorien der Aufgabenkompetenz beschrieben (Subkategorien: Erziehungs-, Unterrichts-, Diagnose- und Förderkompetenz) (*Feyerer* 2011, 11). Der aktuelle Stellenwert der Diagnostik in inklusiven Zusammenhängen lässt sich dahingehend beschreiben, dass sie

> *„die Grundlagen für die in der UN-Konvention (...) geforderten angemessenen Vorkehrungen und wirksamen, individuell angepassten Unterstützungsmaßnahmen innerhalb des allgemeinen Bildungssystems liefern (kann)“* (*Feyerer* 2011, 14).

Die Forderung nach Inklusion wirft die Frage nach der Zukunft der Sonderpädagogik und von Sonderpädagogen auf. Heimlich schreibt 2011, dass die VN-BRK keine Abschaffung der Sonderpädagogik bedeute, aber einen Modernisierungsauftrag (und zwar förderschwerpunktübergreifend) beinhalte:

> *„Inklusive Bildung ist deshalb kein Plädoyer für die Abschaffung der Sonderpädagogik, sondern vielmehr eine Aufforderung, sich zu modernisieren und sich an einem pädagogischen Reformprozess von gesamtgesellschaftlichen Ausmaßen zu beteiligen“* (*Heimlich* 2011, 44).

Ähnlich hält *Sander* (2001) sonderpädagogische Professionalität in Zukunft für notwendig, spricht jedoch von der dringenden Aufgabe, die Rolle des Sonderpädagogen neu zu definieren. Auch die beiden Gutachter zur Umsetzung der UN-Behindertenrechtskonvention Klemm / Preuss-Lausitz (2011) halten die Arbeit von Sonderpädagogen weiterhin für notwendig (vgl. hierzu auch weiterführend die Ausführungen in Jennessen / Wagner 2012, 335ff.).

Insgesamt geht es somit nicht um die Frage, ob Sonderpädagogik (zukünftig) noch gebraucht wird. Denn in diesem Punkte kann uneingeschränkt Wocken zugestimmt werden (weiterführend hierzu Speck 2012 und Haeberlin 2012):

> *„Inklusion braucht Sonderpädagogik! Die Notwendigkeit eines sonderpädagogischen Beitrages zu einer inklusiven Pädagogik ist völlig unstrittig“* (Wocken nach *Feyerer* 2011, 6).

Vielmehr geht es um die Frage, welche Sonderpädagogik gebraucht wird, das heißt, es ist nach den zukünftigen Aufgaben der Sonderpädagogik zu fragen. Klemm / Preuss-Lausitz (2011) zufolge ist die VN-BRK mit einer Schwerpunktverlagerung in den Funktionen von Sonderpädagogen verbunden:

- Es verschieben sich die Schwerpunkte der Funktion Unterricht, Beurteilung, Beratung und Erziehung.
- Beratung (von allgemeinen Lehrkräften und allen Schülern) wird zunehmen.
- Sonderpädagogen werden es zukünftig auch mit allen Jungen und Mädchen der allgemeinen Schulen zu tun haben.
- Kurzfristige Prozessdiagnostik und der Entwurf zeitlich kürzerer Förderpläne sowie die notwendige Dokumentation von Fördermaßnahmen und -ergebnissen (Rechenschaftslegung) werden zunehmen (Klemm / Preuss-Lausitz 2011, 106 f.).

Lindmeier (2009) zufolge sind mit dem inklusiven Unterricht auch neue Anforderungen an die Berufsrolle von Sonderpädagogen verbunden, insbesondere hinsichtlich der Diagnosefähigkeit und der Beratungskompetenz (Lindmeier 2009, 420)

1.4.3 Didaktisch-methodische Aspekte von Diagnostik in der Lehramtsausbildung

Bevor nachstehend auf die Inhalte einer inklusiven Diagnostik eingegangen wird, soll an dieser Stelle vorab gefragt werden, wie eine Lehre für inklusive Schulsysteme methodisch zu gestalten ist. Das Lehrangebot für Lehrer in inklusiven Schulsystemen sollte dergestalt sein, dass ihre Methoden unbedingt mit ihren Zielen übereinstimmen. Elemente der Lehrerbildung bei der Auseinandersetzung mit Diagnostik müssen demnach sein:

- Heterogenität,
- kooperatives Lernen,
- selbsttätiges Lernen am didaktisch gültigen Gegenstand sowie die
- innere Differenzierung durch Individualisierung.

Lerninhalte und Lernformen werden zwar dem äußeren Rahmen nach vorgegeben, innerhalb dieses zur Organisation notwendigen Rahmens erhalten aber die Studierenden unterschiedlich großen Freiraum, um sich entsprechend ihrer Interessen, Bedürfnisse und Fähigkeiten spezifische Handlungskompetenzen aneignen zu können (*Feyerer 2011, 18*).

Damit wendet sich *Feyerer (2011)* der entscheidenden Frage zu, wie diagnostische Kompetenzen in der Lehrerbildung erworben werden können. Hierzu ist grundsätzlich anzumerken, dass die Entwicklung von Kompetenzen im Lehrerstudium bislang insgesamt kaum untersucht worden ist[9]. Ebenso ist unklar, wie sich einzelne Kompetenzbereiche im Laufe der Berufsbiographie entwickeln sollten und können (Buholzer / Zulliger 2010, 22).

So ist zwar von Buholzer / Zulliger (2010) aufgezeigt worden, dass die diagnostische Kompetenz auf vier Säulen ruht (Reflexionsfähigkeit, lerntheoretische und (fach-)didaktische Kenntnisse, Wissen über Methoden und Instrumente sowie pädagogisch-didaktisches Wissen). Und es kann von hier ansetzend überlegt werden, von welchen Voraussetzungen die Ausbildung einer hohen Diagnosekompetenz auszugehen hat (ebd.).

Auch ist unstrittig, dass der Aufbau von Kompetenzen nicht mit der naiven Vorstellung einer linearen Anwendung zuvor erworbenen Wissens auf nachfolgende Probleme in der beruflichen Praxis erklärt werden kann, dass es vielmehr systematischer und situierter Lernprozesse bedarf und dass sich der Aufbau von Kompetenzen in Stufen vollzieht. Darüber hinaus ist aber vieles noch sehr unklar, was den Aufbau von Kompetenzen betrifft (Jennessen / Wagner 2012, 339ff.).

Hinsichtlich der Entwicklung von Diagnosekompetenz ist in diesem Kontext auf das *„Modellvorhaben Nordwest: Entwicklung von Diagnose- und Förderkompetenz im Unterricht und in Lehr-Lernlaboren“* (Oldenburg 2010)[10] zu verweisen. Schwerpunkte des Projektes sind:

- Entwicklung von forschungs- und berufsorientierter Kompetenz in allen Phasen der Lehrerbildung.
- Auseinandersetzung mit Konzeptionen von Diagnostik und Förderung.
- Förderung von selbstgesteuerten Lernprozessen der Schüler in Lehr-Lernlaboren an Schulen und Universitäten (Eberhardt et al. 2011, 3).

---

[9] Eine Ausnahme bildet hier die von 2003 bis 2007 an der Pädagogischen Hochschule Zentralschweiz, Luzern durchgeführte Längsschnittuntersuchung. Sie ging der Frage nach, wie sich die Diagnosekompetenz der PH-Studierenden während ihres Studiums entwickelt. Die Ergebnisse dieser Studie bestätigen die Erwartung, dass die diagnostische Kompetenz während des Studiums zunimmt. Am deutlichsten war dabei der Fortschritt bei der eigentlichen Urteilsleistung (vgl. Buholzer / Zulliger 2010, 3)

[10] OLAW: Dieses Projekt wurde 2010 in Kooperation der Universität Oldenburg und der vier Studienseminaren **O**ldenburg, **L**eer, **A**urich und **W**ilhelmshaven gestartet. Gefördert wird das Projekt vom Stifterverband für die Deutsche Wissenschaft.

Ziel des Projektes ist es,

> *„Diagnoseinstrumente zu entwickeln und zu erproben sowie Fördermöglichkeiten für Schülerinnen und Schüler abzuleiten und systematisch in Lehr-Lern-Einheiten zu integrieren“* (Lehrerausbildung im Verbundprojekt OLAW, 2).

Organisatorisch werden die Curricula in den universitären Bachelor- und Masterstudiengängen sowie den Studienseminaren abgestuft gestaltet und miteinander verzahnt:

> *„Gemeinsame Seminare werden von Tandems aus Fachleiter/-innen und Universitätsdozent/-innen entwickelt. Die Tandems übernehmen verantwortlich die gemeinsame Leitung der Seminarveranstaltungen. Auf Seiten der Studierenden sind die Seminarveranstaltungen in reguläre Module integriert: In der Bachelorphase in das Begleitseminar zum allgemeinen Schulpraktikum ..., in der Masterphase in das Begleitseminar zum Fachpraktikum“* (a.a.O., *4).*

Und bezogen auf die schwerpunktmäßig aufzubauende diagnostische Kompetenz heißt es:

> *„Die bildungswissenschaftliche Komponente in der Bachelorphase hat für die berufsorientierte Kompetenzentwicklung insofern eine besondere Bedeutung, als hier in den Ausbildungsmodulen eine grundlegende Diagnosekompetenz aufgebaut und erste Erfahrungen mit dem spezifischen Fördern gesammelt werden. In der Masterphase wird die forschungsorientierte fachspezifisch ausgerichtete Diagnose- und Förderkompetenz unterstützt“* (ebd.).

Schwerpunkt des Modellprojektes sind die mathematisch-naturwissenschaftlichen Fächer. Eine Schlüsselfunktion ist die Gestaltung von Aufgaben. Insbesondere zukünftige Lehrer sollen durch das Projekt befähigt werden, *Aufgaben-Kompetenz* zu entwickeln:

> *„Diese Kompetenz umfasst eine theoretische Reflexion und ein verfügbares praxisorientiertes Wissen über die unterschiedlichen Funktionen von Aufgaben im Unterricht“* (a.a.O., 2).

Die an dem Projekt maßgeblich beteiligte Universität Oldenburg setzt bei diesem Projekt systematisch auf die Integration von theoriegeleiteten, forschungsbasierten Ausbildungsanteilen und praxisorientierten Phasen an Schulen.

1.4.4 Inhalte einer inklusionstauglichen sonderpädagogischen Diagnostik

Jede wissenschaftliche Ausarbeitung steht und fällt damit, dass ihre zentralen Begriffe definiert werden. Ein solcher Begriff ist im Kontext der vorliegenden Ausführungen der Begriff der sonderpädagogischen Diagnostik. Der Begriff „Pädagogische Diagnostik“ ist von Ingenkamp in die pädagogische Diskussion einbracht worden, allerdings mit einer Verkürzung. Bei Ingenkamp / Lissmann (2008) bleibt die Beschäftigung mit Lernproblemen und emotionalen und sozialen Problemen außen vor (Kretschmann 2004, 124).

Pädagogische Diagnostik, wie sie aktuell verstanden wird, beabsichtigt dagegen eine Analyse von Lernprozessen mit dem Ziel, diese optimal durch individuelle Förderung zu stützen und weiterzubringen (vgl. hierzu Horstkemper 2006 nach Buholzer / Zulliger 2012, 7). Es ist eine sonderpädagogische Diagnostik, die sich von einer Defizitorientierung abkehrt und zu Kompetenzen hinwendet (Feyerer 2011, 10). Da die Diagnosekompetenz jene Kompetenz ist, die einem im Zusammenhang mit Sonderpädagogik zuerst einfällt, liegt die Vermutung nahe, hier auf einer sicheren Grundlage aufbauen zu können. Das ist jedoch nicht der Fall.

> „Sieht man genauer auf die im Berufsfeld vorhandenen und in den Ausbildungen vermittelte sonderpädagogische Diagnosekompetenz hin, muss mit Wocken (2011, 218 ff.) allerdings festgehalten werden, dass es sich dabei oft um defizitorientierte Status- und Gutachtendiagnostik handelt. Inklusive Pädagogik strebt aber eine weitgehende Dekategorisierung an und verzichtet soweit wie möglich auf kategoriale, identitätsschädigende Behinderungsbegriffe“ (*a.a.O.*, 14).

Von *Störmer* et al. (2007) ist eine (sonder)pädagogische Diagnostik für inklusive Settings („inklusive Diagnostik“) sehr einprägsam durch eine Analogie zu kubistischen Bildern gekennzeichnet worden. Hauptmerkmal einer inklusiven sonderpädagogischen Diagnostik ist diesem Verständnis zufolge die Mehrperspektivität. Eine so verstandene inklusive Diagnostik hat die folgenden Schwerpunktlegungen (Ondracek / Störmer 2007, 40ff.):

1.4.4.1 Fokus auf Orientierung auf das Subjekt

Auch eigenwillige und herausfordernde Handlungsweisen sind als Resultat sinnvoller und systemhafter psychischer Entwicklung zu begreifen. Entwicklungsbedingungen sind daraufhin zu untersuchen, ob sie Momente der Isolation beinhalten (vgl. vertiefend Moser-Opitz 2009).

Denn je mehr isolierende Bedingungen, desto mehr sind die Aneignungsmöglichkeiten spezifischer Erfahrungen für den betroffenen Menschen eingeengt:

> *„Sind die Möglichkeiten des Sich-in-Beziehung-Setzens reduziert, reduziert sich auch die Aneignung der Welt in ihrer ganzen Komplexität“* (*Störmer* 2007, 43).

1.4.4.2 Fokus auf Entwicklung

Bei inklusiver Diagnostik steht die Bedeutung und Beurteilung von anders gearteten und erwartungswidrigen Entwicklungsverläufen im Mittelpunkt der Betrachtung (Ondracek / Störmer 2007, 46). Inklusive Diagnostik muss differierende Entwicklungen erkennen können, ohne sie allerdings als defizitär zu beschreiben. Es ist deshalb wichtig, dass überindividuelle Gemeinsamkeiten und Entwicklungsabfolgen in Bezug zum Lebensalter bekannt sind, damit professionell gearbeitet werden kann. Entwicklung, die als Ergebnis eines komplexen Interaktionsprozesses verstanden wird, kann nicht allein mit standardisierten Verfahren erfasst werden (a. a. O., 47).

1.4.4.3 Fokus auf Dialog und Kooperation

Eine wichtige Komponente einer inklusiven Diagnostik ist der Dialog. Dieser wiederum ist nur möglich in symmetrischen Beziehungen. Der Diagnostiker ist nicht mehr derjenige, der Urteile fällt, Ratschläge erteilt und alles in die richtige Bahn lenkt. Er begegnet dem Partner mit Respekt gegenüber dessen Individualität (a. a. O., 50 f.). Was dies konkret bedeutet, hat Langmaack (2001) in ihrer Darstellung des Ansatzes von Ruth Cohn dargestellt. Mutzeck *(2002)* hat zudem Aspekte der Gesprächsführung aufgezeigt, die für einen Leitfaden hilfreich sind.

1.4.4.4 Fokus auf Erkennen subjektiver Realität

Viele Probleme entstehen dadurch, dass die subjektiven Sichtweisen von Menschen zu unterschiedlich sind. Subjektive Realität ist durch Selbsterfassung (Introspektion), Fremderfassung sowie eine Kombination dieser beiden Vorgehensweisen möglich. In der Inklusionsförderung ist es angezeigt, Selbst- und Fremderfassung zu kombinieren. Die beteiligten Personen müssen abgestimmt vorgehen und sich die Ergebnisse ihrer Informationsbeschaffung ergänzend zur Verfügung stellen (Ondracek / Störmer 2007, 55).

1.4.4.5 Fokus auf Kompetenzen und Ressourcen

Inklusive Diagnostik ist kompetenzen- und ressourcenorientiert. Kompetenzenorientierung bedeutet vorrangig, bei einem Menschen beobachtete Auffälligkeiten auch als Ausdruck von Entwicklung, sowie als Kompetenz zur Bewältigung von Situationen zu verstehen. Solche Auffälligkeiten sind Verhaltensweisen, die in einer Situation der Isolation entwickelt wurden. Das eigentliche Problem sind hierbei nicht die als unangemessen angesehenen Handlungsweisen. Problem ist vielmehr das in der bisherigen Entwicklung und der Gegenwart vorhandene Fehlen von möglichen Handlungsalternativen. Kompetenzen im Kontext inklusiver Pädagogik müssen deshalb konkret auf die Situation eines Menschen in Risikolage bezogen werden (a. a. O., 61). Inklusive Diagnostik hat somit danach zu fragen

- welche Kompetenzen vorhanden sind und unter welchen Bedingungen sie zur Anwendung kommen können,
- wie vorhandene Kompetenzen differenziert werden können und
- wie neue und andere Kompetenzen entwickelt werden können (vgl. a. a. O., 59).

1.4.4.6 Fokus auf Coping-Strategien

Schließlich muss inklusive Diagnostik effektive Möglichkeiten der Bewältigung von Lastsituationen identifizieren. Diese Bewältigung wird als Coping bezeichnet (a. a. O., 62). Um Coping-Strategien zu erfassen, ist eine Kombination von Fragebogenmethode, Beobachtung und strukturiertem Dialog geeignet (a. a. O., 67).

Wie Wocken (2011) schreibt, kann eine inklusionstaugliche Diagnostik aktuell erst in Ansätzen anhand der folgenden Kriterien beschrieben werden:

- „**Pädagogische Relevanz** (Handlungsrelevanz),
- **Prozessorientierung** (in Verbindung mit Unterricht und Förderung, hypothetisch und informell, niedrigschwellig, zeitnah, nicht eigenschafts-, sondern curriculums- und lerngegenstandsbezogen),
- **Situationsorientierung** (die gesamte Lernsituation, das Kind-Umfeld steht im Mittelpunkt diagnostischer Erkenntnisbemühungen),
- **Kompetenzorientierung** (nicht die Schwächen, Defizite, Mängel sondern die vorhandenen Stärken sind Ausgangspunkt effektiver Förderung, es wird daher gezielt nach Stärken der Schüler gesucht),

- **Partizipationsorientierung** (andere Lehrer, aber auch die Eltern und Schüler selbst werden am Prozess beteiligt) und
- **Verstehend** und nicht erklärend (es geht nicht darum, etwas objektiv zu erklären, sondern darum, das Kind empathisch zu verstehen)“ (Feyerer 2011, 14).

1.4.5 Ausblickend

Es ist aufgezeigt worden, dass die sonderpädagogische Diagnostik für Lehrer in inklusiven Settings eine sehr hohe Bedeutung hat. Die Bedeutung der sonderpädagogischen Diagnostik zeigt sich eindrücklich auch zusammengefasst, wenn man die hohe Bedeutung der Förderpläne in inklusiven Settings ins Auge fasst. Dies stellt allerdings ein eigenes Thema dar, auf das an dieser Stelle nur hingewiesen werden soll *(☞ vgl. hierzu auch unsere Ausführungen in Kapitel 7 [Förderplanung] und 8 [Entwicklungsdokumentation]).*

Bei der Weiterentwicklung einer Pädagogischen Diagnostik, die nicht nur auf Lernen, sondern auch auf die Identifikation von Lernproblemen zielt, besteht also noch ein erheblicher Handlungsbedarf (Kretschmann 2004, 124).

2 Psychometrisches Grundwissen

2.1 Begrifflichkeit und Gütekriterien

Normative Tests – z.B. Schulleistungstests – sind nicht die einzigen und nicht immer die wichtigsten Verfahren in diagnostischen Handlungsfeldern (Eggert 2007, 103ff.). Aber sie haben ihren Stellenwert und man sollte sie kennen und ihre Konstruktionsprinzipien verstehen, um entscheiden zu können, ob, wann und wie man sie einsetzen will (Eggert 2003a und Albers 2009, 31ff.).

> *„Ein Test ist ein wissenschaftliches Routineverfahren zur Untersuchung eines oder mehrerer empirisch abgrenzbarer Persönlichkeitsmerkmale mit dem Ziel einer möglichst quantitativen Aussage über den relativen Grad der individuellen Merkmalsausprägung. (...) Die Bedeutung des Wortes „Test" ist also hier in mannigfacher Weise eingeschränkt: nicht jede beliebige zu diagnostischen Zwecken angestellte Untersuchung kann als Test gelten, sondern nur eine solche, die erstens wissenschaftlich begründet ist; zweitens routinemäßig, also unter Standardbedingungen mehr oder weniger handwerksmäßig durchführbar ist; drittens eine relative Positionsbestimmung des untersuchten Individuums innerhalb einer Gruppe von Individuen ermöglicht; und viertens bestimmte empirisch - also verhaltens- und erlebnisanalytisch, phänomenologisch und nicht etwa rein begrifflich - abgrenzbare Eigenschaften, Bereitschaften, Fähigkeiten oder Fertigkeiten prüft"* (Lienert 1969, 7).

Eine Aufgabensammlung wird zum Test, wenn sie verschiedenen Gütekriterien genügt:

- Der Test ist objektiv (durchführungsobjektiv und auswertungsobjektiv),
- der Test ist reliabel (also zuverlässig),
- der Test ist valide (er misst, was er zu messen vorgibt),
- er ist in der Lage zu prognostizieren, was er zu prognostizieren vorgibt,
- er ist an einer repräsentativen und hinreichend großen Stichprobe geeicht und
- die Eichung ist aktuell (nicht älter als 10 Jahre).

Auch wenn mittlerweile ein nicht geringer Anteil an sonderpädagogischen Gutachten auf qualitative Beobachtungen und informelle Verfahren zurückgreift, war bis vor wenigen Jahren

> *„ohne die Anwendung wissenschaftlich und empirisch fundierter Tests (...) die Erstellung `sonderpädagogischer Gutachten` kaum vorstellbar“* (Bundschuh 2010, 69).

2.1.1 Testgütekriterien (Hauptgütekriterien)

Im Folgenden werden übersichtsartig die vier Hauptgütekriterien von Tests dargestellt:

a. **Objektivität:** Bei der Objektivität wird unterschieden zwischen Durchführungsobjektivität und Auswertungsobjektivität (Ingenkamp / Lissmann 2008, 51ff.):

- *Durchführungsobjektivität* ist gegeben, wenn die Instruktion so einfach und präzise ist, dass sie von den Testpersonen verstanden und eindeutig aufgefasst wird und vom Testleiter leicht zu beherrschen ist. Lange und umständliche Instruktionen führen zu Missverständnissen und Fehlern und mindern die Genauigkeit eines Tests.
- *Auswertungsobjektivität*: Der Test enthält eindeutige Vorgaben, wie die Testleistung zu ermitteln ist und unter welchen Bedingungen ein Punktwert für eine erbrachte Leistung zu vergeben ist (ebd.).

b. **Reliabilität (Zuverlässigkeit):** Der Test ist messgenau und damit verlässlich. Die Reliabilität wird auf verschiedene Weise ermittelt (Kleber 1978, 78ff.; Ingenkamp / Lissmann 2008, 54ff. und Wendeler 2000, 45f.):

- Durch *Testwiederholung* (Retest-Reliabilität): Der Test ist zuverlässig, wenn die getesteten Individuen bei der zweiten Testung in etwa die gleichen Werte erzielen wie bei der ersten. Die Korrelation soll .80 oder mehr betragen[11].
- Durch *Korrelation* von Testform A mit Testform B (Paralleltest-Reliabilität). Viele Schulleistungstests liegen in zwei Versionen vor. Die Testpersonen bearbeiten erst die eine Testform, dann die andere: Der Test ist zuverlässig, wenn die getesteten Individuen in beiden Testformen in etwa die gleichen Werte erzielen. Die Korrelation soll hier .80 oder mehr betragen.
- Durch *Testhalbierung* (Split-Half-Reliabilität). Der Test wird in zwei Hälften unterteilt: Der Test ist zuverlässig, wenn die getesteten Individuen in beiden Testhälften in etwa die gleichen Werte erzielen. Die Korrelation soll .80 oder mehr betragen.

---

[11] Die **Korrelation** ist ein statistisches Maß für die Enge des Zusammenhangs zweier Merkmale. Der „Korrelationskoeffizient" r beträgt 1.0 bei einem vollkommenen Zusammenhang. Er beträgt 0.0, wenn keinerlei Zusammenhang besteht. Empirische Korrelationen gelten als hoch, wenn sie Werte von 0.60 überschreiten. In statistischen Abhandlungen findet sich statt der Schreibweise 0.60 auch oft die Schreibung .60. Der Korrelationskoeffizient kann auch negative Werte annehmen. Eine Korrelation von $r = -.90$ ist eine „hohe" Korrelation. Sie besagt, dass zwei Merkmale zu einander umgekehrt proportional sind, z.B. die traditionelle Ziffernbenotung von 1 bis 6 und der IQ, weil bei der Ziffernbenotung ein hoher Wert für eine schwache Leistung besteht, während umgekehrt bei der IQ-Skala ein hoher Wert eine starke Leistung repräsentiert.

- Durch *Berechnung* der inneren Konsistenz. Der Wert, den ein Individuum beim Bearbeiten einer Aufgabe erzielt hat, wird mit dem Gesamttestwert korreliert. Die einzelnen Korrelationen werden gemittelt. Die Korrelation soll .80 oder mehr betragen.

c. **Validität (Gültigkeit)**: Ein Test ist gültig, wenn er das misst, was er zu messen vorgibt. Es gibt mehrere Arten von Validität (Kleber 1978, 96ff. und Krauth 1995, 20ff.):

- **Curriculare Validität** (speziell bei Schultests): Die Testaufgaben sind ein repräsentatives Abbild der Inhalte, die im Lehrplan stehen bzw. im Unterricht durchgenommen werden.
- **Konstruktvalidität**: Ein Intelligenztest ist z. B. konstruktvalide, wenn er Aufgaben enthält, die einem anerkannten Intelligenzkonzept entsprechen.
- **Empirische Validität**: Die Testleistung korreliert mit anderen, empirisch zu erhebenden Sachverhalten, dabei gibt es wiederum Unterformen, z. B.:

  a) *Prognostische Gültigkeit*: Mit dem „Bielefelder Screening" kann die Phonologische Bewusstheit von Kindern im letzten Kindergartenjahr getestet werden. Mit den Testwerten lässt sich mit einer Wahrscheinlichkeit von über 70 % vorhersagen, ob ein Kind im 2. Schuljahr zu den Risikokindern beim Lesen- und Schreibenlernen gehört.
  b) *Kriterienbezogene Validität*: Sie wäre z. B. bei einem Aggressionstest gegeben, wenn verurteilte Gewalttäter höhere Aggressionswerte erzielten als Menschen in helfenden Berufen.

d. **Eichung / Normierung**: An einer repräsentativen Stichprobe (400 - 3000 Individuen) wird ermittelt, wie sich die Testwerte in der Untersuchungspopulation verteilen. Die Verteilung der Werte in der Eichstichprobe dient als Maßstab für die Beurteilung später gewonnener individueller Testwerte (Krauth 1995, 23ff. und Wendeler 2000, 32ff.). Normative (sozialnormorientierte) Tests enthalten Normentabellen, mit Hilfe derer

- Testrohwerte in Standardwerte (Prozentränge, T-Werte, IQ-Werte) umgerechnet werden können und
- ermittelt werden kann, welchen Platz ein Individuum in einer Verteilung einnimmt.

Die Eichung eines Tests soll nicht länger als 10 Jahre zurückliegen!

2.1.2 Test-Nebenkriterien

a. **Fairness:** Alle getesteten Individuen sollen eine faire Chance haben, ein gültiges Testresultat zu erzielen. Es wäre z.B. unfair, Lernende mit einem Test zu überprüfen, welcher ausreichende Deutschkenntnisse als Basiswissen voraussetzt, die Testpersonen aber (infolge eines Migrationshintergrundes) die deutsche Sprache nur eingeschränkt beherrschen; es sei denn, der Test wäre explizit dazu vorgesehen, die Deutschkenntnisse der Probanden zu untersuchen.

b. **Ökonomie:** Der Test soll preiswert sein und / oder möglichst wenig Zeit beanspruchen. Diagnosen sind Mittel zum Zweck der Optimierung pädagogischer Angebote. Sie verfehlen ihre Funktion, wenn der Diagnoseaufwand mehr Ressourcen beansprucht, als für eine Förderung zur Verfügung steht.

c. **Vergleichbarkeit**: *„Wenn Parallelformen vorliegen, ist ein Test gewissermaßen mit sich selbst vergleichbar. (...) Parallelformen sind deshalb eigentlich eine Voraussetzung für Gruppentests und sollten für jeden guten standardisierten Test angestrebt werden“* (Kleber 1978, 137).

d. **Nützlichkeit:** *„Erfasst ein Test ein Merkmal, das für diagnostische Entscheidungen bedeutsam ist und erfasst er dieses Merkmal besser als ein bereits vorliegender Test, so ist er nützlich“* (ebd.).

Ein Aspekt, der insbesondere den Bereich der formellen und standardisierten Überprüfung innerhalb des Förderschwerpunktes geistige Entwicklung betrifft, ist die Anwendung eines Manuals oder einer Testkonstruktion unter qualitativen Gesichtspunkten. Dies bedeutet, die einzelnen Subtests nicht im Sinne der Testanweisung vollständig durchzuführen, sondern im Hinblick auf qualitative Erkenntnisse aus der Anwendung von standardisiertem Material heraus einzelne Beobachtungen machen zu können. Dadurch können individuelle Details zu einem Gesamtbild zusammenfließen (Bundschuh 2010, 117ff.).

2.2 Von der Aufgabensammlung zur Test-Konstruktion / Konstruktionsprinzipien von Schulleistungstests

2.2.1 Etappen einer Testentwicklung

Insgesamt kann man bei einem Test mehrere Entwicklungsphasen unterscheiden:

1. Erstellen der Konzeption des Tests - was soll der Test messen, wofür will man ihn einsetzen.
2. Entwickeln und Sammeln von Testitems[12] - von Fragen und Aufgaben, die der Konzeption des Tests entsprechen.
3. Erprobung des Tests an einer Pilotstichprobe zur Identifikation tauglicher und weniger tauglicher Testitems.
4. Itemselektion und Zusammenstellung des endgültigen Itempools. Zu leichte, zu schwere oder missverständliche Items werden aussortiert, die übrigen werden beibehalten.
5. Eichung und Normierung: An einer repräsentativen Stichprobe (400 - 3000 Individuen) wird ermittelt, wie sich die Testwerte in der Untersuchungspopulation verteilen.

Auf der Basis der so gewonnenen Verteilung werden Normentabellen erstellt, mit Hilfe derer Testanwender

- Testrohwerte in Standardwerte (Prozentränge, T-Werte, IQ-Werte) umrechnen können und
- ermitteln, welchen Platz ein Individuum in einer Verteilung einnimmt.

Grundlage für die Konstruktion von Schulleistungstests sind zunächst die Lehrpläne für die jeweiligen Fächer (Krauth 1995, 23ff.). Die Testautoren sichten, was in dem Fach und in dem betreffenden Schuljahr verlangt wird und kleiden diese Anforderungen in Testaufgaben (z.B. Schwenck / Schneider 2006, 117ff.; Hartmann 2004, 186ff. oder Amarosa 2006, 163ff.).

---

[12] Item ist der testdiagnostische Sammelbegriff für alles, was ein Test enthalten kann: Fragen in einem Persönlichkeitstest, Geschicklichkeitsaufgaben in einem Motorik-Test, Denkaufgaben in einem Intelligenztest oder auch lehrplanbezogene Wissensfragen in einem Schulleistungstest .

2.2.2 Phasen der Itemselektion

Die in der Entwicklungsphase 2 *(☞ Abschnitt 2.2.1)* erstellte Aufgabensammlung wird einigen hundert Testpersonen zur Bearbeitung vorgelegt. Anhand der Ergebnisse wird für jedes Item ermittelt, wie oft es richtig und wie oft es falsch beantwortet wurde. Dies beschreibt man als *das Ermitteln der Item-Schwierigkeit*:

- Eine Aufgabe, die zu nahezu 100 % richtig gelöst wurde, ist **eine leichte Aufgabe**.
- Eine Aufgabe, die von fast 0% richtig gelöst wurde, ist **eine schwere Aufgabe**.
- Eine Aufgabe, die zu etwa 50% richtig gelöst wurde, ist **eine Aufgabe mittlerer Schwierigkeit**.

Extrem schwierige Aufgaben werden aus dem Test gestrichen. Wenn man aufgrund der ersten Erprobung absehen kann, dass kaum eine Testperson die Aufgabe lösen wird, erübrigt es sich, sie zu stellen. Sehr häufig werden dagegen einige der extrem leichten Aufgaben als „*Eisbrecherfragen*" beibehalten und an den Anfang der Aufgabensammlung gestellt. Sie sollen, weil leicht zu beantworten, den Testpersonen Mut machen, bzw. Versagensängste nehmen. Zumeist werden die Antworten auf die „Eisbrecherfragen" bei der Auswertung nicht berücksichtigt. In der Endfassung soll der Test Aufgaben mit einem Schwierigkeitsgrad > 10 und < 90% enthalten.

2.2.3 Eichung / Normierung

Annahme: Eine Testperson erzielt in einem Schulleistungstest 39 von 50 möglichen Punkten. Dies mag auf den ersten Blick als eine recht passable Leistung erscheinen. Allerdings: es könnte sich um eine Ansammlung sehr leichter Aufgaben handeln und andere Testpersonen liegen mit ihren Resultaten überwiegend über diesem Wert; oder aber, die Aufgaben sind sehr schwer, und es kommt äußerst selten vor, dass jemand einen Wert von 39 oder mehr erzielt. Zur Interpretation eines Diagnoseergebnisses benötigt man immer einen Bezugsrahmen. Bei einem normativen (sozialnormierten) Test sind dies die Resultate der Angehörigen einer Vergleichsgruppe, der Eichpopulation. Es ist das Konstruktionsprinzip normativer Tests, dass die Leistung bzw. Merkmalsausprägung eines Individuums danach gewichtet wird, wie andere in dem Test abgeschnitten haben.

Bei einem normativen Test wird die relative Position eines Individuums im Vergleich zu den Positionen anderer Individuen bestimmt. Die Herstellung dieses Bezugsrahmens nennt man Eichung oder Normierung. Die beiden Begriffe sind synonym.

Nach der Urfassung des Tests wird die Endfassung erstellt, in der die extrem leichten und die extrem schweren Aufgaben nicht mehr enthalten sind. Bei der Eichung z.B. eines Schulleistungstests wird eine repräsentative Stichprobe von etwa 2000 - 6000 Schülerinnen und Schülern aus allen Bundesländern zusammengestellt. Diesen Lernenden wird die Endfassung zur Bearbeitung vorgelegt. Die Ergebnisse, die die Schüler dieser repräsentativen Stichprobe erzielen, dienen als Vergleichsmaßstab für künftige Testungen einzelner Lernender (Woolfolk 2008, 135ff.).

Es gibt zwei Möglichkeiten die relative Position eines Individuums im Vergleich zu den Positionen der anderen darzustellen:

- Die Rangreihe (☞ Abschnitt 2.2.4) und
- die Standardabweichung als Maß der Abweichung eines Individualwertes vom Mittelwert einer Verteilung (☞ Abschnitt 2.2.5).

2.2.4 Vergleichsmaßstab Prozentrangskala

Die einfachste Form, die relative Position eines Individuums im Vergleich zu den Positionen der anderen zu bestimmen, ist die, die Individuen nebeneinander nach ihrer Merkmalsausprägung zu platzieren. Solch eine Anordnung ist gegeben, wenn Kinder im Turnunterricht der Größe nach antreten müssen. Die Kleinsten haben den niedrigsten Rangplatz, die Großen den höchsten und andere nehmen eine Mittelposition ein. Das Verfahren ist einfach, doch umständlich. Einfacher ist es, eine rechnerische Platzierung vorzunehmen.

Dies geschieht in der Testdiagnostik mittels der Prozentrangskala. Ähnlich, wie bei der Prozentrechnung Vergleichswerte auf eine Standardeinheit „von Hundert" (pro centum) bezogen werden, stellt man sich bei der Prozentrangnormierung vor, es seien 100 Individuen entsprechend ihrer Merkmalsausprägung in einer Reihe aufgestellt. Der Person, die an 15. Stelle von unten steht wird dann der Prozentrang (PR) 15 zuerkannt. Der Person, die an 75. Stelle steht, wird der PR 75 zuerkannt.
Individuen, die eine Mittelposition einnehmen, wird der PR 50 zugewiesen. Die meisten Tests enthalten Umrechnungstabellen, mittels derer man ablesen kann, welcher PR dem gefundenen Testrohwert entspricht (Bundschuh 2010).

Die PR-Skala ist wie folgt zu lesen:

- PR 20: Die Testperson hat einen Wert erzielt, der so hoch ist wie oder höher als derjenige der unteren 20 % der Verteilung.
- PR 95: Die Testperson hat einen Wert erzielt, der so hoch ist wie oder höher als der von 95 % der Verteilung.

Im Allgemeinen werden Lernende in einem Schulfach als „förderbedürftig" eingestuft, wenn sie einen PR von 10 oder weniger erhalten; bei einer großzügigen Bemessung unter Umständen auch bei einem PR von 15 oder weniger. Die Grenzwerte beruhen auf Vereinbarungen. Sie werden nicht selten abhängig von den Ressourcen nach oben oder unten verschoben. Mit der Festlegung von Fördergrenzwerten erfolgt eine künstliche, um nicht zu sagen willkürliche, Dichotomisierung von Merkmalen, die in Wirklichkeit kontinuierlich verteilt sind.

Die Prozentrangskala ist sehr anschaulich und leicht zu berechnen. Sie hat den Nachteil, dass die Abstände zwischen den Rangplätzen variieren können, weshalb mit Prozentrangwerten keine weitergehenden Berechnungen durchgeführt werden können. Dafür eignen sich andere Vergleichsmaßstäbe, und zwar diejenigen, die die relative Position eines Individuums als Abweichung seines Wertes vom Mittelwert einer Verteilung darstellen.

2.2.5 Vergleichsmaßstab Standardabweichung

Die zweite Art, die relative Position eines Individuums bestimmen zu können besteht darin, einen Mittelwert zu berechnen und darauf folgend zu vergleichen, wie weit der Mittelwert des Individuums von diesem Mittelwert abweicht.

Es gibt drei Arten von Mittelwerten:

- Der **Modalwert** ist der am häufigsten vorkommende Wert einer Verteilung.
- Das **arithmetische Mittel** ist der statistische Durchschnitt.
- Der **Median** ist der Wert, der die Gesamtheit in zwei Hälften teilt: Oberhalb und unterhalb des Medians liegen 50% der Verteilung.

Der gebräuchlichste Mittelwert ist das **arithmetische Mittel**. Die relative Position eines Individuums wird bei dieser Form der Normierung als Abweichung vom statistischen Durchschnitt dargestellt. Werte oberhalb des arithmetischen Mittels wären demnach überdurchschnittlich, Werte unterhalb des arithmetischen Mittels unterdurchschnittlich.

Dabei stellt sich die Frage, ab welcher Größenordnung der Abweichung eines Wertes vom arithmetischen Mittel ein Testergebnis im psychologischen oder pädagogischen Verständnis als über- bzw. unterdurchschnittlich interpretiert werden soll. In der Testdiagnostik ist das Maß für die Bedeutsamkeit einer Abweichung vom Mittelwert die **Standardabweichung**:

- Testwerte, die eine Standardabweichung oder mehr über dem Mittelwert liegen gelten als *überdurchschnittlich*.
- Testwerte, die eine Standardabweichung oder mehr unter dem Mittelwert liegen gelten als *unterdurchschnittlich* (vgl. hierzu weiterführend Krauth 1995).

Die Differenz zwischen zwei Testwerten (z.B. eines Intelligenztests und eines Schulleistungstests) gilt ebenfalls als bedeutsam, wenn sie eine Standardabweichung oder mehr beträgt (ebd. sowie Woolfolk 2008 und Ingenkamp / Lissmann 2008).

Exkurs: Normalverteilung und Standardabweichung

Bei der Erläuterung der Prozentrangskala haben wir uns vorgestellt, die Individuen stünden entsprechend ihrer Merkmalsausprägung nebeneinander. Nunmehr gebrauchen wir ein anderes Bild. Wir stellen uns vor, alle Individuen mit der *gleichen* Merkmalsausprägung seien hintereinander aufgestellt, so wie in Abb. 6. Die Abbildung veranschaulicht, wie sich Menschen verteilen könnten, stellte man sie der Körpergröße nach auf. Legte man ein Tau um diese Menschenansammlung, erhielte man eine Form wie in Abb. 7:

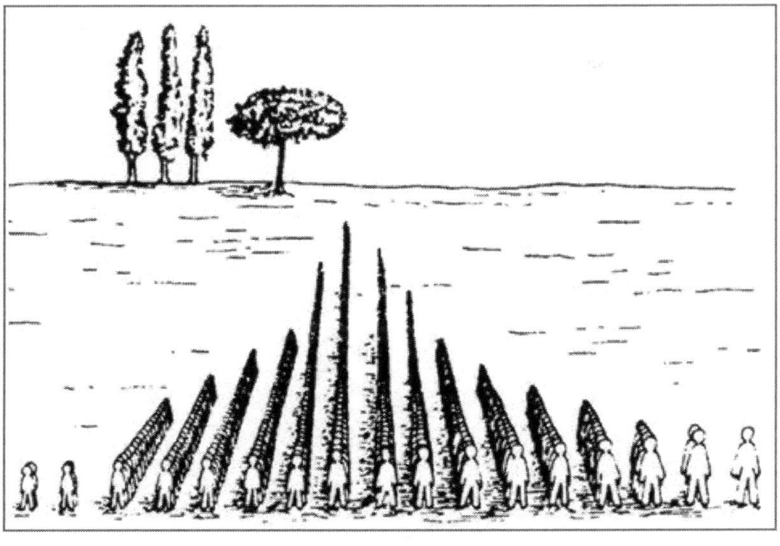

Abb. 6: Entwicklung einer Normalverteilung nach Körpergrößen (nach Günthart 1946, 168 in Kleber 1978, 48).

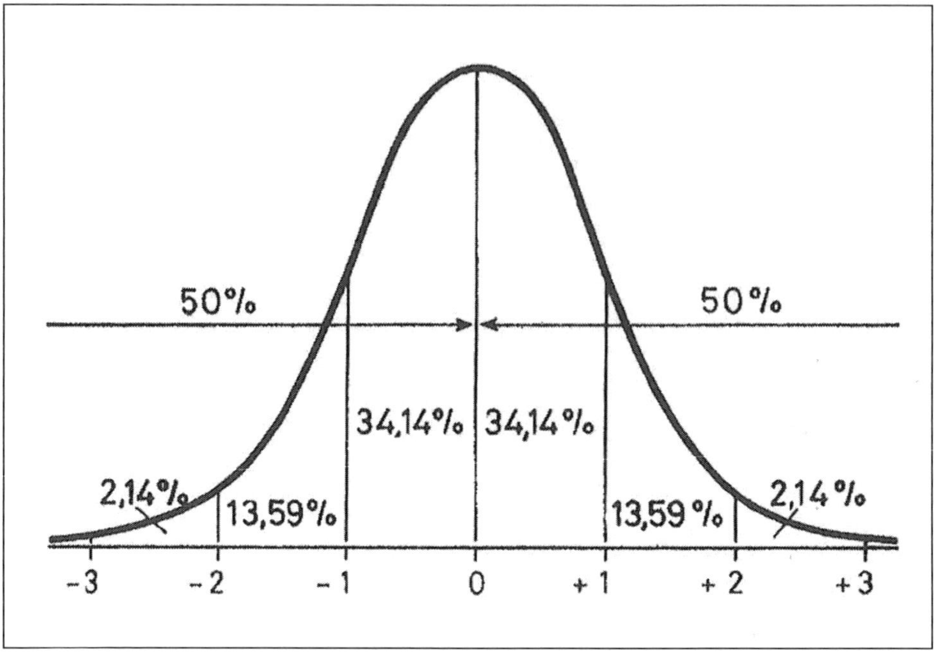

Abb. 7: Normalverteilungskurve mit Standardskala und Flächenanteilen (Grafik aus Bundschuh 2010, 103; vgl. hierzu weiter Kleber 1978, 47).

Die gewonnene Form entspricht der sog. **Normalverteilung**. Der Name Normalverteilung wurde gewählt, weil viele biologische / psychologische Phänomene sich auf diese Weise verteilen. **Standardabweichungen** sind, mathematisch gesehen, auf der horizontalen Achse die Abstände vom Mittelwert, in der die Funktion Wendepunkte aufweist, d.h., die Richtung ändert. In der o.a. Abbildung sind diese Abstände durch senkrechte Linien gekennzeichnet. In der Psychometrie sind diese Abstände als Standardmaß für eine bedeutsame Abweichung eines Testergebnisses vom Mittelwert definiert (oder als Maß für einen bedeutsamen Unterschied zweier Testwerte). Per Konvention gelten

- als überdurchschnittlich Werte oberhalb der 1. Standardabweichung über dem Mittelwert,
- als stark (extrem) überdurchschnittlich Werte oberhalb der 2. Standardabweichung über dem Mittelwert,
- als unterdurchschnittlich Werte unterhalb der 1. Standardabweichung unter dem Mittelwert,
- als stark unterdurchschnittlich Werte unterhalb der 2. Standardabweichung unter dem Mittelwert und
- als eine bedeutsame Differenz zwischen zwei Testwerten wird der Abstand von mindestens einer Standardabweichung angesehen.

Empirische Verteilungen haben jeweils einen anderen Mittelwert und andere Standardabweichungen. Die Verständigung und der Vergleich von Messergebnissen fielen schwer, wenn man bei der Darstellung eines Testergebnisses jeweils Mittelwert und Standardabweichung der Verteilung angeben müsste und diese krumme Werte und Dezimalstellen aufwiesen; so, wie es früher bei einer Reise durch Europa ein Erschwernis war, die verschiedenen Wechselkurse zu berücksichtigen. In Europa hat man einen einheitlichen Kurs für die nationalen Währungen geschaffen, einen Einheitsmaßstab, und so verfährt man auch in der Testdiagnostik. Mittels folgender Gleichung lässt sich jede empirische Verteilung in einen Einheitsmaßstab transformieren, die sogenannte z-Skala:

Gleichung	Legende
$Z = \frac{X - M}{s}$	z ☞ der Standardwert, der bestimmt werden muss
	x ☞ der Rohwert (jeweiliger Messwert)
	M ☞ das Mittel der Verteilung der Rohwerte (Messwerte) (=x)
	S ☞ die Standardabweichung der Verteilung

Abb. 8: Die sogenannte z-Skala – mit dieser Gleichung lässt sich jede empirische Verteilung in einen Einheitsmaßstab transformieren.

Unglücklicherweise hat man sich – anders bei unserem Währungsbeispiel aus der Euro-Zone – nicht auf eine einheitliche Transformation verständigt. Daher gibt es unterschiedliche Skalentypen.

2.3 Gebräuchliche Skalen in der Testdiagnostik

Mit den Bezeichnungen T-Skala bzw. C-Skala werden die bedeutenden Psychologen ***Terman*** und ***Cattell*** geehrt. Die Bezeichnung IQ-Skala ist der Tradition geschuldet, dass für die ersten Intelligenztests eine Skalierung mit dem Mittelwert 100 und der Standardabweichung 15 verwandt wurde. Man könnte jedoch jeden beliebigen anderen Test „IQ-skalieren", d.h. mit einem Mittelwert von 100 und einer Standardabweichung von 15 versehen – was in der Testdiagnostik, um Missverständnisse zu vermeiden – tunlichst vermieden wird.

Man kann auch jeden Intelligenztest mit einer C- oder einer T-Skala versehen, was durchaus geschieht. Schulleistungstests sind, wenn sie nach Normalverteilungsprinzipien standardisiert wurden, sehr häufig T-normiert, d. h. für sie wurden ein Mittelwert von 50 und eine Streuung von 10 festgelegt.

In einer Übersicht zeigen wir die in der Testdiagnostik gebräuchlichsten Skalen:

Name	Mittelwert	Standard-abweichung	Test-beispiel
IQ-Skala	100	15	HAWIK (Hamburg-Wechsler-Intelligenztest für Kinder)
Wertepunkte (WP)	10	3	HAWIK-Untertests
T-Skala	50	10	CMM Columbia Mental Maturity Scale (Sprachfreier Intelligenz-Test).
C-Skala	5	2	LPS Leistungsprüfsystem (mehrdimensionaler Intelligenztest)
Z-Skala	100	10	KTK – Körperkoordinationstest

Abb. 9: Gebräuchliche Skalen in der Testdiagnostik.

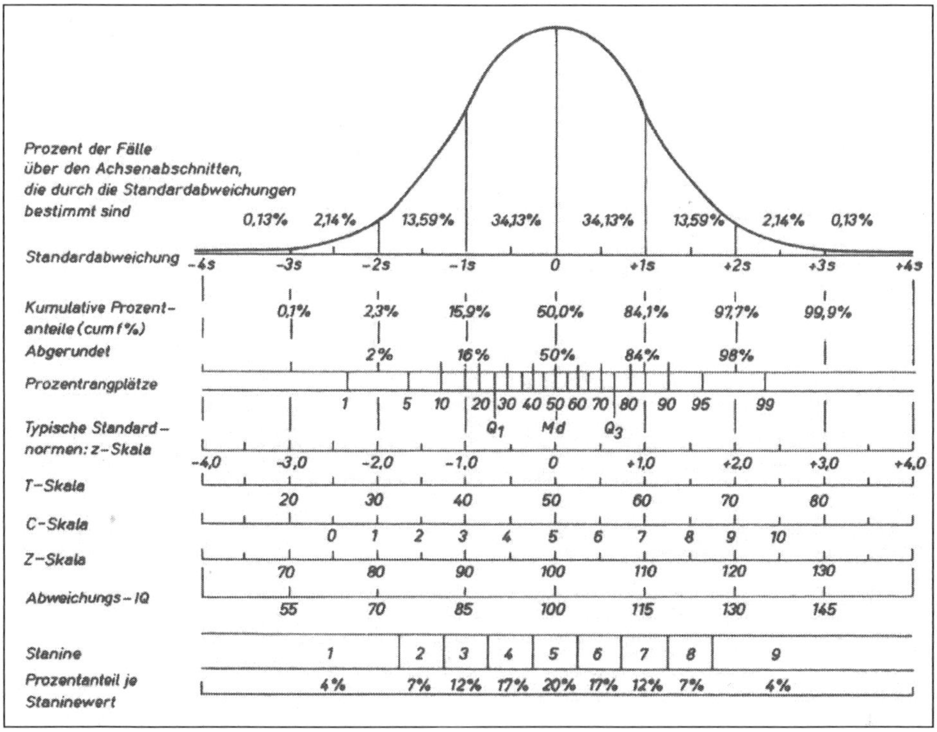

Abb. 10: Verschiedene Normskalen und ihr Bezug zur Normalverteilung (Ingenkamp / Lissmann 2008, 66).

2.4 Standardabweichung und Häufigkeiten

Erinnern wir uns: Die Normalverteilungskurve ist eine idealisierte Darstellung einer Häufigkeitsverteilung. Wo sind nun die Häufigkeiten geblieben? Wenn wir alle Individuen antreten ließen, die in einem Intelligenztest einen Wert zwischen 100 und 115 erzielt haben, die also im Bereich der 1. Standardabweichung über dem Mittelwert liegen, so wären dies genau 34,14 % der Verteilung. Diejenigen, die einen Wert zwischen 116 und 130 erzielt haben (also zwischen der ersten und der zweiten Standardabweichung Position beziehen), machten 13,59 % der Verteilung aus. Und ganze 2,14% lägen zwischen der zweiten und der dritten Standardabweichung - was einem IQ zwischen 131 und 145 entspricht - oder einem T-Wert von 71 - 80. Unterhalb des Mittelwertes liegen die gleichen Quoten zwischen den Standardabweichungen.

3 Lernerfolg und Lernprobleme – ressourcenorientierte und entwicklungsdynamische Zugangsmöglichkeiten

3.1 Die Risiko-Ressourcenorientierte Perspektive von Antonovsky

3.1.1 Entwicklung und theoretischer Hintergrund

Antonovsky ist durch das von ihm so bezeichnete Konzept des "Sense of coherence" (SOC) bekannt geworden. Seine Konzeption, die durch Erfahrungen in Deutschland während der Nationalsozialistenzeit und den Holocaust beeinflusst wurde, ist nicht fertig und beinhaltet auch Unklares und Widersprüchliches. Dennoch hat sein Konzept des *„Sense of coherence"* eine gut erkennbare Struktur und kann als ein Kernkonzept angesehen werden (Antonovsky 1997, 11). Antonovskys (1997) Forschungsgegenstand ist das Wunder des Gesundbleibens bzw. der Salutogenese; es geht ihm um die Beantwortung der Frage:

> *„Warum befinden sich Menschen auf der positiven Seite des Gesundheits-Krankheits-Kontinuums oder warum bewegen sie sich auf den positiven Pol zu, unabhängig von ihrer aktuellen Position?"* (a. a. O., 15).

Menschen sind tagtäglich vielfältigen Stressoren ausgesetzt. Ob die Reaktion auf einen Stressfaktor jedoch negativ, neutral oder gar gesund ist, hängt nach Ansicht von Antonovsky (1997) von der Art der Spannungsverarbeitung ab. Die Untersuchung der Faktoren, die die Verarbeitung von Spannung bestimmen, ist deshalb für ihn die zentrale Aufgabe der Gesundheitswissenschaften. Auf die Schlüsselfrage, was die Verarbeitung von Spannungen determiniert, antwortet er mit dem Konzept der generalisierten Widerstandsressourcen.

Zunächst fehlte ihm jedoch ein Auswahlkriterium, mit dessen Hilfe man ein Phänomen als eine generalisierte Widerstandsressource identifizieren konnte. Die Antwort, die er schließlich auf seine Kernfrage fand, war das Konzept des Kohärenzgefühls. Er gelangte zu der Überzeugung, dass das allen generalisierten Widerstandsressourcen Gemeinsame ist, dass sie es leichter machen, Stressoren einen Sinn zu geben (vgl. a. a. O., 17).

Komponenten des von Antonovsky (1997) postulierten Kohärenzgefühls sind:

- Verstehbarkeit,
- Handhabbarkeit und
- Bedeutsamkeit.

Auch wenn der salutogenetische Ansatz keine Gewähr für die Problemlösung der komplexen Kreisläufe im menschlichen Leben gibt, führt er aber selbst im schlechtesten Fall zu einem tiefergehenden Verständnis und Wissen und damit zu einer Voraussetzung, sich dem gesunden Pol des Kontinuums nähern zu können (a. a. O., 24). Der salutogenetische Ansatz ist nach Antonovsky (1997) durch zwei Merkmale gekennzeichnet:

1. Die dichotome Klassifizierung von Menschen als gesund oder krank wird verworfen und der Mensch wird stattdessen auf einem multidimensionalen Gesundheits-Krankheits-Kontinuum lokalisiert.
2. Die salutogenetische Sichtweise verhindert, dass man Gefahr läuft, sich ausschließlich auf die Ätiologie einer bestimmten Krankheit zu konzentrieren (a. a. O., 29).

Der salutogenetische Ansatz hat eine Vielzahl von Wurzeln. Er wurde insbesondere beeinflusst durch Selye, Dubos, Homes, Rehe, Kohn und Cassell.

Bereits vor Antonovsky (1997) wurde die salutogenetische Frage von Suzanne Kobasa bearbeitet. Kobasa entwickelte das Persönlichkeitskonzept der Widerstandsfähigkeit, das eine Nähe zum späteren Kohärenzkonzept von Antonovsky (1997) aufweist. Das von Kobasa entwickelte Konzept der Widerstandsfähigkeit ist eine Einheit aus den folgenden drei Faktoren:

1. **Engagement** (Komponenten des Engagements sind: *„Bei allem, was man tut, sich stark einbringen"* und *„die Fähigkeit, an die Wahrheit, die Bedeutung und den Wert dessen zu glauben, wer man ist und was man tut"),*
2. **Kontrolle** (Kontrolle lässt sich wie folgt bestimmen: *„Annehmen, dass man die Ereignisse seiner Erfahrung beeinflussen kann"* und *„nach Erklärungen dafür suchen, was geschieht"*),
3. **Herausforderung** (Herausforderung schließlich bedeutet: *„Veränderung im Leben eher als Norm denn als Ausnahme betrachten"* und *„diese Veränderungen als einen Stimulus für Wachstum und nicht als Sicherheitsgefährdung betrachten"* und *schließlich „die Störung, die mit dem Eintreten eines stresshaften Lebensereignisses einhergeht, als eine Möglichkeit und einen Ansporn für die persönliche Weiterentwicklung antizipieren"*).

Als Beispiel für einen hohen Ausprägungsgrad von Herausforderung führt Kobasa ein spezifisches Verhalten auf Arbeitslosigkeit hin an. Jemand, der seine Arbeit verliert, ist auch bei hoher Widerstandsfähigkeit natürlich nicht über den Verlust seiner Arbeit erfreut.

Er nutzt die Situation des Arbeitsplatzverlustes jedoch als Gelegenheit, über alternative und befriedigendere Arbeiten nachzudenken und diese Situation als Herausforderung zu werten.

Ein weiterer Einfluss auf das Konzept „Kohärenzgefühl" von Antonovsky (1997) geht von Boyce aus. Boyce interessierte sich als Pädiater für die Bedingungen, die es Kindern erleichtern, gesund zu bleiben. Ausgehend von einer biologischen Prämisse der Rythmizität, die er mit der Annahme eines menschlichen Bedürfnisses nach Kontinuität verbindet, hat Boyce ein Modell aus den folgenden drei Komponenten entwickelt:

- *Repetitive Verhaltensweisen,*
- *für wertvoll erachtete Lebenserfahrungen und*
- *das Bewusstsein von sich selbst als kompetent und zuverlässig.*

Das zentrale Konstrukt ihres Konzeptes haben Boyce und seine Kollegen später als Permanenzgefühl bezeichnet.

Moos wiederum identifizierte und operationalisierte zehn Dimensionen sozialer Klimata, die er zu drei grundlegenden Dimensionen zusammenfasste. Diese drei Dimensionen sind

- Beteiligung,
- Gruppenkohäsion und
- Unterstützung.

Moos vertrat die Hypothese, dass die subjektive Wahrnehmung des Umweltsystems Lebenserfahrungen mit Ressourcen und Stressoren hervorbringt, die ihrerseits wieder das eigene Coping und den Gesundheitsstatus beeinflussen.

Werner führte eine der bedeutsamsten Langzeitstudien auf der Insel Hawaii durch, die insbesondere im Zusammenhang mit der sogenannten Resilienzforschung immer wieder zitiert wird. Werner zufolge stehen die folgenden Faktoren in einem engen Zusammenhang mit dem Gesundbleiben:

- Eine starke internale Kontrollüberzeugung,
- ein positives Selbstkonzept,
- eine sorgsame, verantwortungsbewusste und erfolgsorientierte Lebenseinstellung,
- ein Kohärenzempfinden im Leben,
- die Fähigkeit, eine Anzahl informeller Quellen der Unterstützung anzuzapfen,
- im Haushalt Regeln und eine Struktur, daneben aber auch Erkundungsfreiraum,
- wenig räumliche Enge und schließlich ein
- informelles, generationsübergreifendes Netzwerk (vgl. a. a. O., 56).

3.1.2 Zur Rezeption der salutogentischen Perspektive

Der salutogenetische Ansatz von Antonovsky (1997) ist bislang in der (sonder)pädagogischen Literatur nur wenig rezipiert worden. Mit der salutogenetischen Perspektive befasst, haben sich lediglich Klein / Neuhäuser (2006) in ihrem Buch „*Heilpädagogik als therapeutische Erziehung*“. Die Autoren zeigen zu Beginn ihrer Ausführungen auf, dass der salutogenetische Ansatz einen Perspektivenwechsel weg von den Störungen und Defekten und hin zur Analyse bzw. Erforschung von äußeren und inneren Bedingungen für Gesundheit und Gesunderhaltung darstellt. Er ist somit sehr eng mit dem Ansatz verwandt, den Rittmeyer (2005a) als förderdiagnostischen Ansatz beschrieben hat - insbesondere im Hinblick auf dessen fünftes Kennzeichnen (20). In der Folge wird dargelegt, was Klein / Neuhäuser (2006) in Anlehnung an Glöckler unter Gesundheit verstehen, nämlich die

> *„Fähigkeit, sich mit Problemen sinnvoll auseinander zu setzen, so dass diese ihre Mission erfüllen und letztlich zur Lebenstüchtigkeit und nicht zur Schwächung beitragen“* (Klein / Neuhäuser 2006, 139).

Der amerikanisch-israelische Medizinsoziologe Aaron Antonovsky (1997) vergleicht das Leben mit einem Strom:

> *„Keiner geht sicher am Ufer entlang. Das Wasser kann verschmutzt sein, der Fluss hat Gabelungen, gefährliche Stromschnellen und Strudel. So entstehen vielfältige Stresssituationen. Um diese zu bewältigen, ist Sinnhaftigkeit als salutogenetischer Faktor wichtig. Dieser stärkt nach den Erkenntnissen der Psychoneuroimmunologie das Immunsystem und mindert den Stress“* (Antonovsky 1997 zitiert nach Klein / Neuhäuser 2006, 139).

Im Zentrum der Aufmerksamkeit von Antonovsky steht Klein / Neuhäuser (2006) zufolge die Frage, wie der Mensch lernen kann, mit Kränkungen, Enttäuschungen, Beeinträchtigungen und Störungen so umzugehen, dass er sie überwindet, dadurch gewinnt, ja sogar gesünder wird (a.a.O., 140). Als eine entscheidende Bedingung für dieses Gesundbleiben ist auch in der Rezeption Antonovskys durch Klein / Neuhäuser (2006) das Kohärenzgefühl anzusehen:

> *„Eine entscheidende Bedingung für Gesundsein ist der Kohärenzsinn oder das Kohärenzgefühl. Es ist vorhanden, wenn wir die Welt verstehen, sie als sinnvoll wahrnehmen und bewusst in ihr handeln können – gerade auch in schwierigen Situationen, bei denen es nicht sofort Lösungen gibt.*

> *Dann sind Arzt und Erzieher Gestalter der Verhältnisse, nicht ihre Opfer. In diesem anthropologischen Verständnis verwirklicht der Mensch sich selbst, was schon Pestalozzi 1797 in seinen Nachforschungen über den Gang der Natur in der Entwicklung des Menschengeschlechtes feststellte: Der Mensch kann sich zum „Werk seiner selbst" machen"* (Klein / Neuhäuser 2006, 140).

Grundsätzlich hat der Mensch also potenziell die Fähigkeit, durch Stress, Belastungen und Konflikte stärker zu werden und seine körperlich-seelischen Belastungsgrenzen zu erweitern. Die zentrale Frage ist jedoch: *„Wie kann das Kinder ein guter Schwimmer werden?"* Die Antwort hierauf ist vergleichsweise kurz, soll im Folgenden jedoch in ihren wesentlichen Aspekten erläutert werden:

> *„Das Kind muss durch die Erziehung eine befriedigende Weltanschauung erlernen. Es muss lernen, dass die Welt verstehbar, sinnhaft (bedeutsam) und handhabbar ist" (ebd.).*

Das Gefühl der *Sinnhaftigkeit* oder *Bedeutsamkeit* beschreibt, in welchem Ausmaß man seinem Leben Sinn geben kann. Sind es die Probleme und Anforderungen wert, Energie in sie zu investieren? Dass man sich für sie einsetzt und sich ihnen verpflichtet? Geschieht etwas Tragisches, zum Beispiel ein Unfall, der Tod eines Nahestehenden, die Notwendigkeit einer schweren Operation oder der Verlust des Arbeitsplatzes, so wird man nicht nur Angst, Trauer oder Wut empfinden, sondern sich auch fragen: Was bedeutet das Ereignis für mich, für meine Entwicklung? Wie kann ich meinem Leben gerade dadurch einen vielleicht neuen Sinn geben? Unglückliche Erfahrungen können so als persönliche Herausforderung empfunden werden, in die das eigene Schicksal positiv zu integrieren ist.

Das Gefühl der Handhabbarkeit macht bewusst, was man kann und was nicht. Dem Nichtkönnen gegenüber hat man allerdings das Gefühl: *„Ich könnte, wenn ich wollte".* Im Prinzip erlebt man die Welt und sich selbst als handhabbar, als ‚manageable' wie dies im Amerikanischen beschrieben wird. Dazu gehört auch die Überzeugung, dass Schwierigkeiten zu überwinden sind, und dass man geeignete Ressourcen zur Verfügung hat oder aufbaut, um den Anforderungen zu begegnen. Zur Verfügung stehen dabei Erfahrungen, über die man selbst verfügt, oder solche, die von anderen eingebracht werden (Klein / Neuhäuser 2006, 142).

3.2.1.1 Der pädagogische Teufelskreis

Unangemessene Methoden sind ein Entstehungsgrund für Teufelskreise. Breuninger (o.J.) veranschaulicht dies am Fallbeispiel Peter:

Wenn die Lehrmethode nicht hilfreich ist:

„Peter schreibt einen Erlebnisbericht. Seine Erzählung ist lebendig geschildert, seine Schrift aber so schlecht, dass er sie selbst kaum lesen kann. Der Lehrer fordert ihn auf, den Aufsatz noch einmal in Schönschrift abzuschreiben. Peter gibt sich große Mühe, aber das Ergebnis bleibt dasselbe, weil seine Feinmotorik dieser Aufgabe noch nicht gewachsen ist.

Als Folge traut sich Peter Schönschreiben auch bei größter Anstrengungsbereitschaft nicht mehr zu, und wenn der Lehrer oder die Eltern ihn weiterhin dazu auffordern, erlebt er dies als Schikane, denn er glaubt, „sie müssten doch auch wissen, dass ich es nicht kann".

Wenn Lernvoraussetzungen fehlen oder Fähigkeiten wie Peters Feinmotorik unzureichend entwickelt sind, entsteht schnell ein sogenannter pädagogischer Teufelskreis zwischen dem betroffenen Schüler und seinen Bezugspersonen" (Breuninger o. J., 19).

Abb. 11: Abbildung aus Breuninger (o.J., 20).

Abb. 12: Abbildung aus Breuninger (o.J., 24).

Im Fall Peter könnte das (vorübergehende) Schreiben mit dem Computer eine Möglichkeit sein, erst gar nicht in einen pädagogischen Teufelskreis zu geraten. Das Aufbrechen einer methodischen Problematik (Handschrift) durch den Lehrer führt zu einer anderen Bewertung der tatsächlichen Kompetenzen des Schülers (Peter). Dieser wird sich möglicherweise durch eigene Einsicht wiederum selbst um eine bessere Handschrift bemühen.

3.2.1.2 Der soziale Teufelskreis

Vorausgegangene negative Erfahrungen können zu konflikthaften Erwartungen führen: *„Tu das, aber ich traue es dir nicht zu"!* Dies kann beispielsweise die Folge von Interpretationen und Zuschreibungen der folgenden Art sein: *„Der Junge oder das Mädchen ist überfordert*" oder *„Er oder sie ist faul.*" Wie dies in der Praxis aussehen kann, das zeigt das Fallbeispiel von Susanne.

Wenn Lehrer und Eltern die Lernbereitschaft nicht zutrauen:

„Susanne ist eine impulsive und ehrgeizige Schülerin, die ihre Fehler verleugnet, die immer die Beste sein will, die alles gleich können, aber nichts lernen will und auf Kritik wütend reagiert. Sie ist die jüngere Schwester eines hochbegabten Bruders und rivalisiert um die Beachtung der Eltern.

Susanne will Anerkennung und Zuwendung erzwingen, sie will genauso gut sein wie der Bruder und kann deshalb ihre Fehler nicht ertragen. Das führt dazu, dass sie sich mit ihrem Lernergebnis nicht auseinandersetzen kann. Eltern und Lehrer spüren den inneren Druck, dem sie ausgesetzt ist, und trauen ihr deshalb nicht zu, sich aufs Lernen zu konzentrieren und ihrer normalen Begabung entsprechend normale Leistung zu bringen.

Durch ihre geringe Frustrationstoleranz hindert sie sich selbst daran, aus Fehlern zu lernen und ggf. auch nachzufragen und Hilfe zu holen" (a.a.O.).

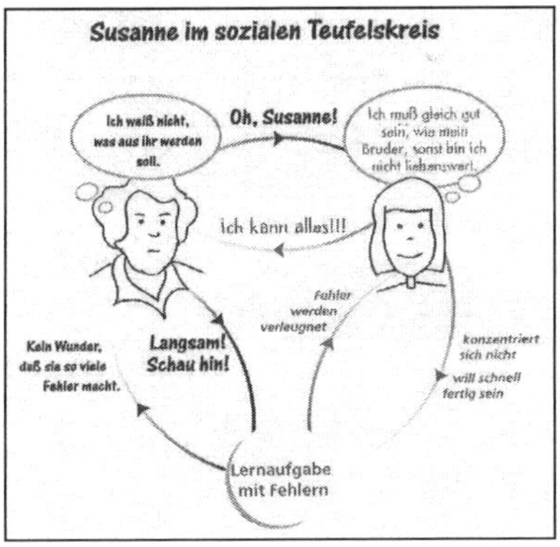

Abb. 13: Abbildung aus Breuninger (o.J., 35).

Voraussetzungen, um (wieder) mit Susanne arbeiten zu können, sind

- der Aufbau eines besseren Selbstwertgefühls und
- eine Abgrenzung zum Bruder.

Nur unter diesen Voraussetzungen kann es der Schülerin gelingen, eine realistische Haltung zu ihren Fehlern zu entwickeln, aus diesen zu lernen und beim nächsten Mal richtige Lösungswege zu finden.

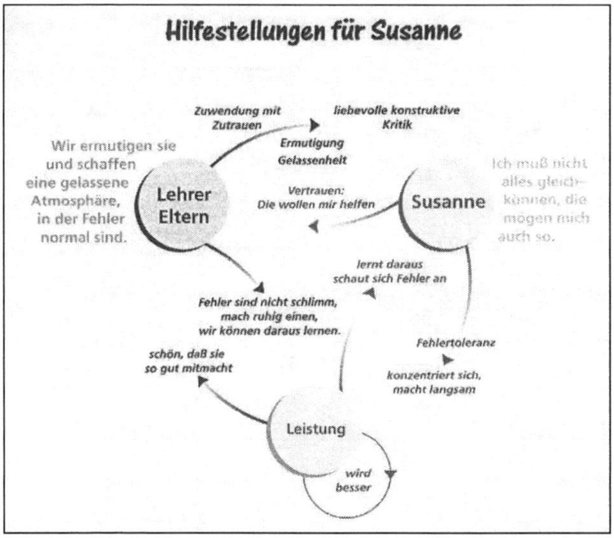

Abb. 14: Abbildung aus Breuninger (o.J., 37).

Das zweite Beispiel zeigt sehr deutlich, wie es im Gefolge von Lernstörungen auch zu Verhaltensstörungen kommen kann (Betz / Breuninger 1998, 19). Man muss immer dann mit einer Verhaltensstörung rechnen, wenn ein Kind so durch eine Lernstörung gekränkt wird, dass es sozial reagiert. Zu einem Grundproblem (wie z. B. Differenzierungsschwäche) treten dann in einem zweiten Stadium stets Reaktionen des Kindes im sozialen Bereich hinzu. Aus diesem zweiten Stadium, in dem sich bereits Verhaltensstörungen entwickelt haben, kommt das Kind ohne (adäquate) Hilfe nicht mehr heraus.

Lernprobleme erzeugen Angst. Angst wiederum lähmt das Denken. Der so entstandene Kreislauf von Angst und Blockierung macht die Leistungsstörung aus. Es entstehen Wirkungsketten, die sich fortlaufend verstärken. Dabei gibt es einen Punkt, von dem ab sich jede Leistungsstörung lawinenartig gleich weiter entwickelt. Diese Entwicklung läuft unabhängig von dem ab, was ursprünglich nur als marginaler Auslöser zu bewerten gewesen war (vgl. a. a. O., 29).

3.2.1.3 Der innerpsychische Teufelskreis

Im dritten Stadium der Lernstörung sind die pädagogischen und sozialen Teufelskreise bereits so verfestigt, dass etwaige Leistungssteigerungen diesen Mechanismus nicht mehr ohne weitere, qualitativ andere – nämlich therapeutische – Hilfen aufbrechen können. Dies soll nachstehend am Fallbeispiel Rudolf verdeutlicht werden.

Wenn der Schüler sich die Leistung nicht zutraut:

„Rudolf ist begabt, fleißig, sensibel und hochgradig ängstlich mit einer ausgeprägten Erwartung eines möglichen Misserfolgs. Für das Gegensteuern in Teufelskreisen, worauf es hier ankommt, ist es hilfreicher, sich auf die in der Gegenwart wirksamen Verhaltensweisen, Gefühle und Einstellungen zu konzentrieren. Tiefer gehende Ursachenforschung sollte man professionellen Therapeuten überlassen, denn der Laie hat sich schnell verspekuliert und dadurch die Situation eher verschlechtert.

Rudolfs Mutter und seine Lehrerin spüren und sehen beide, wie er sich in Leistungssituationen durch Angst und Stressreaktionen blockiert. Wenn man ihn fragt, was in ihm vorgeht, berichtet er, dass er immer daran denkt, dass ihm die Aufgabe misslingt und er versagen wird. Und diese Erwartung führt dazu, dass er immer öfter versagt.

Die Erwartung von Misserfolg wirkt wie eine sich selbst erfüllende Prophezeiung, deren Mechanismus inzwischen gut erforscht und empirisch belegt ist. Bei Rudolf dominiert ein innerpsychischer Teufelskreis: Angst führt zu Versagen und Versagensangst führt zu Stress und Blockierung und Blockierung führt wiederum zu Versagen, Angst und Stress“ (Breuninger o. J., 39)

Abb. 15: Abbildung aus Breuninger (o.J., 39).

Auch im Falle von Rudolf ist die erste Maßnahme wieder die Stärkung des Selbstwertgefühls. Bevor das Kind fachliche Leistung zeigen kann, muss es erst einmal seine Angst überwinden. Und seine Bezugspersonen müssen dieses Überwinden der Angst als echte Leistung anerkennen. Im Falle von Rudolf können die Eltern aber nicht mehr direkt auf sein Erleben Einfluss nehmen. Was Rudolf braucht, ist vielmehr eine Lerntherapie (☞ Abschnitt 3.2.3).

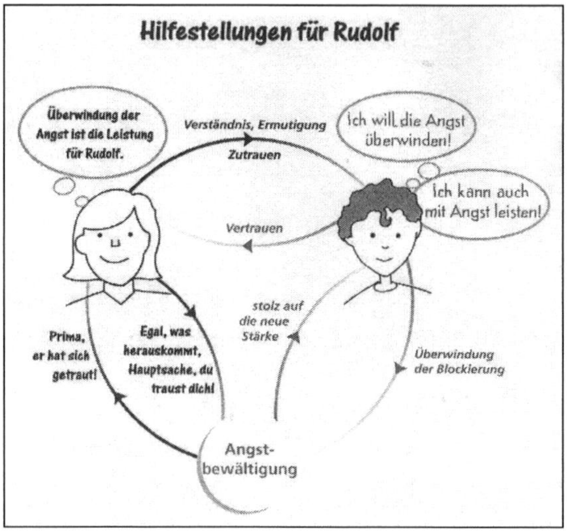

Abb. 16: Abbildung aus Breuninger (o.J., 42).

3.2.2 Entstehung und Verlauf von Lernstörungen

Zwar weist eine Lernstörung nach Betz / Breuninger (1998) verschiedene Phasen mit je spezifischen Eigenschaften auf. Dennoch kann eine Lern- und Leistungsstörung prinzipiell mit Symptomen eines jeden Stadiums beginnen (vgl. a. a. O., 30). Die Arbeit bei Lernstörungen muss am Selbstwertgefühl des Kindes ansetzen. Nicht wirksam, sondern geradezu schädlich ist es dagegen, das Kind mit solchen Methoden zu fördern, an denen es bereits gescheitert ist. Nach Einschätzung von Betz / Breuninger (1998) ist die Hoffnung, Lernstörungen allgemein frühzeitig erkennen zu wollen, illusorisch. Wenn Lernstörungen sichtbar werden, haben sie meist schon eine lange Geschichte und sind durch die Strategien des Kindes lange verborgen geblieben (a. a. O., 27). Lernstörungen sind Teufelskreise; es entsteht bei jedem Ereignis nicht nur eine Wirkung und manchmal erscheinen die Wirkungen auch an ganz anderer Stelle.

Lange Zeit wurde bei Lernstörungen, wie etwa in der Legasthenie-Forschung, nach der einen Ursache geforscht. Diese Suche ergab allerdings ein unerwartetes Ergebnis: Man fand viele Ursachen. So entstand das Schlagwort von der „Multikausalität“, das nach Betz / Breuninger (1998) jedoch unsauber und verkürzt ist. Zur Verdeutlichung dessen, wie Betz / Breuninger (1998) Legasthenie begreifen – die für sie exemplarisch für Lernstörung ist – seien deshalb die beiden Autoren hier ausführlicher zitiert:

„Eine adäquate Theorie der Legasthenie hat mindestens folgende Problemkreise zu berücksichtigen:

1. *Das unmittelbare, an Lese- und Schreibleistungen ablesbare Versagen,*
2. *die Verhaltensstörungen, die in vielfacher Weise auftreten,*
3. *die Entwicklung der Störung.*

Lernversagen, Verhaltensstörung und ihre Entwicklung unter verschiedenen Randbedingungen gehören zusammen und müssen zusammen gesehen werden. Die geforderte Berücksichtigung verschiedener Randbedingungen ist keine Hintertür für die Multikausalität.

Bei den zu schildernden Beziehungen zwischen den verschiedenen Komponenten spielt selbstverständlich Kausalität eine Rolle, es handelt sich schließlich um ein Wirkungsgefüge. Aber die Kausalverknüpfungen sind entscheidende Bestandteile der ausgebildeten Störung, sie sind nicht mit Ursachen zu verwechseln, die zur Legasthenie führen“ (29).

Eine gute Übersicht zur Entstehung und zum Verlauf von Lernstörungen bietet folgende Mindmap:

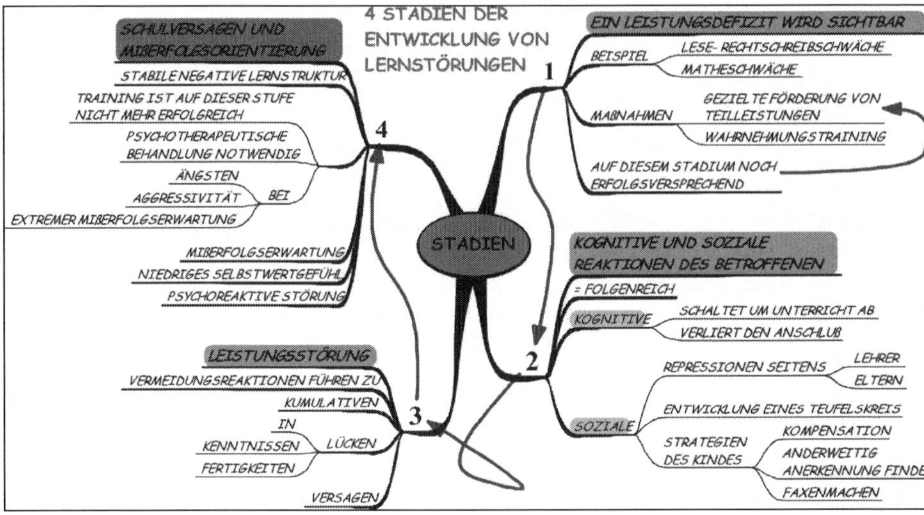

Abb. 17: Die Stadien der Entwicklung von Lernstörungen in Anlehnung an Betz / Breuninger 27ff. (Grafik unverändert aus Steinborn o.J.).

Nachstehend sollen die vier Stadien von Lernstörungen kurz mit Hilfestellung der Mindmap (Abb. 17) erläutert werden.

1. **Stadium**: Der Schüler zeigt ein Lerndefizit. Was in diesem Stadium am meisten hilft:

   - Generell: keine Konzentration auf das Defizit, denn das führt zu Lernunlust und Entmutigung,
   - bei Schülern, die gut über den visuellen Kanal lernen, gezielte visuelle Hilfestellungen,
   - bei Schülern, die gut über den auditiven Kanal lernen, gezielte akustische Hilfestellungen und
   - bei Schülern, die feinmotorisch geschickt sind, Inhalte über Bewegungsabläufe „automatisieren", d. h. Aufgaben mehrfach wiederholen (Breuninger o. J., 67).

2. **Stadium:** Der Schüler reagiert entweder aggressiv-provozierend oder depressiv-zurückgezogen oder mit einer Mischung dieser Verhaltensweisen. Es kommt zu Erklärungen des Verhaltens, die lernhemmend wirken. Folgende Verhaltensweisen sind in dieser Phase zu empfehlen:

- Konzentration auf das Selbstverständliche, auf das, was schon geht, was schon klappt und funktioniert,
- das Prinzip der kleinen Schritte und
- Zutrauen vermitteln, an den Schüler glauben, keinen Druck vermitteln, keine Drohungen aussprechen (Breuninger a.a.O., 68 f.).

3. **Stadium:** Hier sind erhebliche Lernlücken festzustellen. Es kommt zu Konzentrationsstörungen. Schul- und Versagensängste treten auf. Der negative Stress nimmt zu. In dieser Phase kann es nicht mehr um eine konkrete Leistungssteigerung gehen. Vielmehr muss die Bewältigung von Angst angestrebt werden und eine Korrektur der lernhemmenden Erklärungen. Der Leitspruch für das Kind sollte sein: „*Ich kann auch mit Angst Leistung erbringen*". Hilfreich ist in dieser Phase:

   - Alle Anstrengungen hervorzuheben und zu belohnen,
   - Strategien für Bewältigung zu vermitteln und
   - Entdramatisieren (a.a.O., 71f.).

4. **Stadium:** Das vierte Stadium ist durch eine stabile negative Lernstruktur gekennzeichnet sowie Misserfolgserwartung. Es treten gehäuft psychoreaktive Störungen auf, insbesondere

   - depressive Verstimmung,
   - Stresssymptomatik,
   - psychosomatische Erkrankungen und / oder
   - Verhaltens-, Beziehungs- oder allgemeine Anpassungsstörungen (a.a.O., 73).

In dieser Phase ist vor einer inhaltlichen Lernförderung oft eine kinderpsychologische bzw. eine außerschulische Lerntherapie notwendig.

3.2.3 Lerntherapie

> *„Lerntherapie* (ist eine) *professionelle pädagogisch-psychologische Dienstleistung (...),* (die weder) *eine fortlaufende Lernunterstützung noch eine vom Lernprozess abgelöste Form psychotherapeutischer Behandlung, wie z. B. eine Spieltherapie, eine Kinderpsychoanalyse oder eine Verhaltenstherapie (ist)"* (Breuninger o. J. 81).

Bei einer Lerntherapie werden zwei Dinge gleichzeitig bearbeitet: Schulische Rückstände sowie psychische Schwierigkeiten und Beziehungsprobleme. Lerntherapie ist daher sowohl von einer nachhilfeorientierten Förderung als auch von einer Kinder- und Jugendpsychotherapie zu unterscheiden (Kretschmann 2009, 10). Lerntherapie reagiert auf die Notwendigkeit, den Kindern auf zwei Ebenen zur gleichen Zeit zu helfen: Auf der psychischen Ebene *und* auf der Ebene des Lernens von schulischen Inhalten und der Aufarbeitung von Defiziten (Laufenberg-Born 2007, 13).

Werden diese beiden Ebenen nicht gleichzeitig in Angriff genommen, so besteht das Risiko, dass der Teufelskreis von Vermeidung, Angst und steigendem Defizit nicht gleichzeitig durchbrochen werden kann.

> *„Konkret heißt das: Wenn man etwa alleine die psychischen Symptome behandelt, das Kind aber tagtäglich merkt, dass es mit dem Lernen in der Schule gar nicht zurechtkommt, dann wird es das Gefühl persönlichen Versagens kaum mehr los werden. Wenn man sich umgekehrt nur auf das Aufarbeiten von Defiziten konzentriert, wirken sich unter Umständen die Ängste der Kinder so lernhemmend aus, dass keine Fortschritte zu erzielen sind. Die Kinder blockieren oder sind gar nicht bereit sich der Fördersituation auszusetzen"* (ebd.).

In der Lerntherapie wird die Auseinandersetzung mit den Lerninhalten zum therapeutischen Instrument. Das Spezielle der Lerntherapie ist somit, dass die Behandlung der psychischen Symptome bei der Beschäftigung mit den Lerninhalten erfolgt.

Schwerpunkt der Therapie ist, das Kind ganz langsam und sachte davon zu überzeugen, dass es auf dem kritischen Gebiet handlungsfähig ist. Dem Kind muss das Gefühl vermittelt werden, dass es etwas kann. So wird die Förderung auf dem Gebiet der Rechtschreibung oder der Mathematik zugleich zu einer Therapie der Psyche. Bei der Gestaltung des Lerntherapiesettings ist es von großer Bedeutung, dass das Einzelfallsetting gewählt wird. Dies vor allem deshalb, weil die Vergleichssituation in der Gruppe für Schüler mit einem geringen Selbstwertgefühl bezüglich der eigenen Leistungsfähigkeit ein besonderes Problem darstellt.

„Bei vielen der betroffenen Kinder hat sich die Angst und damit auch die Fixierung auf Vergleichssituationen durch die Erfahrung im Klassenverband, im Freundeskreis oder innerhalb der Familie so verfestigt, dass sie sie in jede andere Gruppensituation hineintragen. Konkret heißt das, dass jeder persönlich errungene Erfolg durch die bessere Leistung eines Gruppenmitglieds in Frage gestellt werden kann“ (Laufenberg-Born 2007, 5).

In der Einzeltherapie kann das Kind - *ohne zu sehen wie andere mit einem Problem fertig werden* - ganz für sich alleine seine Kräfte spüren lernen und sich in Ruhe mit dem Lerninhalt vertraut machen. Die Vorteile dieser Therapieform sind von Ortner (1977) wie folgt beschrieben worden:

„Die Idealform pädagogischer Zuwendung ist die speziell auf die Bedürfnisse des einzelnen Kindes abgestimmte Einzelbetreuung. Hierbei erfährt das Individuum in der unmittelbaren personalen Beziehung mit dem Erzieher Wertschätzung und Anerkannt sein des eigenen Ich; eine wichtige Voraussetzung für den psychisch-sozialen Gesundungsprozess“ (Ortner 1977 zitiert in Laufenberg-Born 2007, 5).

Grundlage jeder Lerntherapie ist die anfängliche Erstellung einer Förderdiagnose. Nur so ist sicher zu stellen, was das Kind kann und was es noch lernen muss. Ziel einer Lerntherapie ist, dass das Kind Anstrengung mit Erfolg zusammenbringt (Laufenberg-Born 2007, 15).

„Bildlich gesprochen muss der Korb so hoch gehängt werden, dass sich das Kind ein bisschen recken muss, aber die Äpfel erreichen kann“ (ebd.).

Ob dieses Ziel erreicht ist, zeigen die folgenden Indikatoren:

- Für den Schüler wurden passende Hilfestellungen herausgefunden.
- Dem Schüler werden wieder Lernerfolge zugetraut.
- Der Schüler traut sich auch wieder selbst Lernleistungen zu und ist bereit, zusätzliche Anstrengungen zur Überwindung seiner Lernlücken zu erbringen (Breuninger o. J. 91).

Dem Kind muss die Erfahrung vermittelt werden, selbst für seinen Erfolg verantwortlich zu sein. Auf entsprechend positive Erfahrungen kann der Therapeut dann bei solchen Lernschritten zurückgreifen, die das Kind noch nicht erfolgreich absolviert. In der Lerntherapie ist Bewegung von großer Bedeutung. Es ist deshalb wichtig, die Förderung mit Bewegung in Verbindung zu bringen[13].

---

[13] Vgl. hierzu für den Bereich Deutsch: Günther (2007, 146ff.), Füssenich / Löffler (2005), Klicpera et al. (2007, 230ff.) und Sommer-Stumpenhorst (2006, 75ff.).

Eines der wirkungsvollsten Mittel der Förderung in der Lerntherapie ist die Selbstinstruktion. Daneben ist das strategisch eingesetzte Lob (das heißt das auf Verhaltensweisen und nicht Ergebnisse bezogene Lob) von großer Bedeutung. Dem Kind ist die Erfahrung zu vermitteln, dass es für Anerkennung etwas ganz Greifbares tun kann.

> *„So kann man helfen, dass sich das Gefühl der Hilflosigkeit reduziert. Erfolg und Misserfolg liegen nicht mehr im Bereich des Zufalls, sondern sind steuerbar. Dies hat Rückwirkungen auf das Gefühl für die eigenen Potentiale und auf das Selbstwertgefühl" (Laufenberg-Born 2007, 16).*

Von hoher Bedeutung sind in der Lerntherapie ebenfalls Skalierungen, mit denen sich Fortschritte bezüglich verschiedener Verhaltensweisen sehr gut darstellen lassen. Sie lenken den Blick ab vom Vergleich mit anderen und richten den Blick auf die eigene Entwicklung. Dies ist gerade bei Kindern, die unter Vergleichsangst leiden oder wettbewerbsfixiert sind, eine wichtige Hilfe, um den Blick für persönliche Fortschritte zu schärfen.

Ein rechtlicher Hinweis:

Lerntherapie ist eine Form der Eingliederungshilfe nach § 35 BSHG. Sie wird jedoch derzeit von den Kommunen nur noch mit zunehmenden Einschränkungen finanziert (Chaudhuri / Kempf-Kurth 2007, 4).

Eine Übernahme der Kosten der Lerntherapie durch die Jugendhilfe ist möglich

- wenn die Lernstörung chronisch ist und
- wenn die Lernstörung deutliche Auswirkungen auf die Persönlichkeit zeigt (Breuninger o. J., 85).

Fach- und bereichsspezifische Diagnostik

In zahlreichen Gesprächen, Seminaren und Fortbildungsveranstaltungen konnten wir immer wieder feststellen, dass es von großem Vorteil ist, wenn die diagnostischen Fragestellungen an konkrete fach- und bereichsspezifische Sachverhalte gekoppelt werden. In unserem Anliegen einer Darstellung eines synthetischen Ansatzes qualitativer und quantitativer Methoden erschien es uns daher mit dem Fokus eines förderschwerpunktübergreifenden Zuschnittes zielführend zu sein, auch fachbezogene Inhalte in den Mittelpunkt unserer Betrachtungen zu stellen. Deshalb haben wir uns zunächst für die beiden Bereiche

- **Deutsch** (☞ Kapitel 4)
- **Mathematik** (☞ Kapitel 5)

entschieden, da es sich bei diesen beiden Lernfeldern um die neuralgischen Punkte sowohl in der Diagnostik wie aber auch im eigentlichen Unterricht handeln dürfte: Schüler werden nicht versetzt wegen zu schlechter Leistungen in diesen Schlüsselfächern oder es kommt sogar zur Feststellung eines sonderpädagogischen Förderbedarfs. Neben den grundlegenden Kompetenzen der Unterrichtsplanung, -gestaltung und -reflexion muss der Lehrer über die jeweiligen fachdidaktischen Kompetenzen verfügen und zugleich diagnostisch feststellen können, warum es vielleicht nicht ganz so gut läuft. Aus diesem Grunde stellen wir mögliche qualitative wie auch quantitative Verfahren für diese Bereiche vor, um damit den Kollegen in der Praxis Orientierungshilfen an die Hand zu geben.

Der dritte Punkt, der sich mit einer fach- und bereichsspezifischen Diagnostik befassen soll, ist das Themenfeld rund um

- **Verhaltensstörungen** (☞ Kapitel 6).

Neben den fach- und bereichsspezifischen Grundlagen der Diagnostik für den Schriftspracherwerb und die Mathematik, gilt das Handlungsfeld der Pädagogik bei Verhaltensstörungen als eines der Kerngeschäfte der heutigen Pädagogik im Allgemeinen und der Sonderpädagogik im Besonderen. Kein Unterricht kann funktionieren, wenn Unterrichtsstörungen so dominant das Geschehen bestimmen, dass der Lehrer unter inhaltlichen wie auch organisatorischen Gesichtspunkten den Ablauf nicht mehr lenken kann. Auch hier möchten wir konkrete Hilfen anbieten.

4 Schriftspracherwerb

Die PISA-Studien haben gezeigt, dass es um die Lesekompetenz vieler deutscher Schülerinnen und Schüler nicht zum Besten bestellt ist. Hier ein Auszug aus PISA I:

> *„Der Anteil der Jugendlichen, deren Leistungen unterhalb der Kompetenzstufe I liegen, ist in Deutschland vergleichsweise groß. Während im Durchschnitt aller OECD-Mitgliedsstaaten 6 Prozent der Schülerinnen und Schüler den Anforderungen der Kompetenzstufe I nicht gewachsen sind, liegt der Anteil in Deutschland bei fast 10 Prozent. Höhere Anteile finden sich nur in Brasilien, Mexiko, Lettland und Luxemburg. Weitere 13 Prozent der in Deutschland erfassten Schülerinnen und Schüler befinden sich auf Kompetenzstufe I. Damit sind insgesamt 23 Prozent der Jugendlichen nur fähig, auf einem elementaren Niveau zu lesen. Im Hinblick auf selbstständiges Lesen und Weiterlernen ist diese Gruppe insgesamt als potenzielle Risikogruppe zu betrachten"* (Max-Planck-Institut für Bildungsforschung 2001, 16).

Diese Zahlen zeigen, wie wichtig es ist, sich profund mit Fragen der Theorie des Schriftspracherwerbs zu befassen und wie wichtig eine frühzeitige Diagnose von Risiken und die abwechslungsreiche und motivierende Förderung in diesem Bereich sind.

4.1 Theoretische Grundlagen des Schriftspracherwerbs unter besonderer Berücksichtigung älterer Lernender

4.1.1 Das Zwei-Wege-Modell nach Coltheart

Zwei besonders bedeutsame Etappen beschreibt das Zwei-Wege-Modell nach Coltheart (1978). Die **erste Etappe** des Lesen- und Schreibenlernens (von Vorläuferkompetenzen wie Buchstabenkenntnis oder phonologischen Kompetenzen abgesehen) manifestiert sich als **konstruierendes Lesen** und Schreiben:

- Beim Lesen werden Grapheme einzeln identifiziert, daraus wird der Wortklang rekonstruiert (Recodieren), darüber die Wortbedeutung erschlossen (Decodieren).
- Beim Schreiben spricht sich das Kind ein Wort laut oder leise vor, analysiert es auf den Lautbestand und schreibt dann die zugehörigen Grapheme.

Das konstruierende Lesen und Schreiben wird **abgelöst durch** das **Lesen** und Schreiben **nach Gedächtniseintrag**. Es werden feste Synapsenverbindungen zwischen dem visuellen Erregungsmuster und der im Gehirn gespeicherten Wortbedeutung ausgebildet. Gespeicherte Wörter werden aufgrund weniger Merkmale identifiziert. Es erfolgt ein sofortiges Erkennen (Decodieren) der Wortbedeutung ohne den Umweg über den Wortklang.

- Das **konstruierende** Lesen und Schreiben dauert lange und ist sehr fehleranfällig. Sinnverstehendes Lesen ist nur bei geringem Textumfang und einfacher Satzstruktur möglich. Auch die Textproduktion ist beschränkt.
- Lesen und Schreiben nach **Gedächtnisleistung** beschleunigt den Umgang mit der Schrift. Infolgedessen können zunehmend mehr umfangreiche und komplexe Texte sinnverstehend erlesen werden und auch die Produktion längerer Texte ist möglich.

Das konstruierende Lesen und Schreiben ist ein notwendiger **Zwischenschritt** auf dem Weg zur entfalteten Schriftsprachkompetenz. Es geht auch nicht verloren, sondern wird nur durch die Gedächtnisstrategie überformt und ergänzt. Bei unbekannten Wörtern greifen wir auf die konstruierende Strategie zurück (Klicpera et al. 2007, 84ff.).

Mit der Ganzwortmethode wurde vor Jahren ein Versuch unternommen, die Etappe des Lesens und Schreibens nach Gedächtniseintrag zu überspringen. Dieser Versuch hat sich teilweise als Irrweg erwiesen, denn für die meisten Anfänger sind ganze Wörter im Grunde zu komplex (Schäfer 2009c). Leseanfänger suchen zuerst nach dem Detail, bevor sie sich größere Ganzheiten erschließen. Sie erkennen ein „O“ im Wort und dann ein „M“, vielleicht die Anfangsbuchstaben ihres Namens und sukzessive sind es immer mehr Details, die sie erkennen / speichern können.

Bei einem erfolgreichen Lese- und Schreiblernprozess lassen die Kinder die Etappe des konstruierenden Lesens und Schreibens mit dem Ende des zweiten Schuljahres allmählich hinter sich und treten dann in die Etappe des Lesens und Schreibens nach Gedächtniseintrag ein. Gedächtniseinträge entstehen dadurch, dass ein Kind ein Wort **häufig** liest und schreibt.

- Durch häufiges Lesen und Schreiben immer wieder derselben Wörter werden im Gehirn Speicherplätze für diese Wörter angelegt. Sie ermöglichen ein rasches Erkennen der Wortbedeutung beim Schreiben.
- Aber es geschieht noch mehr. Durch häufiges Lesen und Schreiben von immer mehr Wörtern entdecken und erkennen die Lernenden auch Regeln, wobei „Erkennen“ die Dinge nicht zutreffend beschreibt, denn das Erkennen vollzieht sich unterhalb der Bewusstseinsebene. Unser Gehirn ist darauf **programmiert**, Regelhaftes aufzuspüren und ohne dass es einer bewussten Instruktion bedarf, verinnerlichen Kinder z. B. Rechtschreib- und Grammatikregeln.

Oder genauer gesagt: Je mehr Einträge ein Kind in seinem Wortgedächtnis vornimmt, desto mehr entwickelt es eine verinnerlichte Geläufigkeit, wann eine Doppelung vorzunehmen ist und wann eine Dehnung, wann man Wörter groß oder klein schreibt. Und je mehr und je häufiger ein Kind Texte liest, desto mehr verinnerlicht es, wie Nomen zu deklinieren und Verben zu konjugieren sind, und, um das noch einmal zu betonen, auch ohne dass man sie dafür gezielt instruiert.

Dabei wird klar: Vielleser und Vielschreiber legen immer mehr Einträge an und dynamisieren damit ihren Leseerfolg in eine positive Richtung. Wenigleser und Wenigschreiber geraten in eine „Spirale abwärts", denn ohne Gedächtniseinträge bleiben ihre Leistungen dauerhaft dürftig.

Mit dem Ende des zweiten Schuljahres sollten Kinder die Etappe des konstruierenden Lesens allmählich hinter sich lassen und in die Etappe des Lesens und Schreibens nach Gedächtniseintrag eintreten. Und bis zum Ende der Grundschulzeit sollten sie **vollends** zum flüssigen Lesen und Schreiben nach Gedächtniseintrag in der Lage sein (Klicpera et al. 2007, 91ff.). Bei einer ganzen Reihe von Kindern ist das nicht der Fall, wobei zwischen verschiedenen Problemgruppen zu unterscheiden ist.

a. Manche Kinder scheitern schon im ersten Schuljahr ab den sogenannten phonologischen Operationen. Die Kinder lesen, wenn überhaupt, stockend und konstruierend und zeigen verzerrte Schriftbilder auf (Sommer-Stumpenhorst 2006, 56ff.).

Diese Kinder sind am meisten benachteiligt. Dummer stellte schon vor Jahren fest, dass Kinder, die in den ersten Schuljahren Probleme mit den phonologischen Operationen haben, noch oft bis weit in höhere Schuljahre Probleme mit dem Lesen und Schreiben haben, also auch noch vom 5. Schuljahr aufwärts (Günther 2007, 64ff.).

b. Von der ersten Gruppe, die praktisch überhaupt nicht richtig lesen und schreiben lernt (die schon an der ersten PISA-Lesestufe scheitert s.o.) ist eine zweite Gruppe zu unterscheiden: Diese Kinder **können** lesen, aber sie lesen und schreiben immer noch konstruierend, während die anderen schon beim flüssigen Lesen und Schreiben nach Gedächtniseintrag angekommen sind.

- Sie sind viel zu langsam, um das Pensum in Deutsch und in anderen Fächern bewältigen zu können.
- Sinnverstehendes Lesen gelingt nur eingeschränkt.
- Die Textproduktion ist dürftig.
- Sie schreiben phonetisch, d.h. so, wie sie sprechen.
- Sie machen viele Fehler.
- Sie geraten psychisch unter Stress, weil sie ständig unter Zeitdruck stehen und erleben, dass sie trotz hoher Anstrengungen erfolglos bleiben.

Wie werden die Lernenden auf Dauer mit diesem Stress umgehen?

- Nach anfänglichem Aufbäumen werden sie resignieren.
- Sie werden Angst haben vor jeder Anforderung und bemüht sein, sich durch Vermeidungsverhalten den Anforderungssituationen so weit wie möglich zu entziehen.
- Sie werden depressiv oder aggressiv und verweigern auch wohlgemeinte Förderangebote (☞ Kapitel 3).

Diese Schüler können lesen und doch nicht lesen und schreiben und doch nicht schreiben, weil sie zu langsam sind, zu viele Fehler machen, die Lesekompetenz nicht altersadäquat einsetzen können und irgendwann zu demotiviert sind, um sich auf Lese- und Schreibangebote einzulassen. Insgesamt kann man bei Lernenden ab Klasse 5 eine große Streubreite der Lese- und Schreibkompetenz erwarten und zwischen verschiedenen Ausprägungsformen der Schriftsprachkompetenz unterscheiden (Klicpera et al. 2007,94ff. und Füssenich / Löffler 2005, 18ff.).

4.1.2 Exkurs Phonologische Bewusstheit

Phonologische Bewusstheit im weiteren Sinne bezieht sich auf größere Einheiten der gesprochenen Sprache, wie etwa Reime oder Silben. Dagegen verlangen Aufgaben der phonologischen Bewusstheit im engeren Sinne den bewussten Umgang mit den kleinsten Einheiten der gesprochenen Sprache, den Phonemen (Lauten). Die phonologische Bewusstheit im **weiteren** Sinne tritt in der Regel in der Kindergartenzeit **spontan** auf – die meisten Kinder haben Freude an Reimspielen, können beim Auswendiglernen kleiner Gedichte die Reimeinheiten als Stütze benutzen und haben beim Singen und Klatschen Spaß daran, Wörter in Silben zu zerlegen.

Dahingegen tritt die phonologische Bewusstheit im **engeren** Sinne in der Regel im Vorschulalter **nicht spontan** auf und entwickelt sich üblicherweise erst im Zusammenhang mit der schulischen Anleitung beim Schriftspracherwerb. So ist zusammenfassend zu sagen, dass bereits Kindergartenkinder zu bewusstem Nachdenken über die formale Struktur der gesprochenen Sprache fähig sind. Allerdings bleiben diese Analysen der kleinen Kinder auf größere und leichter isolierbare Segmente beschränkt. Aufbauend auf dieser phonologischen Bewusstheit für grobe sprachliche Einheiten, entwickelt sich die Fertigkeit zum Erkennen der einzelnen Phoneme in der Regel durch gezielte Anleitungen im Rahmen des Schriftspracherwerbs in der Schule.

Die **phonologische Bewusstheit** ist das **Nadelöhr schlechthin** beim Lesen lernen. Üblicherweise ist dafür das erste Schuljahr vorgesehen. Für Kinder, die sich bereits im Vorschulalter phonologisches Bewusstsein im weiteren Sinne aneignen, reicht diese Zeit aus, um die phonologischen Operationen im engeren Sinne zu erlernen, die Analyse und Synthese, das Synthetisieren von Einzellauten zu Wörtern beim Lesen und das Aufgliedern von Wörtern in Phoneme beim Schreiben (Sassenroth 2003, 18ff. und Schenck 2002, 44ff.).

Sie werden meistens in das zweite Schuljahr versetzt. Im zweiten Schuljahr kommen Angebote zur Ausbildung phonologischer Bewusstheit aber kaum mehr vor. Also durchlaufen sie das zweite Schuljahr als Nichtleser oder Kaumleser und bleiben dann am Ende des zweiten Schuljahres sitzen. Oder gar am Ende des Dritten. Dann starten sie neu im zweiten oder dritten Schuljahr und haben – es kommt ja im Lehrplan nicht mehr vor – bei keinem der Neubeginne eine wirkliche Chance, die grundlegenden phonologischen Operationen zu erlernen (Schründer-Lenzen 2007, 181ff.).

4.2 Diagnose im Schriftspracherwerb

Zur Erfassung des Niveaus in der Schriftsprache gibt es schon seit längerer Zeit Stufenmodelle (s.u.). Der Kenntnisstand bezüglich der Leseentwicklung ist verglichen mit dem zur Schreibentwicklung ungenauer. Erst 2004 wurde ein Stufenmodell zur Erfassung von Leseleistungen entwickelt: Das Verfahren „*Lesestufen*". Es wurde in Anlehnung an Günther (1989), Scheerer-Neumann (1995), Brügelmann (1984) und Niedermann / Sassenroth (2004, 7) entwickelt.

Diesen Autoren zufolge lassen sich sieben Phasen unterscheiden, die aufeinander aufbauen.

Jede höhere Phase schließt die Kompetenzen der unteren Phasen mit ein und zeichnet sich durch bestimmte Strategien aus, die Kinder anwenden, um den Geheimnissen der Schrift auf die Spur zu kommen (Niedermann / Sassenroth 2004, 13ff.).

Abb. 18: Titelseite (Niedermann / Sassenroth 2004).

Das Verfahren „Lesestufen" ging aus einem abteilungsübergreifenden Projekt am Heilpädagogischen Institut der Universität Freiburg / Schweiz hervor. Dort verfassten Studenten der schulischen Heilpädagogik und Logopädie / Sprachheilpädagogik über mehrere Jahre hinweg Hausarbeiten zur Leseentwicklung und lieferten damit wichtige Bausteine für die Entwicklung des Verfahrens „*Lesestufen*". Zielsetzungen des Verfahrens sind:

- Sich einen schnellen Überblick verschaffen zu können, in welcher Phase der Leseentwicklung sich ein Kind befindet und
- nur solche Informationen zu erheben, die zur Förderung benötigt werden und
- durch ansprechende Gestaltung zu vermeiden, dass die Kinder sich getestet fühlen (Niedermann/Sassenroth 2007, 110).

Diese Seite ist als Einstieg gedacht.

»Auf dem Tisch liegt ein Buch, das wir gemeinsam anschauen wollen. Mich interessiert, was du dazu sagst. Was erkennst du auf dem Umschlag? Kannst du etwas lesen?«

Das Buch soll verkehrt auf den Tisch gelegt werden.

Das Kind soll das Bilderbuch selber ergreifen und aufschlagen. Dies gibt bereits Hinweise darauf, ob das Kind Anfang und Richtung von Büchern kennt.

Zu Beginn wird insbesondere darauf geachtet, ob sich die Aussagen des Kindes auf das Bild oder auch bereits auf die Schrift beziehen. Fragen Sie nach eventuell bekannten Buchstaben. Dabei kann festgestellt werden, ob das Kind eine Vorstellung über die Einheit »Buchstaben« hat, ob es Buchstaben rein visuell aufgrund ihrer Gestalt erkennt, ohne sie mit einem Lautnamen zu benennen, oder ob es bereits über GPK verfügt. Stellen Sie fest, dass das Kind bereits lesen kann, sind vor allem die Seiten 9–13 aufschlussreich.

Entsprechendes wird angekreuzt:

nimmt das Buch irgendwie in die Hand

hält das Buch korrekt in der Hand

erzählt nichts vom Bild

erzählt vom Bild

zeigt auf einige Buchstaben, kann sie aber nicht benennen
(Bsp.: Das Kind zeigt auf /G/ und sagt: »Den kenne ich.«)

übersetzt Buchstaben in Laute, synthetisiert aber noch nicht
(Bsp.: Das Kind lautiert alle Buchstaben aus einem Wort: */g/ /e/ /b/ /u/ /r/ /t/ /s/ /t/ /a/ /g/*
oder auch nur einzelne: */g/ /e/ /r/ /t/*)

erliest
(Bsp.: Gee-burr-tss-taa-g Geburtstag)

Unter *Eigene Beobachtungen* soll festgehalten werden, wie sich das Kind verhält, was es äußert und wie es liest.

Eigene Beobachtungen: ______________________

____

____

Bezug zum Phasenmodell:

Phase 1: Das Kind hält das Buch korrekt in der Hand und erzählt vom Bild. Es kann mit dem Geschriebenen nichts anfangen und kennt noch keine Buchstaben.
Phase 3: Das Kind zeigt auf einzelne Buchstaben, die es rein visuell erkennt, aber nicht benennen kann.
Phase 4: Das Kind benennt einzelne Buchstaben, d.h., es verfügt über erste GPK. Es kann aber noch nicht synthetisieren.
Phase 5: Das Kind synthetisiert, d.h., einzelne Wörter oder der Titel werden erlesen.

Das Verfahren „*Lesestufen*" wird mit dem Bilderbuch „*Dani hat Geburtstag*" durchgeführt. Es handelt von dem Jungen Dani, der Geburtstag hat und zu diesem Fest das Mädchen Lena und verschiedene Freunde einlädt. Lena kauft Dani ein Spielzeugauto und bringt dieses Dani zum Geburtstag mit. Zu jeder Seite / jedem Bild aus dem Buch gibt es spezielle Leitfragen:

Abb. 19: Kommentar zum Bilderbuch (Niedermann / Sassenroth 2007, 22).

Abb. 20: Die Beispielseiten 10 und 11 aus dem Bilderbuch (Niedermann / Sassenroth 2004).

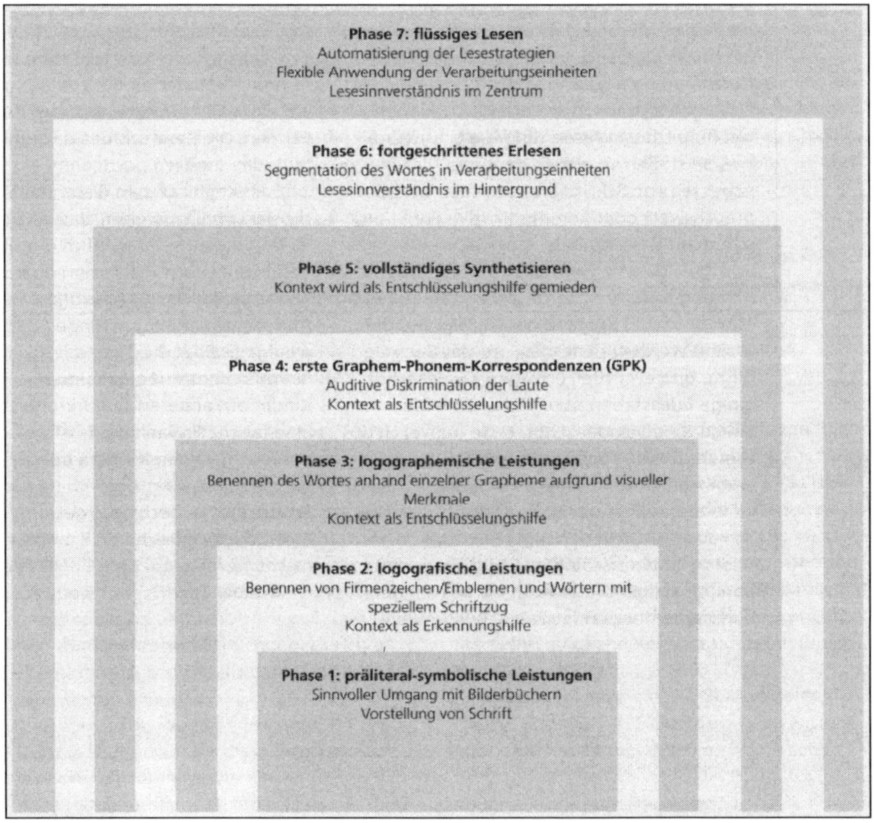

Abb. 21: Aus Niedermann/Sassenroth (2007, 7) in Anlehnung an Scheerer-Neumann (1990).

Abb. 21 zeigt die dem Verfahren zu Grunde liegenden Lesestufen nach Scheerer-Neumann (1990 und 2006). Zur Grundlegung einer diagnostischen Fragestellung unter qualitativen Gesichtspunkten bietet sich analog zur Stufung nach Scheerer-Neumann (2006) folgende Fragestellung an:

- Stufe 1: Unterscheidet ein Kind zwischen Schrift und Bild?
- Stufe 2: Erkennt es Wörter mit speziellem Schriftzug?
- Stufe 3: Benennt es Worte anhand einzelner Grapheme?
- Stufe 4: Kann das Kind Laute aus einem Wort heraushören?
- Stufe 5: Übersetzt es Buchstaben in Laute und schleift es zusammen?
- Stufe 6: Segmentiert es Worte in Verarbeitungseinheiten?
- Stufe 7: Liest das Kind schon flüssig?

Seite 3:

• Damian erkennt wieder den Namen *DANI* (dieses Mal in Großbuchstaben geschrieben) sowie den Namen *Lena*. Auf die Nachfrage, wieso er wisse, dass dies *Lena* heiße, antwortet er, indem er auf das Wort *Liebe* zeigt: »I ha zerscht hie gluegt, aber hie isch nid ä */e/* gsi u nähr han i's gseh */l/ /e/ /n/ /a/* Lena« [»Ich habe zuerst hier geschaut, aber hier ist es nicht gewesen und dann habe ich's gesehen: Lena«].

→ Dies zeigt, dass Damian bereits über GPK verfügt (Phase 4) und fähig ist, Wörter zu analysieren (er übersetzt die Buchstaben in Laute) und wieder zusammenzuschleifen, d.h., er synthetisiert (Phase 5).

• Nach der Aufforderung weiterzulesen liest Damian: »Liewe.« Er korrigiert sich selbst und sagt: »Liebe.« Er liest weiter: »Liebe Lena ... (kurze Pause) */d/ /u/* du, liebe Lena du ... bi bist, du bist, liebe Lena du bist, liebe Lena du bist zu Geburtstag.« Hier bricht er ab und möchte nicht mehr weiterlesen.

→ Die Tatsache, dass Damian sich bereits selbst korrigiert und den Inhalt des Gelesenen zu verstehen versucht – das zeigt sich darin, dass er die Satzteile wiederholt, bis er sie versteht –, weist bereits auf erste Bemühungen um Lesesinnverständnis hin (Phase 7). Das Lesen läuft bei ihm jedoch noch nicht automatisiert ab und verlangt immer noch große Aufmerksamkeit, was vorwiegend für die Phase 5 spricht.

Seite 4–5:

• Damian erkennt einige Schriftzüge mit Emblemen, zu *UBS* sagt er zum Beispiel: »Banco, Bank«, zu *Apotheke* »Farmacia«. Einige Schriftzüge ohne Embleme versucht er zu erlesen (z.B. »Smartins« für *Smarties*, »Bus«, »Migros«).

→ Typisch für die Phase 5 wäre, wenn Damian alles und jedes erlesen würde. Bei den Schriftzügen ohne Embleme versucht er dies auch, bei jenen mit Emblemen konzentriert er sich auf die typischen Logos. Sind dies noch Anzeichen der Phase 2?

Seite 6–7:

• Damian erkennt einige Embleme (z.B. *Rivella, Coca-Cola*). Bei *Fanta* stutzt er: »Wie heisst das? Orangesaft, aber ä chli angers, gäll?« [»Orangensaft, aber ein bißchen anders, nicht wahr?«]. Die Beobachtungsperson fragt nach: »Weisch nid wie's heisst?« [»Weißt du nicht, wie es heißt?«]. Doch Damian versucht nicht, das Wort zu erlesen, und wartet, bis die Beobachtungsperson die Lösung gibt.

→ Wieso hat er nicht versucht, *Fanta* zu erlesen? Kennt er evtl. nicht alle GPK? Hatte er keine Lust oder war er ganz einfach zu müde dafür?

• Die chinesischen Zeichen sind in Damians Augen Geschriebenes. Er begründet dies folgendermaßen: »Es git söttigi Schrifte, die si vo angere Sprache« [»Es gibt solche Schriften, die sind von anderen Sprachen«]. Bei der kyrillischen Schrift erkennt er Buchstaben unseres Alphabets, was für ihn ein Hinweis ist, dass es sich auch hier um eine Schrift handeln muss. Auch kennt Damian die Lese- und Schreibrichtung, weiß, wo ein Text beginnt, und verfügt über Buchstabenkenntnisse.

→ Damian scheint genaue Vorstellungen betreffend Schriften sowie Lesen und Schreiben zu haben.

Seite 8–9:

• Beim Zuordnen der Namen hat Damian keine Probleme. Er liest die Namen selbstständig und relativ flüssig.

→ Was das Lesen von Großbuchstaben betrifft, scheint er sich bereits in der Phase 6 zu befinden.

Da Damian bereits etwas ermüdet war und nicht mehr lesen mochte, wurden ihm die restlichen Seiten vorgelesen. Sie entfallen deshalb für die Auswertung und Interpretation.

Abb. 22: Kommentierung der Seiten 3 bis 9 des Bilderbuches „Dani hat Geburtstag“ (Niedermann / Sassenroth 2007, 42).

4.2.1 Verfahren im Überblick

Es ist festzustellen, dass es deutlich mehr Inventare im Bereich der Rechtschreibung als im Bereich Lesen gibt (Schwenck / Schneider 2006, 129). Kurze und in der Regel prägnante Überblicke über die wesentlichen Verfahren im quantitativen Bereich geben Schwenck / Schneider (2006, 122ff), Ingenkamp / Lissmann (2008, 215ff.), Bundschuh (2010, 132ff.) sowie im Sinne einer unterrichtsbegleitenden Diagnostik Probst (2003, 244ff.).

Nachstehend stellen wir vier, nach unserem Eindruck schlüssige und griffige Inventare zur diagnostischen Annäherung an Förderbedarfe im Lesen und Rechtschreiben vor.

Inventare zur Diagnostik im Lesen und Rechtschreiben – eine Auswahl

	Test art	Anwendungsbereich	Einzel- / Gruppentest	Dauer	Parallelfomen?	Bemerkungen
ELFE 1-6 Lenhard & Schneider	Lesetest	1. bis 6. Klasse	Gruppen- und Einzeltest	15 Minuten	Parallelformen A und B	Unterscheidung des Leseverständnisses auf Wort-, Satz- und Textebene
Hamburger Schreibprobe **HSP** P. May	Rechtschreibtest	1. bis 9. Klasse	Gruppen- und Einzeltest	30 Minuten	/	Liefert neben Rang-Platzinformationen auch Hinweise auf Rechtschreibstrategien
Deutscher Rechtschreibtest für 1. und 2. Klassen **DERET 1-2+** C. Stock / W. Schneider	Rechtschreibtest	Klasse 1 und 2 sowie Klasse 3 und 4	Gruppen- und Einzeltest	25 – 45 Minuten	Parallelformen A und B	Echte Parallelformen ☞ Lernfortschrittsprüfung
Weingartner Rechtschreibtest **WRT (1+, 2+ und 3+)** P. Birkel	Rechtschreibtest	1. bis 5. Klasse	Gruppen- und Einzeltest	45 Minuten	Parallelformen A und B	Quantitative wie auch qualitative Fehleranalyse

4.2.2 Leseverständnis für Elementarschüler (ELFE 1 – 6)

Bei ELFE-T handelt es sich um einen Leseverständnistest für Elementarschüler, der in den ersten sechs Schulklassen eingesetzt werden kann. In den Klassenstufen 5 und 6 hat er eher den Charakter eines Screening-Verfahrens (Klicpera 2007, 214ff.). Aufgrund der computergestützten Durchführung kann das Testverfahren auch von testdiagnostisch wenig geschultem Personal als informelles Prüfverfahren eingesetzt werden (Lenhard / Schneider 2006).

Das Verfahren steht in zwei Versionen zur Verfügung: Als Computerprogramm und als Papier- und Bleistiftversion zur Gruppentestung. Es prüft sowohl basale Lesestrategien als auch die Fähigkeit zum Verstehen von Sätzen und Texten (Mayer 2010, 69). Das Leseverständnis wird auf vier Ebenen erfasst:

- Wortverständnis (Dekodieren, Synthese),
- Lesegeschwindigkeit (Schwelle der visuellen Worterkennung),
- Satzverständnis (sinnentnehmendes Lesen, syntaktische Fähigkeiten) und
- Textverständnis (Auffinden von Informationen, satzübergreifendes Lesen, schlussfolgerndes Denken).

Für ELFE 1-6 liegen sowohl für das Schuljahresende als auch (mit einer Ausnahme) für die Schuljahresmitte verlässliche Normen vor. Die reine Bearbeitungszeit liegt bei maximal 15 Minuten. Für eine Gruppentestung sind nach den vorliegenden Erfahrungswerten 20 bis 30 Minuten zu veranschlagen (Schwenck / Schneider 2006, 131).

Alle Aufgaben verlaufen nach dem gleichen Schema. An eine akustische Instruktion schließen sich zwei Probeaufgaben an, auf die das Kind akustisch eine Rückmeldung erhält. Nach dem Start des Programms erscheint das Symbol einer Elfe in der Mitte des Bildschirms, die durch das ganze Programm führt. Sehr verständlich beschrieben wird das Programm im Internet unter www.psychometrica.de.

4.2.3 Hamburger Schreibprobe (HSP)

In der Produktbeschreibung auf der Homepage der Testzentrale Göttingen lässt sich zur Hamburger Schreibprobe (HSP) folgende Ausführung finden (weitere Ausführungen in May et al. 2001 und Tacke et al. 2001):

„Die Hamburger Schreib-Probe dient der Erfassung des Rechtschreibkönnens von Schülern im Grundschulalter sowie in der Sekundarstufe I. Sie ist sowohl für die Einschätzung individueller Lernstände als auch für die Erhebung klassenbezogener Leistungen geeignet. Die zu schreibenden Testwörter bzw. -sätze werden vom Lehrer vorgelesen und in den Testheften begleitend, anhand von Illustrationen, veranschaulicht. Neben der Zahl richtig geschriebener Wörter wird im ersten Schritt der Auswertung auch die Zahl richtig geschriebener Grapheme ermittelt (Graphemtreffer).

Im zweiten Schritt können anhand einer differenzierten Betrachtung richtig und falsch angewandte Rechtschreibstrategien der Kinder bestimmt werden.

Die Testergebnisse liefern eine sichere Grundlage sowohl für differenzierte Maßnahmen im Unterricht als auch für die gezielte Einzelförderung von Schülern mit Rechtschreibschwierigkeiten. Durch ihre weitreichende Differenzierung im unteren Leistungsbereich ist die HSP B (B steht für Basisanforderung) ***auch im sonderpädagogischen Rahmen*** *einsetzbar. Für die Erhebung von Leistungen im oberen Bereich liegt mit der 6. Auflage außerdem ein Verfahren zur Erfassung erweiterter Kompetenzen (EK) im Sekundarbereich vor“* (www.Testzentrale.de).

4.2.3.1 Aufbau und theoretischer Hintergrund

May (2002), einer der Autoren des Verfahrens, beschreibt im Manual die Hamburger Schreibprobe als ein diagnostisches Gesamtkonzept für die Erfassung der Rechtschreibfähigkeiten in der Schule. Folgende Kompetenzen sollen in diesem Verfahren erfasst werden (May / Malitzky 1998, 2 in Rittmeyer 2005a, 103):

- die Rechtschreibleistungen insgesamt und
- das orthographische Strukturwissen, das sich in der Beherrschung grundlegender Rechtschreibstrategien zeigt (ebd.).

Von der HSP existieren mittlerweile 7 Versionen, so dass sie von der Mitte der Klasse 1 bis Ende Klasse 9 eingesetzt werden kann. War die HSP ursprünglich für die Diagnose im unteren Leistungsbereich entwickelt worden, so kann sie mittlerweile auch (durch die Entwicklung der HSP 5-9) für die Erfassung von Kompetenzen auf hohem Niveau eingesetzt werden (weiterführend hierzu Füssenich / Löffler 2005, 86ff.).

Die einzelnen Versionen der Hamburger Schreibprobe bestehen aus Einzelwörtern und Sätzen. Die Bedeutung der Wörter und Sätze wird durch Illustrationen veranschaulicht. Durch diese Bildvorgabe wird das Erfassen der Bedeutung der zu schreibenden Wörter als eine wichtige Bedingung des Rechtschreibens gesichert. Die Bildvorgabe hat noch einen weiteren Vorteil: Sie ermöglicht es den Schülern, in ihrem individuellen Tempo zu schreiben, nachdem sie mit den Wörtern vertraut gemacht worden sind. Durch die Bildvorgabe entfällt das gleichschrittige Schreiben, das sowohl für die schwächeren wie die besseren Schreiber bei Diktaten stets eine Belastung darstellt. Ein Kreuzworträtsel für die schnelleren Schreiber sorgt noch zusätzlich für eine Entlastung der langsameren Schreiber (ebd. und im Überblick Klicpera et al. 2007, 218).

Im Konzept der Hamburger Schreibprobe wird von grundlegenden Strategien zur Schreibung von Wörtern und Sätzen ausgegangen (May / Malitzky 1998, 7). Ein zentraler Begriff ist deshalb in diesem Konzept der Begriff der „Rechtschreibstrategie“:

> *„Die Vorstellungen des Kindes von der Schrift und der Verschriftlichung und seine entsprechenden Operationen suchen wir im Begriff der Strategie zu fassen. Mit dem Begriff der Strategie bzw. der Unterscheidung bestimmter Teilstrategien wollen wir also die Prozesse charakterisieren, mit denen Schreibungen erzeugt werden“* (May 2002, 24).

Wesentliche Aspekte von Rechtschreibstrategien sind:

1. Rechtschreibstrategien sind regelgeleitet, werden miteinander systematisch verknüpft und ergänzen sich zu einer komplexen Gesamtstrategie.
2. Die analytische Bestimmung der Rechtschreibstrategien ermöglicht Aussagen über die Qualität des Orthographieerwerbs eines bestimmten Kindes (zunehmende Integration oder Verharren in einseitigen Zugriffsweisen).
3. Die schriftsprachliche Entwicklung kann als ein Prozess immer komplexerer Zugriffsweisen auf Schrift durch Anwendung verschiedener Rechtschreibstrategien begriffen werden (vgl. a. a. O., 26).

Nach May (2002) können gegenwärtig fünf Hauptstrategien unterschieden werden, nach denen Schreiblerner die Prinzipien und Konventionen unseres Schriftsystems rekonstruieren und Wörter verschriftlichen (weiterführend hierzu Günther 2007, 12ff.):

1. **Die logographemische Strategie:** Kinder wissen schon lange vor der Schulzeit, dass Zeichen „für etwas stehen". So wissen sie, dass

 Krankenhaus und

Toilette bedeutet (May 2002, 26).

Bei der logographemischen Strategie geht die Verschriftlichung der Bedeutungen von der Reihenfolge der einzelnen Buchstaben als graphische Zeichen – wie bei einer Bilderschrift – aus. Bei der Anwendung der logographemischen Strategie wird ein graphemisches Muster gespeichert. Ein Lautbezug wird nicht hergestellt. Eine (Selbst-)Instruktion „logographemisches Schreiben" könnte nach May wie folgt lauten:

> „Merke dir die Form und die Anordnung der Zeichen (Buchstaben)" (a. a. O., 27).

2. **Alphabetische Strategie:** Die alphabetische Strategie ist die sowohl historisch als auch biographisch erste Strategie, die das alphabetische Prinzip realisiert. Unter dem alphabetischen Prinzip versteht man, dass jedem Laut (oder genauer: Phonem) innerhalb eines Wortes ein Buchstabe (oder genauer: Graphem) entspricht. Bei der Umsetzung der alphabetischen Strategie wird das Schreiben gemäß dem Lautschriftprinzip mit Hilfe der eigenen Artikulation gesteuert und kontrolliert.

   Wie eben aufgezeigt wurde, entwickelt sich die Umsetzung der „alphabetischen Strategie" vom Verschriftlichen einzelner markanter Laute über die vollständige „lautgetreue" Darstellung der eigenen – dialektal und soziolektal gefärbten – Aussprache hin zur Verschriftlichung der Standardlautung (vgl. a. a. O., 28).

   Das phonematische Prinzip beruht, wie dargelegt wurde, auf der Erkenntnis, dass jedem Laut innerhalb eines Wortes ein Buchstabe entspricht bzw. jedem Phonem ein Graphem. Für die alphabetische Strategie ist es stets das entscheidende Merkmal, dass die Schreibung anhand der eigenen Artikulation prinzipiell nachvollziehbar und darstellbar ist. Nach May (2002) könnte die (Selbst-) Instruktion für das „*alphabetische Schreiben*" wie folgt lauten:

„Achte auf die eigene Aussprache und schreibe für jeden Laut einen Buchstaben“ (a. a. O., 29).

Die Aneignung des alphabetischen Prinzips bereitet langsamer lernenden Kindern noch über das erste Schuljahr hinaus große Schwierigkeiten, weil bei ihnen die notwendige phonologische Bewusstheit nicht genügend entwickelt ist (s.o.).

Um den Entwicklungsstand dieser Kinder exakt erfassen zu können, bietet die HSP 1+ die Möglichkeit, verschiedene Entwicklungsstadien der alphabetischen Rechtschreibstrategie zu erfassen (a.a.O., 29).

Verschiedene Entwicklungsstrategien der alphabetischen Rechtschreibstrategie erfassbar durch die HSP für Mitte des ersten bis Mitte des zweiten Schuljahres (eigene Abbildung nach May 2002, 29).

Art der alphabetischen Strategie	Typische Schreibungen
Verkürzte alphabetische Schreibung	Bezeichnen einzelner markante Laute *(z. B. „M“ für „Mäuse, „T“ für „Hunde)* und einfacher Lautfolgen *(z.B. „MS“ für „Mäuse“, „HT“ für Hund).*
Entfaltete alphabetische Schreibung	Vervollständigte Schreibung von Lautfolgen *(z. B. „Mse“ für „Mäuse, „HOT“ für „Hunde).*
Vollständige alphabetische Schreibung	Lesbare Schreibungen, ggf. mit dialektaler Färbung *(z.B. „Moise“, „Hont“)* und mit sogenannten Übergangskonsonanten *(z.B. „Flige“ statt Fige).*
Optimierte alphabetische Schreibung	Beachten relevanter Lautunterschiede *(v.a. bei Kurzvokalen und Explosivlauten: „Hunt“, „Flige“ und nicht „Flike“)* und konstanter Schreibmuster *(Meuse und nicht Moise).*

3. **Orthographische Strategie:** Darunter versteht man die Überformung des alphabetischen Schreibens durch die Verwendung orthographischer Elemente. Orthographische Elemente wiederum sind alle Grapheme in einem Wort, die nicht mit Hilfe der alphabetischen Strategie rekonstruiert werden können.

> *„Beim orthographischen Schreiben werden die Laut-Buchstaben-Beziehungen den orthographischen Regelungen („Vorschriften“) entsprechend modifiziert. Die Entscheidung für die Laut-Buchstaben-Zuordnung ergibt sich nicht mehr ausschließlich aus der Beachtung der eigenen Artikulation“* (a. a. O., 30).

Mit May (2002) lassen sich zwei Arten von orthographischen Elementen unterscheiden:

- Elemente, die der Lernende sich schlicht merken muss und
- Elemente, für die es Verfahren (Operationen) der Bestimmung („Regeln") gibt.

Die (Selbst-) Instruktion für das „orthographische Schreiben" könnte nach May (2002) wie folgt lauten:

> *„Merke dir die von der Lautung abweichende Schreibung der Wortstelle und / oder nutze eine dir bekannte Vorschrift („Regel") für die Schreibung"* (a. a. O., 30)

Arten orthographischer Elemente (eigene Abbildung nach May 2002, 29).

Merkelemente	**Regelelemente**
Längenzeichen: Zwar gibt es auch für die Längenzeichen allgemeine Regeln (z.B. für die Dauer bzw. Offenheit des Vokals: /ka:n/ vs. /kán/ ☞ K<u>a</u>hn vs. k<u>a</u>nn). Bei den Regeln zur Bezeichnung der Länge handelt es sich jedoch nur um Wahrscheinlichkeitsbeziehungen: Bei langem /i/ fast immer mit /ie/ gekennzeichnet, bei anderen Vokalen wird die Länge meist nicht gekennzeichnet.	Kürzebezeichung Auslautverhärtung Umlautung

4. **Morphematische Strategie:** Bei der morphematischen Strategie geht es darum, die Bausteine von Wörtern zu erkennen. Diese Bausteine werden als Morpheme bezeichnet und sind im Einzelnen Vorsilben, Stämme, Fugen und Endungen. Unsere Sprache ist durch Morphemkonstanz gekennzeichnet. Diese Morphemkonstanz stellt neben dem Lautbezug das wichtigste Konstruktionsprinzip der deutschen Rechtschreibung dar.

   Innerhalb der morphematischen Strategie gibt es zwei verschiedene Arten von Zugriffsweisen:

   - Das morphematische Bedeutungswissen und
   - das morphologische Strukturwissen (vgl. a. a. O., 31).

5. **Wortübergreifende Strategie:** Darunter versteht man nach May (2002) die Fähigkeit, beim Schreiben von Sätzen und Texten weitere sprachliche Aspekte zu beachten. Solche Aspekte sind z. B. die Wortart, die Wortsemantik, die Satzgrammatik und die Verwendungsart eines Satzes. Die Funktionen dieser sprachlichen Aspekte sind der folgenden Übersicht zu entnehmen.

Sprachliche Aspekte und deren Funktionen (eigene Abbildung nach May 2002, 29).

Spezifischer sprachlicher Aspekt	Funktion
Wortart	bestimmt die Groß- und Kleinschreibung
Wortsemantik	bestimmt die Zusammen- bzw. Getrenntschreibung
Satzgrammatik	bestimmt die Kommasetzung oder die „dass"-Schreibung
Verwendungsart eines Satzes	bestimmt wörtliche oder indirekte Rede

Unter „wortübergreifender Strategie" ist insgesamt zu verstehen, dass für das Herleiten der richtigen Schreibung eines Wortes und das Setzen eines Satzzeichens die Einbeziehung größerer sprachlicher Einheiten wie Satzteil, ganzer Satz und Textpassage notwendig ist (vgl. a. a. O., 32 f.).

4.2.3.2 Förderdiagnostische Passung

Rittmeyer (2005a) stellt in Anlehnung an Schönrade / Pütz (2003) sechs Prinzipien der Förderdiagnostik vor (18ff.). Vor diesem allgemeingültigen Hintergrund möchten wir die HSP auf ihre förderdiagnostische Passung hin betrachten:

1. Förderdiagnostik berücksichtigt die Individualität des Kindes und fragt primär nach dem „Wie" der Aufgabenlösung (ebd. 19):

Wie dargelegt wurde, ist der Begriff der Rechtschreibstrategie eine zentrale Grundlage der HSP. Funktion der Rechtschreibstrategien ist die Erfassung des orthographischen Strukturwissens. Wo es notwendig ist, differenziert die Hamburger Schreibprobe darüber hinaus auch noch einmal innerhalb der Strategien. So wird z. B. wegen der großen Schwierigkeiten vieler Schüler bei der Aneignung der alphabetischen Schreibung durch Stufungen der alphabetischen Schreibung das Ausmaß bestimmt, in dem die Schreibungen bereits die Prinzipien des alphabetischen Schreibens berücksichtigen.

2. *Förderdiagnostik ist prozessorientiert und keine punktuelle Überprüfung* (Rittmeyer 2005a, 18ff.):

Dieses Prinzip wird von der HSP eindeutig erfüllt. Verschiedene Versionen der HSP ermöglichen ihren Einsatz von der Grundschule bis ins Gymnasium. Wie bereits zu Beginn der Ausführungen zur HSP mitgeteilt, gibt es derzeit sieben aktuelle Versionen. Sie können von Mitte der Klasse 1 der Grundschule bis Ende der Klasse 9 in der Sekundarstufe 1 eingesetzt werden (May 2002, Manual Seite 9). Weiterhin kann mit der HSP die Lernentwicklung einzelner Kinder nachgezeichnet werden. Im Kapitel 4 des Manuals wird anhand zweier Kinder aus der Längsschnittstudie aufgezeigt, wie mit Hilfe der Hamburger Schreibprobe die Lernentwicklung einzelner Kinder über mehrere Klassen hinweg nachgezeichnet werden kann.

3. *Es werden Beobachtungsverfahren und Verfahren der Fehleranalyse angewendet* (Rittmeyer 2005a, 18ff.):

Die HSP ist eindeutig ein Verfahren der Fehleranalyse. Insbesondere ermöglicht sie auch zusätzlich eine Analyse schriftlich vorliegender Schüleraufgaben, wie May (1998) in einem Aufsatz zu der Frage aufgezeigt hat, ob sich Rechtschreibkategorien der HSP auch auf Alltagswortschätze anwenden lassen. Zur Beantwortung dieser Frage zog er Texte heran, die die Schüler Meike und René in der Klasse 2 im Rahmen einer kombinierten Bild- und Textaufgabe zu einem vorher selbst gestalteten Bild geschrieben hatten. Bei seiner Auswertung beschränkte sich May (1998) auf die Analyse der Rechtschreibung. Aspekte der Textqualität wurden von ihm nicht berücksichtigt (weiterführend hierzu Füssenich / Löffler 2005, 86ff.).

4. *Förderdiagnostik ist in das reale Umfeld des Kindes eingebettet* (Rittmeyer 2005a, 20):

Dieser Aspekt wird in der HSP auch, allerdings nur indirekt, berücksichtigt, da schriftliche Leistungen aus dem Schüleralltag und damit aus dem realen Umfeld des Kindes mit der HSP ausgewertet werden können.

5. *Förderdiagnostik sieht Stärken und Schwächen des Kindes* (ebd. 20):

Es ist dargelegt worden, dass ein Ausgehen von den Stärken des Kindes spätestens seit Eggerts *„Von den Stärken ausgehen...“* (1997) eine `conditio sine qua non` der Förderdiagnostik ist. Die HSP zeigt Stärken und Schwächen von Schülern in dreifacher Form auf:

- Sie informiert über Stärken und Schwächen zum Zeitpunkt einer Erhebung.
- Sie gibt Informationen darüber, wie sich bei einem Kind die Stärken und Schwächen in einem Zeitraum entwickelt haben (intraindividuelle Entwicklung)
- Sie gibt Informationen darüber, wie die individuellen Punktwerte hinsichtlich einer repräsentativen Population einzuschätzen sind.

6. *Diagnose und Intervention stehen in einem engen Zusammenhang* (Rittmeyer 2005a, 20).

Die HSP berücksichtigt auch dieses Prinzip, und zwar sowohl theoretisch als auch praktisch. Das Schlusskapitel 5 des Manuals befasst sich auf 27 Seiten mit der Förderung der orthographischen Kompetenz. Auf der Rückseite des Manuals werden dann aufeinander abgestimmte Materialien vorgestellt, mit denen sich die Rechtschreibung fördern lässt:

- *Wortlisten,*
- *Grundwortschatz und*
- *Ideenkiste.*

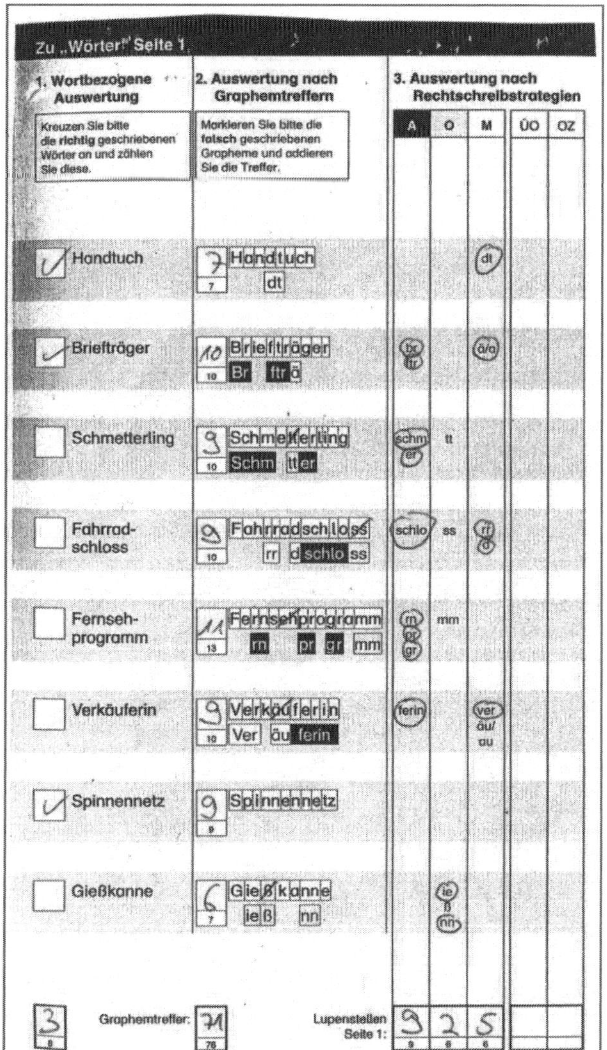

Im Folgenden werden Testbögen wiedergegeben. Es ist zu erkennen, dass der Junge bereits die alphabetische und orthographische Strategie beherrscht, bei der morphematischen Strategie (Schiedsrichter) jedoch noch schwächelt und ebenfalls die wortübergreifende Strategie noch nicht beherrscht (er schreibt noch sehr viele Nomen klein).

Abb. 23: Testbogen zur HSP.

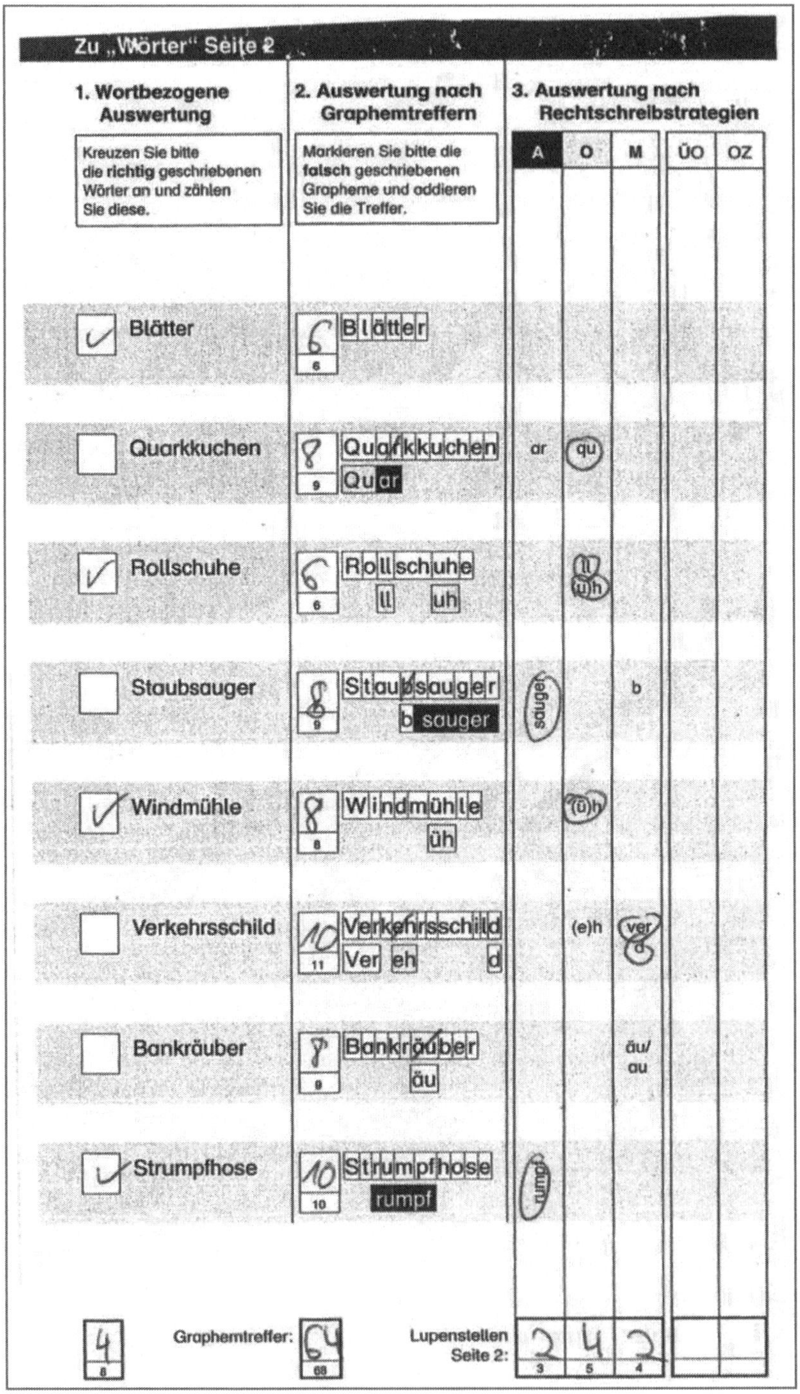

Zu „Wörter“ Seite 2

1. Wortbezogene Auswertung	2. Auswertung nach Graphemtreffern	A	O	M	ÜO	OZ
Kreuzen Sie bitte die **richtig** geschriebenen Wörter an und zählen Sie diese.	Markieren Sie bitte die **falsch** geschriebenen Grapheme und addieren Sie die Treffer.					
✓ Blätter	6 / 6 B l ä tt e r					
☐ Quarkkuchen	8 / 9 Qu a r k k u ch e n; Qu ar	ar	(qu)			
✓ Rollschuhe	6 / 6 R o ll sch uh e; ll uh		(ll) (üh)			
☐ Staubsauger	8 / 9 S t au b s au g e r; b sauger	(sauger)		b		
✓ Windmühle	8 / 8 W i n d m üh l e; üh		(üh)			
☐ Verkehrsschild	10 / 11 Ver k eh r s sch i l d; Ver eh d		(e)h	(ver) (d)		
☐ Bankräuber	8 / 9 B a n k r äu b e r; äu			äu/au		
✓ Strumpfhose	10 / 10 S t r u m pf h o s e; rumpf	(rumpf)				
4 / 8	Graphemtreffer: 64 / 68	Lupenstellen Seite 2: 2 / 3	4 / 5	2 / 4		

Abb. 24: Testbogen zur HSP.

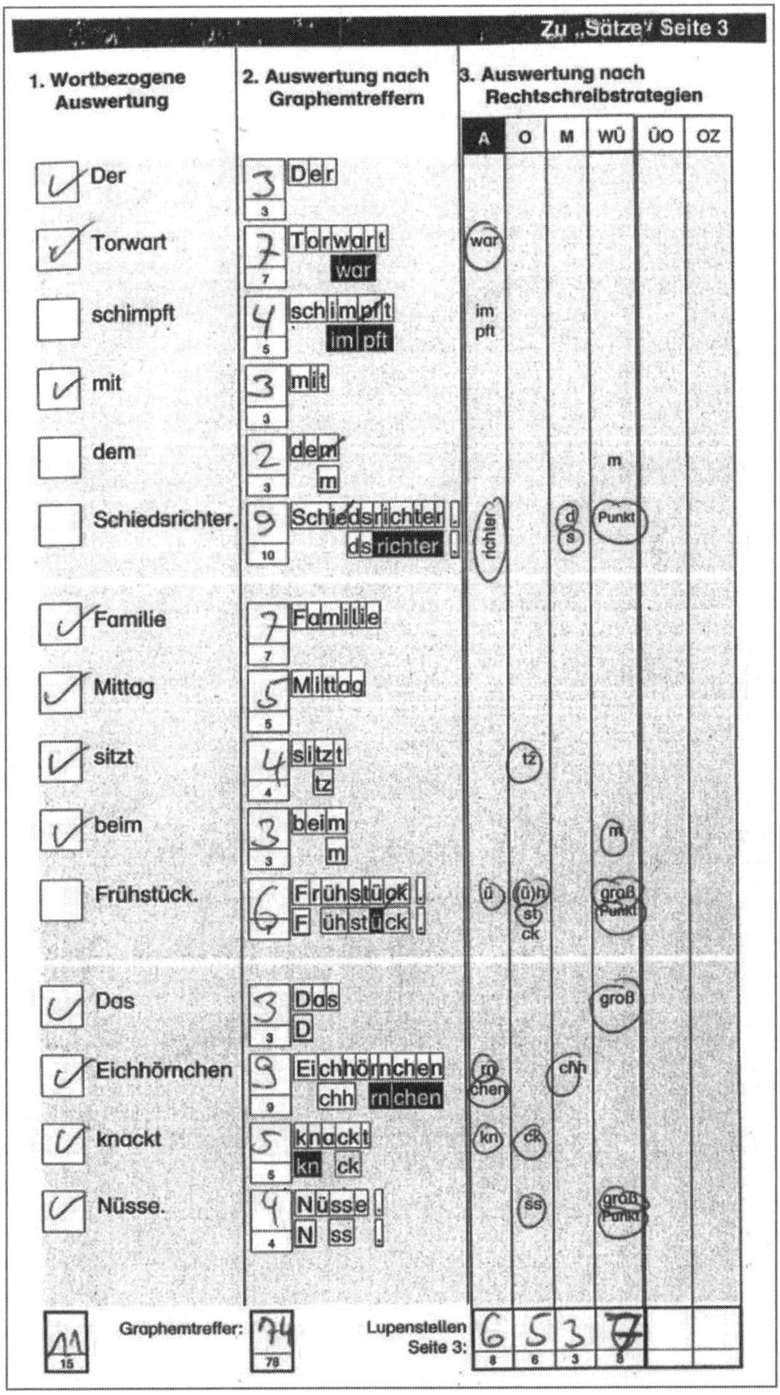

Abb. 25: Testbogen zur HSP.

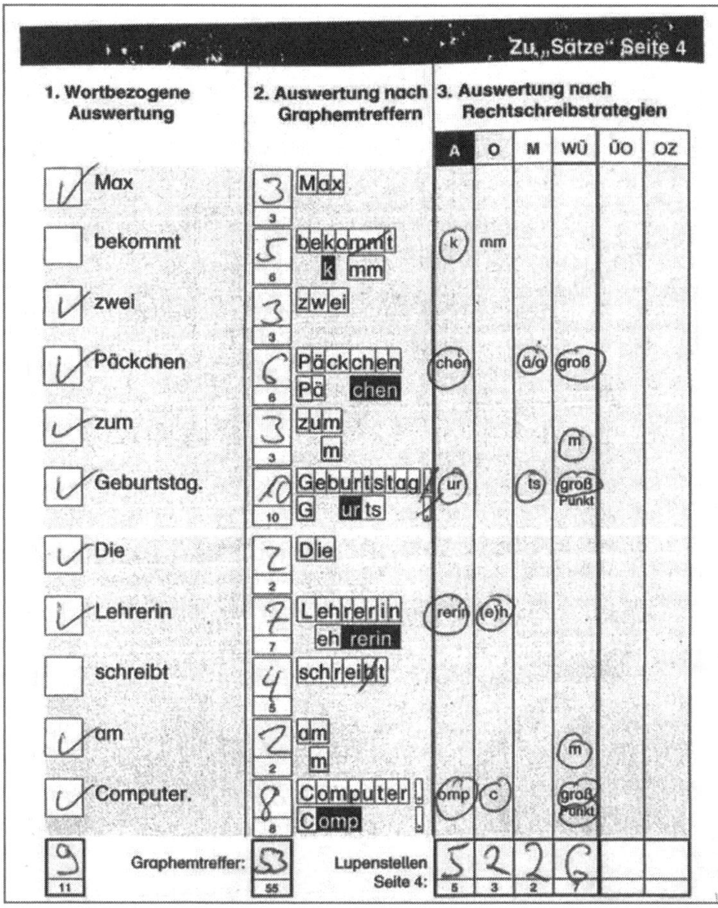

Zu „Sätze" Seite 4

1. Wortbezogene Auswertung		2. Auswertung nach Graphemtreffern		3. Auswertung nach Rechtschreibstrategien: A	O	M	WÜ	ÜO	OZ
✓	Max	3 (3)	Max						
	bekommt	5 (6)	bekommt / k mm	k	mm				
✓	zwei	3 (3)	zwei						
✓	Päckchen	6 (6)	Päckchen / Pä chen	chen		ä/a	groß		
✓	zum	3 (3)	zum / m				m		
✓	Geburtstag.	10 (10)	Geburtstag / G urts	ur		ts	groß Punkt		
✓	Die	2 (2)	Die						
✓	Lehrerin	7 (7)	Lehrerin / eh rerin	rerin	(e)h				
	schreibt	4 (5)	schreibt						
✓	am	2 (2)	am / m				m		
✓	Computer.	8 (8)	Computer / Comp	omp	c		groß Punkt		
9 (11)		Graphemtreffer: 53 (55)		Lupenstellen Seite 4: 5 (5)	3 (3)	2 (2)	6 (7)		

Abb. 26: Testbogen zur HSP.

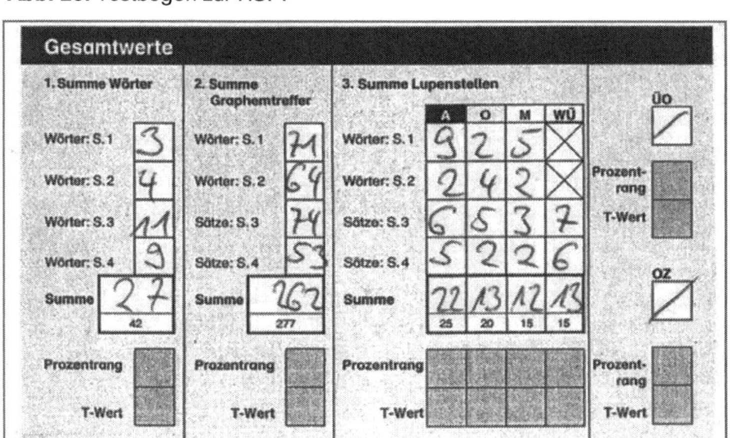

Gesamtwerte

1. Summe Wörter		2. Summe Graphemtreffer		3. Summe Lupenstellen	A	O	M	WÜ
Wörter: S. 1	3	Wörter: S. 1	71	Wörter: S. 1	9	2	5	☒
Wörter: S. 2	4	Wörter: S. 2	64	Wörter: S. 2	2	4	2	☒
Wörter: S. 3	11	Sätze: S. 3	74	Sätze: S. 3	6	5	3	7
Wörter: S. 4	9	Sätze: S. 4	53	Sätze: S. 4	5	2	2	6
Summe	27 (42)	Summe	262 (277)	Summe	22 (25)	13 (20)	12 (15)	13 (15)
Prozentrang		Prozentrang		Prozentrang				
T-Wert		T-Wert		T-Wert				

ÜO: Prozentrang, T-Wert
OZ: Prozentrang, T-Wert

Abb. 27: Darstellung der Gesamtwerte (ohne Auswertung nach PR und T-Wert) (☞ Abschnitt 2.2).

4.2.4 Deutscher Rechtschreibtest (DERET 1-2+ und DERET 3-4+)

Vom Diagnostischen Rechtschreibtest gibt es zwei Versionen, die jeweils auf dem gleichen Konzept aufbauen:

- Eine Version für das 1. und 2. Schuljahr (DERET1-2+) und
- eine Version für das 3. und 4. Schuljahr (DERET 3-4+).

Die Ziele beider Fassungen lassen sich wie folgt stichwortartig zusammenfassen:

- Überprüfung des Lernstandes der Rechtschreibkompetenz,
- lehrplangemäße Fehleranalyse,
- Überprüfung der Fähigkeiten zur Zeichensetzung und wörtlichen Rede sowie die
- Erfassung der Häufigkeiten der verschiedenen Fehlerarten.

In das Konzept sind das Modell der kognitiven Informationsverarbeitung von Frith sowie Ergebnisse der Salzburger Forschungsgruppe um Wimmer (Fehlen der logographemischen Strategien bei Schulanfängern) eingeflossen. Der DERET unterscheidet sich in beiden Fassungen erheblich von herkömmlichen Diagnoseverfahren (Stock / Schneider 2008a und b). Diese Unterschiede sind:

- Überwiegend Diktat von Fließtext statt Lückentext (dadurch Möglichkeit der Diagnose von Fähigkeiten wie: „*Ganze Sätze schreiben*“, „*Wörter richtig trennen*“ und „*korrekte Satzzeichensetzung*“),
- angemessener Bezug auf Lehrpläne und Lehrbücher sowie die
- Berücksichtigung der föderalistischen Situation in der Bundesrepublik Deutschland mit 16 unterschiedlichen Lehrplänen und graduell unterschiedlichen Leistungskriterien (☞ Abschnitt 7.1).

Da es von den beiden Fassungen des DERET echte Parallelformen gibt, können die Tests auch nach einer Trainingsphase zur Lernfortschrittsprüfung eingesetzt werden. Die beiden Verfahren können sowohl als Gruppen- wie auch als Einzeltest durchgeführt werden und beanspruchen insgesamt 45 Minuten (30 min. für den Fließtext / 15 min. für das Diktat der Lückentextwörter).

In den gängigen Monographien der Diagnostik (Bundschuh 2010 oder Ingenkamp / Lissmann 2008) wird der DERET noch nicht weiter thematisiert, da erst seit 2006 zur Verfügung steht und diese Verfahren erfahrungsgemäß etwas Zeit brauchen in der Praxis anzukommen. Es ist geplant, die DERET-Reihe im Sekundarstufenbereich fortzusetzen (vgl. zu den bisherigen diagnostischen Verfahren auch Schulte-Körne 2004, 64ff.).

4.2.5 Weingartener Rechtschreibtest (WRT) für die Grundschule und Klasse 5 der Hauptschule oder vergleichbarer anderer Schulformen

Alle Weingartener Rechtschreib-Tests (WRT 1+, 2+ und 3+) liegen inzwischen in der 2., neu normierten und vollständig überarbeiteten Form vor. Sie sind auf dem gleichen Grundkonzept aufgebaut und werden deshalb im Folgenden zusammengefasst vorgestellt (ausführlich hierzu Birkel 1990, 1994a, 1994b und 1995 sowie Ingenkamp / Lissmann 2008, 222).

Ziele der Weingartener Grundwortschatz Rechtschreib-Tests sind:

- Überprüfung einer jeweils für die Klassenstufe sorgfältig ausgewählten Stichprobe des Grundwortschatzes,
- überregionaler Leistungsvergleich und
- Prüfung des Lernzuwachses nach Förderung (da Parallelformen vorliegen).

Ein wichtiger Aspekt ist, dass die WRTs auch bei Schülern mit Migrationshintergrund eingesetzt werden können. Mit Hilfe von Lückentexten wird die Rechtschreibkompetenz der Schüler überprüft. Anhand von vorbereiteten Listen wird zusätzlich die Anzahl der Graphem-Treffer ermittelt und die Fehlertypen werden herausgefunden (Schulte-Körne 2004, 68ff.).

Die verschiedenen Stufen des WRT sind zu verschiedenen – jeweils drei Monate auseinander liegenden – Zeitpunkten einsetzbar. Sie existieren in einer Lang- sowie einer Kurzform, die einen schnellen Überblick verschaffen und differenzieren, vor allem im unteren Bereich der Rechtschreibung. Die WRTs sind sowohl in Gruppen- als auch Einzelarbeit durchzuführen. Die Bearbeitungszeit für die Langzeitform liegt bei 45 Minuten. Bei einem Diktat sind die Lückentextwörter in das entsprechende Testheft einzutragen. Die Dokumentation der Einzelleistung erfolgt vorne auf dem Testheft. Die Zusammenfassung der Klassenleistungen erfolgt in einer Klassenliste. Insgesamt ist mit den WRTs sowohl eine quantitative als auch qualitative Analyse möglich (☞ Hinweis auf die Möglichkeit der Ermittlung von Graphemtreffern sowie Fehlertypen weiter oben). Durch Notenvorschläge in den Langformen wird auch die Beurteilung der Schüler unterstützt.

Die WRTs sind hinsichtlich der Testgütekriterien gut aufgestellt. So ist die Objektivität voll gewährleistet. Und die Eichung bei der Neunormierung wurde auf einer breiten Ebene vorgenommen (1.200 bis 2.000 Schüler) (Füssenig / Löffler 2005, 86 und Klicpera et al. 2007, 216ff.).

5 Mathematik

5.1 Modellvorstellungen zum Erwerb mathematischer (Basis-) Kompetenzen

Zur Vorgeschichte des Schriftspracherwerbs sind seit den 80er Jahren so viele Forschungsergebnisse zusammengetragen geworden, dass gut begründete Theorien der Schreib- und Leseentwicklung erarbeitet werden konnten. Ebenso liegen theoretisch fundierte und praktisch gut verwendbare Diagnostika und Fördermethoden für die phonologische Bewusstheit vor, die als wesentliche Voraussetzung des Lesens und Schreibens angesehen werden können.

Was den Erkenntnisstand über den Aufbau mathematischer Kompetenzen angeht, so ist die Einschätzung kontrovers. So schreiben beispielsweise Probst / Waniek (2003), das Vorfeld des numerischen Denkens sei einem Niemandsland vergleichbar, in dem auch schillernde Begriffe wie Dyslalie entstehen konnten und das anfällig sei für Vorstöße der Vererbungstheorie (71).

Diese geringere Beachtung der Voraussetzung mathematischer Leistungen erklärt Lorenz (2003) damit, dass den sprachlichen und schriftsprachlichen Fertigkeiten eine größere soziale Bedeutung beigemessen wird als den Rechenfähigkeiten (144). Fritz (2003) weist darauf hin, dass es im Gegensatz zum Schriftspracherwerb keine allgemein anerkannten Erklärungsmodelle für mathematische Basiskompetenzen in der Wissenschaft gäbe:

> „Anders als beim Schriftspracherwerb existiert für den Rechenerwerb kein allgemein gültiges Entwicklungsmodell für die Stufen der Aneignung. In einigen Ausschnitten blicken wir auf empirische Befunde (zum Beispiel des Ordinalzahl- und Kardinalzahlbegriffs) oder auf Entwicklungstheorien für eng umschriebene Aspekte des Rechenerwerbs zurück[14].
>
> Wir wissen insgesamt, welche kognitiven Voraussetzungen (zum Beispiel protoquantitative Schemata, Klassifikation, Seriation, Invarianz) für das Rechnen lernen von Bedeutung sind, aber nicht unbedingt, in welcher Abfolge die Kenntnisse erworben werden oder inwiefern die verzögerte Entwicklung einzelner Aspekte tatsächlich den Rechenerwerb behindert“ (Fritz 2003, 288).

[14] Zum Beispiel die Entwicklung der Zahlwortreihe nach Fuson (1988), der Zahlprinzipien nach Gelman / Gallistel (1978) oder der Additionsstrategien nach Carpenter et al. (1982).

Moser-Opitz (2009) weist differenzierend darauf hin, dass für den Vorschulbereich breit abgestützte Entwicklungsmodelle zum Erwerb numerischer Kompetenzen vorhanden sind, die aufzeigen, dass der Erwerb bestimmter Konzepte für die weiteren Lernfortschritte bedeutsam ist. Für den Aufbau der Kompetenzen in der Grundschule fehlen dagegen derartige Konzepte, was zur Folge hat, dass für den Unterricht in der Sekundarstufe I entscheidende theoretische Grundlagen fehlen (339).

5.1.1 Die Bedeutung denk- und lernpsychologischer Grundlagen der Arithmetik für die Analyse des Fehlerverhaltens

Will man Fehler in den Grundrechenarten analysieren, so muss man vorab die geistigen Strukturen eines Kindes betrachten. Ohne die Kenntnis der theoretischen Annahmen über diese geistigen Strukturen können Lernprobleme weder (hinreichend) festgestellt werden, noch ist eine angemessene Förderung möglich.

5.1.1.1 Theorien über die Entwicklung des Zahlbegriffs

Ein hinreichender Begriff von Zahlen ist eine unerlässliche Voraussetzung für Rechnen. Rechnen bedeutet, mit Zahlen zu operieren (Wember 2003). Wer jedoch nur eine vage und unzulängliche / eingeschränkte Vorstellung von dem hat, mit dem er umgeht, kann die Operationen nicht angemessen ausführen.

Die Entwicklung der Zahlvorstellungen beim einzelnen Menschen (hier spricht man von der ontogenetischen Entwicklung des Zahlbegriffs) wird durch zwei verschiedene Theorien erklärt: die kardinale und die ordinale Zahlentheorie.

- **Kardinale Zahlentheorie:** Die kardinale Zahlentheorie betont den Mengenaspekt natürlicher Zahlen. Sie geht auf Gottlob Frege und Bertrand Russell zurück. Die Ausführungen von Frege zur kardinalen Zahlentheorie waren jedoch nur schwer verständlich und erst Russell hat die kardinale Zahlentheorie in verständlicherer Form formuliert und weltweit bekannt gemacht. Die erste grundlegende Definition der kardinalen Zahlentheorie lautet: *„Die Kardinalzahl ist die Klasse aller gleich mächtigen Mengen“* (Wember 2003, 52).

Die zweite grundlegende Definition der kardinalen Zahlentheorie ist: *„Zwei Mengen heißen gleich mächtig, wenn es möglich ist, die Elemente der einen Menge auf die Elemente der anderen Menge eindeutig abzubilden“* (ebd.)

- **Ordinale Zahlentheorie**: Die zweite Zahlentheorie, die ordinale Zahlentheorie, betont den Platz einer Zahl in einer Reihenfolge. Die ordinale Zahlentheorie geht auf die beiden Mathematiker Richard Dedekind und Guiseppe Peano aus dem 19. Jahrhundert zurück. Peano hat fünf Axiome zur ordinalen Zahlentheorie entwickelt. Der Inhalt dieser Axiome lässt sich vereinfacht wie folgt beschreiben:

  a. *„Zu jeder natürlichen Zahl gibt es eine Zahl, die ihr Nachfolger ist.*
  b. *Es gibt genau eine natürliche Zahl 1, die kein Nachfolger ist.*
  c. *Ausgehend von dieser Zahl, kann man durch wiederholte Nachfolgerbildung jede natürliche Zahl bilden“* (Wember 2003, 52).

Wenn es um die Theorien zur Entwicklung des Zahlbegriffes geht, so taucht immer wieder der Name Jean Piaget auf, dessen Arbeiten einen erheblichen Beitrag zur Entwicklung von Zahlentheorien geleistet haben. Piaget und seine Kollegin Szeminska untersuchten die Frage, welche Zahlentheorie die angemessenere und damit möglicherweise bessere ist. Im Folgenden werden die Arbeiten und Fragestellungen von Piaget[15] ausführlicher und im Zusammenhang dargestellt.

5.1.1.2 Piagets empirische Klärung der Entwicklung des Zahlbegriffs

Die Frage, wie sich der Zahlbegriff entwickelt, lässt sich theoretisch nicht zufriedenstellend beantworten. Der Entwicklungspsychologe Piaget begann deshalb 1942 damit, die Frage der Entstehung des Zahlenbegriffs empirisch zu klären. Ziel von Piaget war es, systematisch zu studieren, wie ein Kind den Begriff der natürlichen Zahl erwirbt. Bei seinen Studien ging Piaget von folgender Grundannahme aus: Für die Beantwortung der Frage nach der ontogenetischen Entwicklung des Zahlbegriffs ist lediglich zu klären, welche Vorstellungen das Kind im Verlauf seiner Entwicklung erwirbt.

Eine wesentliche Annahme von Piaget ist, dass die Entwicklung des kindlichen Denkens in einer Stufenfolge verläuft und die Stufen durch immer höhere Denkleistungen gekennzeichnet sind. Er unterscheidet vier Stufen:

---

[15] Den Ausführungen liegen die Arbeiten über Piaget von Woolfolk (2008), Wittling (1996), Oerter / Montada (1995) und Krech / Crutchfield et al. (1992) zu Grunde.

1. Sensomotorische Stufe (1. bis 18. Monat): Auf dieser Stufe wird das Konzept der Objektpermanenz erworben. Das Kind lernt, dass ein Gegenstand weiter existiert, auch wenn es ihn vorübergehend nicht mehr sieht.

2. Präoperationale Phase (ca. 2. bis 7. Lebensjahr): In diesem Stadium ist das Denken des Kindes noch stark an konkrete Handlungen und unmittelbare Anschauung gebunden. So kann das Kind z. B. drei verschieden große Puppen handelnd durch Vergleich der Größe nach ordnen, aber noch nicht aufgrund eines Bildes ohne probierende Vergleichshandlungen. Auch ist es noch nicht in der Lage, eine einmal vollzogene Handlung in Gedanken umzukehren. Es glaubt deshalb, dass ein durch Verformung länger gewordener Klumpen „mehr" geworden sei (Zech 2002, 89 ff.).

3. Stadium der konkreten Operationen (ca. 7. bis 11. Lebensjahr): Erst in der konkreten Phase werden die Denkhandlungen des Kindes »kompositionsfähig« (zusammensetzbar) und »reversibel« (umkehrbar). Das Kind ist nun z. B. in der Lage, fünf unterschiedlich lange Streifen aus der Vorstellung heraus zu ordnen und bei dem Plastilinversuch (Plastilinkugel zu Wurst verformen) die Mengeninvarianz zu erkennen (es glaubt nun nicht mehr, die zu einer Wurst verformte Kugel sei „mehr" geworden). In diesem Stadium können die Kinder auf der Basis konkreter Operationen grundlegende mathematische Begriffe wie Menge, Zahl, Länge, Addition und Kleinerbeziehung aufbauen.

4. Stadium der formalen Operationen: Ab etwa 11-12 Jahren erreicht das Kind das Stadium der formalen Operationen und wird fähig, abstrakte Sachverhalte zu begreifen.

Für das didaktische und methodische Handeln ist Piaget deshalb von besonderer Bedeutung, weil er dezidiert die Forderung nach Handlungsbezug arithmetischer Operationen erhoben hat.

Bei der Entwicklung des Zahlbegriffs muss das Kind nach Ansicht von Piaget drei Leistungen vollbringen:

1. Es muss lernen, die Dimensionen Dichte und Länge gleichzeitig zu beachten.
2. Das Kind muss lernen, dass die Mächtigkeit der Mengen unverändert bleibt, solange kein Objekt hinzugefügt oder weggenommen wird.
3. Es muss lernen, die beobachteten Transformationen gedanklich in umgekehrter Richtung auszuführen (vgl. hierzu weiterführend Wember 2003, 55).

Bei den Untersuchungen von Piaget handelte es sich um eine systematische, auf konkretes Material gestützte, klinisch-explorative Untersuchung, in deren Verlauf Kinder in teilstandardisierter Weise mit bestimmten Problemen konfrontiert wurden (zur empirischen Grundlegung s.u.).

Einer der bekanntesten Versuche von Piaget ist der zur sogenannten Zahlinvarianz. Bei diesem Versuch wird auch die Eins-zu-Eins-Zuordnung überprüft sowie die mathematische Operation zur Feststellung von Äquivalenzklassen.

„***Zahlbegriff***: *Der Versuchsleiter (VL) stellt eine Anzahl Eierbecher auf den Tisch und bittet das Kind, ebenso viele Eier dazuzulegen (oben). Wenn sicher ist, dass beide Reihen äquivalent sind, schiebt er die Eier auseinander und evtl. zusätzlich die Eierbecher ein wenig näher zusammen (unten). Sind jetzt hier genauso viele Eier, oder sind es mehr Eierbecher, oder sind es mehr Eier?*

Kardinale Zuordnung: *Falls ein Kind den obigen Versuch korrekt löst, kann der VL versuchen festzustellen, ob das Kind seine Antwort auch sachgerecht begründen kann. Von besonderem Interesse ist, ob das Kind die Gleichmächtigkeit beider Mengen durch Eins-zu-eins-Zuordnung demonstrieren kann: Kannst du mir zeigen, warum es genauso viele Eier sind wie Eierbecher?*“ (a. a. O., 54).

Piaget und Szeminska untersuchten Kinder verschiedenen Lebensalters mit Aufgaben vom Typ der als Beispiel vorgestellten Aufgabe zur Zahleninvarianz um die Streitfrage zu klären, welche Zahlentheorie die bessere sei. Sie kamen zu dem Ergebnis, dass der Ordinalzahlbegriff und der Kardinalzahlbegriff parallel von heranwachsenden Kindern erworben und im frühen Primarschulalter zum Begriff der natürlichen Zahl integriert würden (a.a.O. 56). Die von Piaget 1942 veröffentlichten Forschungsergebnisse wurden in Pädagogik und Entwicklungspsychologie fast 40 Jahre lang kaum hinterfragt. Unter anderem waren sie die Legitimationsgrundlage für die Einführung der Mengenlehre in den „neuen Mathematikunterricht“ der Grundschule in den 1980er Jahren.

Gegen die Position von Piaget lassen sich jedoch nicht nur mathematische Argumente vorbringen (vgl. hierzu Brainerd nach Wember 2003, 56). Auch aus Sicht der empirischen Methodenlehre ist es keineswegs klar, inwieweit sich die Annahmen von Piaget durch empirische Befunde stützen lassen, da Piaget und Szeminska zwar einzelne Versuchsprotokolle und viele aufschlussreiche Interpretationen, aber keine nachprüfbaren Daten und nur sehr globale Altersangaben vorgelegt haben (☞ Abschnitt 2.1 bis 2.4).

Die Theorie von Piaget wird in der Literatur von derzeit führenden Fachvertretern (Zech und Wember 2003) zwar weiterhin als wesentlich begriffen, aber auch als modifizierungsbedürftig angesehen. In seinem bereits 1977 erstmalig erschienenen und 1996 in der 8. Auflage völlig neu bearbeiteten Buch beurteilt der Mathematikdidaktiker Friedrich Zech (1996) die Stadientheorie von Piaget als ein grundlegendes Theorieelement zur Denkentwicklung, das für das Mathematiklernen in der Schule besondere Bedeutung zu haben scheint.

Etwas weiter schreibt er im gleichen Buch, die langjährigen Versuche Piagets zur Denkentwicklung und seine darauf basierende Theorie seien von grundlegender Bedeutung für die heutige Denkpsychologie. Nachuntersuchungen haben nach Zech (1996) jedoch gezeigt, dass die Theorie von Piaget hinsichtlich der Altersangaben zu modifizieren ist. Die Altersangaben von Piaget sind nach den Ergebnissen neuerer Studien lediglich als Durchschnittswerte zu begreifen. Den Modifizierungsbedarf der Theorien von Piaget hat Wember (2003) differenziert aufgezeigt.

Nach Wember (ebd., 56) sind schon sehr früh kritische Stimmen laut geworden, die auf methodische Mängel im Befragungsverfahren nach Piaget hinwiesen.

Ein erster Kritikpunkt an Piaget, der durch die Ergebnisse zahlreicher empirischer Experimente belegt wird, ist seine Unterschätzung der Zahlkenntnisse von Kindern. Ebenso ist das Hauptergebnis von Piaget in die Kritik geraten, wonach Kinder im Vorschulalter Kardinal- und Ordinalzahlaspekt parallel und synchron zu verstehen und zu verwenden lernen und im Primarschulalter zum Begriff der natürlichen Zahl integrieren.

Insgesamt deuten Wember (2003) und Probst / Waniek (2003, 69f.) die empirischen Untersuchungen in der Tradition der kritischen Piaget-Rezeption der USA als Belege für den Vorsprung des ordinalen Zahlbegriffs und der Zählkompetenz.

5.1.2 Die Bedeutung der neueren empirischen Befunde für den Unterricht

Von neueren empirischen Untersuchungen sind Teile der Theorie von Piaget insofern widerlegt worden, als eine Entwicklungspriorität der ordinalen Reihenbildung nachgewiesen wurde. Dieser Befund ist zunächst von hoher didaktisch-methodischer Relevanz im Hinblick auf die Mengenlehre der 60er Jahre, die fast ausschließlich kardinale Zugänge zur Zahl favorisierte. Bedeutet die insbesondere von Brainerd nachgewiesene Entwicklungspriorität der ordinalen Reihenbildung vor dem kardinalen Mengenvergleich, im Unterricht am besten genau die Reihenfolge einzuhalten, die sich in der spontanen Entwicklung zeigt (Wember 2003, 60)?

Eine Entwicklungspriorität allein legitimiert noch keine Handlungsempfehlungen, sondern es muss auch nachgewiesen werden, ob eine bestimmte Vorgehensweise didaktisch angemessener ist.

Was dies angeht, so sprechen neuere Befunde allerdings insgesamt dafür, dass der ordinale Zugang (d. h. der Zugang über das Zählen) den einfacheren Weg in das Reich der Zahlen und des Rechnens darstellt, weil nur hier ein beträchtlicher spontaner Lerntransfer auf nicht geübte Rechenaufgaben zu beobachten war.

5.1.2.1 Die Theorie der Darstellungsebenen nach Bruner

Die theoretischen Ausführungen von Bruner stellen nach Birkholz et al. (2002) eine vereinfachte und gekürzte Form der Stufen von Piaget dar. Auch Bruner unterscheidet drei Stufen:

1. Die *enaktive Stufe*, die der sensomotorischen Stufe nach Piaget entspricht,
2. die *ikonische Stufe*, die der präoperationalen Stufe nach Piaget entspricht sowie
3. die *symbolische Stufe*, die eine Parallele zur operationalen Stufe von Piaget darstellt.

Zech (2002) charakterisiert diese Stufen wie folgt:

- Die *enaktive Darstellung* (als die Erfassung von Sachverhalten durch eigene Handlungen mit konkretem Material),
- die *ikonische Darstellung* (als die Erfassung von Sachverhalten durch Bilder oder Grafiken) und

- die *symbolische Darstellung* (als die Erfassung von Sachverhalten durch verbale Mitteilung oder in einem Zeichensystem z. B. im mathematischen Zeichensystem) (104).

Mit zunehmender Reife des Kindes wird die symbolische Stufe zur meistbenutzten, aber nie ausschließlich benutzten Stufe, weil die Entwicklung bei allen Wissensinhalten während des ganzen Lebens immer über alle drei Stufen verläuft. Dies sollte Konsequenzen für die Darbietung von Wissen haben. Jeder Wissensbereich sollte immer auf allen drei Ebenen bearbeitet werden:

> *„Durch eine Zahl von Handlungen, die geeignet sind, ein bestimmtes Ziel zu erreichen (enaktive Repräsentation), durch eine Reihe zusammenfassender Bilder oder Grafiken, die eine bestimmte Konzeption versinnbildlichen, ohne sie ganz zu definieren (ikonische Repräsentation) und durch eine Folge symbolischer oder logischer Lehrsätze, die einem symbolischen System entstammen, in dem nach Regeln oder Gesetzen Sätze formuliert und transformiert werden (symbolische Repräsentation)"* (Bruner nach Lobeck in Birkholz et al. 2002, 25).

Bruner begreift die Denkentwicklung als eine immer bessere Koordination zwischen den verschiedenen Darstellungsebenen unter wesentlicher Beteiligung der Sprache. Der Erwachsene ist bei optimaler Entwicklung in der Lage, flexibel zwischen den verschiedenen Darstellungsebenen zu wechseln.

Zech (2002) betont, dass die von Bruner unterschiedenen Stufen keine zeitlich abgestuften Denkniveaus sind, sondern dass sich die Denkentwicklung gleichzeitig auf den verschiedenen Darstellungsebenen vollzieht, die in starker Wechselwirkung zueinander stehen. Im Laufe der Entwicklung ergeben sich allerdings Akzentverschiebungen zwischen den verschiedenen Darstellungsebenen: Dominiert zunächst die enaktive, dann anschließend die ikonische und schließlich die symbolische Darstellung.

Die Theorie von Bruner verweist auf die Notwendigkeit der Pflege der Übergänge zwischen den drei Darstellungsebenen und zwar nicht nur hin zu den Abstraktionen, sondern auch von den Abstraktionen zu den Konkretisierungen (vgl. Zech 2002, 107). Auch ist die Theorie von Bruner Grundlage des „*EIS-Prinzips*" (☞ Abschnitt 5.2.3.7). Dieses besagt, dass es zweckmäßig sein kann, in mehreren der drei Stufen von Bruner (*enaktiv – ikonisch –symbolisch*) vorzugehen.

5.1.2.2 Die didaktischen Modelle des Rechnens nach Aebli

Während Piaget und Bruner lern- und denkpsychologische Modelle des Rechnens entwickelten, hat sich Aebli schwerpunktmäßig mit didaktischen Modellen des Rechnens befasst. Nach Aebli verläuft das Rechnen in den folgenden vier Aufbau- und Verinnerlichungsstufen:

1. Stufe: *Effektiver Vollzug einer Handlung* (Handlung mit den wirklichen Gegenständen: Bereits auf dieser Stufe Verinnerlichungsansätze, wenn etwa Teilschritte vorausgedacht werden).
2. Stufe: *Bildliche Darstellung* (Verinnerlichungsschritt: Reduktion von der dreidimensionalen auf die zweidimensionale Ebene).
3. Stufe: *zeichenmäßige Darstellung* (zeichenmäßige Darstellung der Operation in Form einer Zifferngleichung).
4. Stufe: *Automatisierung.*

Aus den theoretischen Grundlagen von Aebli folgt, dass Handlungen Grundlage des Erstrechnens sein sollten. Sie sind zusammen mit den Annahmen von Bruner und Lompscher wesentliche Grundlage des sog. "Verinnerlichungsprinzips":

> *„Der Mathematikunterricht aller Stufen sollte von einer konkret-anschaulichen Darstellung (konkret-handelnd; zeichnerisch-ikonisch; Beispiele, mit denen man anschauliche Vorstellungen verbinden kann) allmählich zu einer abstrakt-symbolischen Darstellung (Fachtermini und mathematische Zeichen verwendend) übergehen – mit dem Ziel, dass der Schüler mit der abstrakten Formulierung immer noch eine konkrete Vorstellung verbinden kann"* (Zech 2002, 116 ff.).

5.1.2.3 Rechenstörungen: Beiträge zur Terminologie und theoretische Modelle

Die Frage der Bezeichnung und Entstehung von Rechenstörungen wird von Fritz / Ricken (2008) in sehr übersichtlicher Form beschrieben. Die Wissenschaftler zeigen auf, dass das aktuell einflussreiche Verständnis der WHO Vorzüge, aber auch einen Nachteil hat. Positiv ist an der Definition der WHO der Gedanke, dass Probleme im Rechnen von Anfang an bestehen. Negativ ist der Rückgriff auf das sogenannte Diskrepanzkriterium.

Das heißt, es wird nur dann von einer Rechenstörung ausgegangen, wenn die Leistungen eines Kindes in einem standardisierten und normierten Rechentest weit unter dem Wert liegen, der aufgrund des Alters und der (mindestens durchschnittlichen) Intelligenz zu erwarten wäre. Eine solche Definition ist problematisch, weil sie eine Reihe von Kindern von der Förderung ausschließt bzw. ausschließen kann. Dies hängt damit zusammen, dass Intelligenztests in der Regel Aufgaben beinhalten, die bereits mathematische Kompetenzen voraussetzen (z. B. Klassenbildung, Reihenfortsetzungen, Vergleichen von Mustern).

Bearbeiten nun rechenschwache Kinder solche Tests, so werden sie unter Umständen keinen durchschnittlichen Wert erreichen und damit in der Folge von einer gezielten Förderung ausgegrenzt. Ebenfalls von einer gezielten Förderung ausgeschlossen werden bei Zugrundelegung des Diskrepanzkriteriums solche Kinder, deren Intelligenzwerte im unterdurchschnittlichen Bereich liegen, jedoch im mathematischen Bereich einer gezielten Förderung bedürften.

Fritz / Ricken (2008) plädieren von daher für den Verzicht auf die Anwendung des WHO-Verständnisses von Behinderung (bzw. der ICD-10-Kriterien für Rechenstörung) und empfehlen, stattdessen von Rechenschwierigkeiten zu sprechen und danach zu fragen, welche Kinder Schwierigkeiten beim Rechnenlernen haben und der individuellen Unterstützung in Mathematik bedürfen.

Stufe	Entwicklung mathematischer Kompetenzen
I	*„Zahlwortreihen können aufgesagt, zwei Mengen über 1-zu-1-Zuordnung verglichen und Serien von Objekten hergestellt werden“* (33).
II	*„Zahlen werden für Zählhandlungen eingesetzt, Zahlen stehen jeweils für die Position in der Reihe, Objekte werden von 1 an ausgezählt, Additionen und Subtraktionen werden durch ein zählendes Vorwärts- oder Rückwärtsgehen in der Zahlwortfolge möglich“* (ebd.).
III	*„Es wird erkannt, dass Zahlen auch Anzahlen von Elementen einer Menge darstellen und Mengen in Mengen enthalten sind“* (35).
IV	*„Das Verständnis für gleiche Abstände zwischen aufeinanderfolgenden natürlichen Zahlen wird entwickelt, Differenzen zwischen Mengen sowie Teil-Teil-Ganzes-Verhältnisse werden erkannt“* (37).
V	*„Teile-Ganzes-Konzept und relationaler Zahlbegriff werden weiterentwickelt, Zählen in Schritten und das Erkennen größerer Differenzen werden möglich“* (39).

Modell der Entwicklung mathematischer Kompetenzen nach Fritz / Ricken (2008).

Fritz / Ricken (2008) zufolge sind *Rechenschwierigkeiten* Auffälligkeiten bzw. *Störungen* in der *Entwicklung früher mathematischer Konzepte und Kompetenzen.* Es ist davon auszugehen, dass Säuglinge nicht als „tabula rasa" auf die Welt kommen. Ihr Gehirn wird vielmehr durch „bereichsspezifische Lernpotentiale" auf die vielfältigen Umwelterfahrungen angemessen vorbereitet. Auch die kognitiven Voraussetzungen, die die Grundlage für den Erwerb des ordinalen und kardinalen Zahlbegriffs darstellen, entwickeln sich sehr früh.

So ermöglichen es kognitive Schemata des Vergleichens sowie des Hinzukommens bzw. Wegnehmens schon Kindern im Alter von wenigen Monaten, zwei Mengen zu vergleichen und Mengenveränderungen zu beurteilen. Fritz / Ricken (2008) stellen hierzu ein Modell der Entwicklung mathematischer Kompetenzen aus fünf Stufen vor (vgl. hierzu die obige tabellarische Zusammenfassung nach Fritz / Ricken (2008)).

In der Vergangenheit wurde danach gefragt, durch welche beeinträchtigten *Teilfertigkeiten* Rechenprobleme entstehen. Nach neueren wissenschaftlichen Erkenntnissen sollten Rechenstörungen in einen Entwicklungsverlauf von *Kompetenzen* eingeordnet werden. Dieser Ansatz, sich auf Kompetenzmodelle zu beziehen, etabliert sich zunehmend seit den PISA-Studien (vgl. hierzu die Ausführungen in Köller 2009, 47ff.).

Fritz / Ricken (2008) stellen dar, dass es „*Nadelöhre*" oder „*Meilensteine*" in der Entwicklung mathematischer Fähigkeiten gibt. Das sind mathematische Konzepte, die in der Hierarchie der aufeinander aufbauenden Niveaustufen eine besondere Bedeutung haben. Den beiden Autorinnen zufolge sind die folgenden „*Nadelöhre*" vorhanden: Kardinalität, Teil-Teil-Ganzes, Modellierung von Additionsaufgaben und Subtraktionsaufgaben und Stellenwertverständnis.

5.2 Diagnose mathematischer Basiskompetenzen

Wie Hesse / Latzko (2011) feststellen, klafft das Interesse an der Diagnostik von Lese- / Rechtschreib- sowie Mathematikleistungen deutlich auseinander:

> *„Während die pädagogisch-psychologische Forschung zur Diagnostik von Lese- und Rechtschreibleistungen im Verlauf der letzten Jahre einen beachtlichen Aufschwung genommen hat, kann dies für den Bereich der Diagnostik von Mathematikleistungen nicht in ähnlicher Weise behauptet werden"* (243).

Das Interesse an der Diagnostik von Mathematikleistungen ist jedoch im Zusammenhang mit den Ergebnissen der internationalen Vergleichsstudien zu schulischen Leistungen deutlich gestiegen und hat bereits konkrete Ergebnisse hervorgebracht, nämlich die Entwicklung der Deutschen Mathematiktests.

5.2.1 Quantitative Verfahren

Überblick zu den vorgestellten Verfahren						
	Testart	Anwendungsbereich	Einzel- oder Gruppentest	Dauer	Parallelformen?	Bemerkungen
Deutscher Mathematiktest für dritte Klassen **DEMAT 3+** *Krajewski / Küspert / Schneider*	Mathematiktest	Die letzten 6 Wochen des 3. SJ	Einzeltest / Gruppentest	Einzeltest 20 – 35 Minuten Gruppentest 40 Minuten	Parallelformen A und B	Analog zum DEMAT 1+ wurden Verfahren für die Schuljahre 2 und 3 entwickelt
Mathematiktest für 2. Klassen **MT 2** Feller / Hugow	Mathematiktest	Ende 2. / Anfang 3. Klasse	Gruppen- und Einzeltest	Vorbereitung 10 Minuten Durchführung 15-30 Minuten		

Es ist frappierend, wie wenig Beachtung der Bereich der quantitativen Verfahren für den Bereich Mathematik in der Literatur findet. Ein gutes Beispiel hierfür ist das ansonsten so umfassende Lehrbuch von Ingenkamp / Lissmann (2008). Während der überblicksartigen Darstellung von Verfahren für den Bereich Lese- und Rechtschreibdiagnostik hier 9 Seiten gewidmet werden, entfällt auf den Bereich der Mathematikleistungen noch nicht einmal eine Seite. Dies ist kein Versäumnis oder Mangel der beiden Autoren.

Vielmehr spiegeln diese Darstellungsanteile zutreffend den Stand der Forschung und diagnostischen Praxis wieder. Der Bereich der Mathematikdiagnostik ist dagegen ein Stiefkind. In der aktuellen, einschlägigen Literatur werden insgesamt nur zwei Verfahren beschrieben, nämlich der DEMAT durch Hesse / Latzko (2011) (☞ Abschnitt 5.2.1.1) sowie der MT2 durch Gabi Ricken (2003) (☞ Abschnitt 5.2.1.2).

5.2.1.1 DEMAT 3+

DEMAT ist die Abkürzung für **De**utscher **Mat**hematiktest. Er liegt inzwischen in drei Versionen für die Klassen 1-3 vor. Alle drei Verfahren haben das Ziel, sowohl eine individuelle Diagnostik des Leistungsstandes als auch die Erstellung einer Förderdiagnose zu ermöglichen.

Der DEMAT 3+ eignet sich zur Messung curricular-valider Mathematikleistungen von Schülern in den letzten sechs Wochen der dritten Klasse. Er kann zur ökonomischen Erfassung der Leistungen der gesamten Klasse eingesetzt werden. Inhaltlich finden im Test die Lehrpläne aller deutschen Bundesländer Berücksichtigung.

In dem Test entfallen auf die drei curricular relevanten Bereiche Arithmetik, Sachrechnen und Geometrie insgesamt 31 Items. Im Einzelnen ist der Test wie folgt gegliedert:

- **I Arithmetik**
    - Zahlenstrahlen
    - Additionen
    - Subtraktionen
    - Multiplikationen
- **II Sachrechnen**
    - Sachrechnen
    - Längen umrechnen
- **III Geometrie**
    - Spiegelzeichnungen
    - Formen legen
    - Längen schätzen

Für die Durchführung des Tests werden 45 Minuten benötigt. Der Test ist somit in einer Schulstunde durchführbar. Für die Auswertung stehen Schablonen sowie ein computergestütztes Programm zur Verfügung. Mit den zusätzlichen Analysefunktionen des Auswertungsprogrammes kann auch das Vorliegen einer Teilleistungsstörung überprüft werden.

Der Test erfüllt die Testgütekriterien. So ist die Objektivität durch die präzisen Angaben im Testmanual gewährleistet. Des Weiteren weist DEMAT 3+ eine hohe Validität auf, da er tatsächlich die mathematischen Leistungen (und nicht etwa die generelle intellektuelle Leistungsfähigkeit) misst. Und schließlich ist das Verfahren curricular und inhaltlich (hoch) reliabel, da die Items theoriegeleitet konstruiert sind (Hesse / Latzko 2011, 243 ff.).

5.2.1.2 MT 2

Ricken (2003) zufolge besteht der MT 2 aus 6 Untertests. Inhaltlich wurde der Test aus den Rahmenplänen der alten Bundesländer für 1. und 2. Klassen abgeleitet. Durch entsprechende Itemanalysen sind Objektivität, Reliabilität und Validität gesichert. Das Testergebnis ermöglicht eine Aussage zum Leistungsstand des Kindes in den ausgewählten Bereichen des Anfangsunterrichts auf der Grundlage des Vergleichs mit 1707 Kindern der Eichstichprobe oder in Bezug auf das Lernziel. Darüber hinaus können Werte für die einzelnen Untertests (UT) bestimmt werden: Gegenstände klassifizieren (UT1), Zahlen ordnen (UT2), Zahloperationen (UT3), Addition (UT4), Subtraktion (UT5) und Multiplikation (UT6) (Ricken 2003, 263).

5.2.2 Qualitative Diagnostik im basalen Bereich

Nach diesen Darstellungen zur quantitativen Diagnostik werden im Folgenden qualitative Zugänge im basalen, pränumerischen mathematischen Bereich beschrieben[16]. Die Diagnostik in diesem Bereich unterteilt Ganser (2001) in seinem Beobachtungsprotokollbogen in die folgenden Aspekte:

- Taktil-kinästhetische Wahrnehmung,
- Körperschema, Lateralität,
- Grobmotorik,
- Feinmotorik,
- Visuelle Wahrnehmung,
- Raumlage, Raumorientierung,
- Verbal-akustische Fähigkeiten,
- Auditive Wahrnehmung,
- Serialität, intermodale Verknüpfungen,
- Sprache,
- Merkfähigkeit,
- Konzentration, Arbeitsverhalten,
- Emotionales und soziales Verhalten,
- Kognition.

Über einen Großteil dieser von Ganser (2001) aufgeführten Teilkomponenten im basalen Bereich der Mathematik kann ökonomisch mit den Verfahren *„Die Abenteuer der kleinen Hexe“* ein erster Überblick gewonnen werden (Rittmeyer 2005a, 35ff.). Zur Feindiagnostik können dann die im Folgenden beschriebenen Aufgaben verwendet werden. Dabei handelt es sich zum Teil um Aufgaben aus standardisierten Tests, die nach den Empfehlungen von Ganser (2001) informell und damit mit einem qualitativen Fokus verwendet werden sollen.

Wir begegnen damit hier einer Empfehlung zum förderdiagnostischen Vorgehen, die Parallelen zu Vorschlägen von Eggert (1997) aufweist. Dieser schlug als eine Methode der Förderdiagnostik *„Variationen und Neuzusammenstellungen von Items bekannter Tests“* (130) vor und nennt als modifizierte Handlungen zur Veränderung der Testsituation im HAWIK-R[17]:

---

[16] Die Ausführungen in Punkt 5.2.2 stammen aus Rittmeyer (2005a, 113 bis 122).

[17] Dieser Ansatz ist natürlich auch auf die weiteren Revisionen des HAWIKs sowie auf die K-ABC übertragbar.

- *Zeitgrenzen weglassen,*
- *Lösungstipps geben,*
- *Abbruchkriterien weglassen,*
- *spielerische Formen einführen,*
- *„Wenn du es heute nicht kannst, dann machen wir morgen weiter",*
- *das Kind soll selbst die Auswahl aus den Untertests treffen,*
- *das Kind in die Rolle des Versuchsleiters lassen,*
- *Auswahl und Freiraum lassen (das Kind sucht sich ein Material selber aus),*
- *Experimentierphasen zulassen,*
- *eine weitere Variante ist – insbesondere bei Motorik-Tests – die Einbettung in eine Spielsituation mit anderen Kindern (130ff.).*

Im Folgenden möchten wir nun einige der oben angeführten Aspekte der Diagnostik im basalen Bereich erläutern.

5.2.2.1 Wahrnehmung

Der Bereich der basalen Diagnostik lässt sich wiederum in die Felder der

- taktil-kinästhetischen Wahrnehmung,
- des Körperschemas und der Lateralität,
- der visuellen Wahrnehmung,
- der Raumlageorientierung,
- der verbal-akustischen Fähigkeiten sowie
- der auditiven Wahrnehmung

unterteilen (vgl. hierzu auch die Ausführungen in Ledl (1994)).

Zur taktil-kinästhetischen Wahrnehmung: Dieser Bereich umfasst zwei Systeme: die taktile Wahrnehmung und die kinästhetische Wahrnehmung. Das taktile System hat seinen Sitz in der Haut und stellt das ausgedehnteste Sinnesorgan des Menschen dar: Die kinästhetische Wahrnehmung erfolgt über sogenannte Propriorezeptoren in Muskeln, Sehnen und Gelenken. Sie informiert uns über Beugung und Streckung der Muskulatur sowie über die dabei auftretenden Spannungsverhältnisse.

Taktile und kinästhetische Wahrnehmung tragen zusammen mit der vestibulären Wahrnehmung zur Entwicklung des Körperschemas bei, das als Grundlage für die Orientierung im Raum ein Fundament der Mathematik darstellt. Mit der Funktionsfähigkeit der taktil-kinästhetischen Wahrnehmung eng verknüpft ist zudem das Erlernen von Symbolen, Buchstaben und Zahlen.

Als diagnostische Verfahren für diesen Bereich bieten sich nach Ganser (2001) Untertests aus dem SCSIT (Southern California Sensory Integration Test) und TÜKI (43) an. Durch Aufgabenvariationen erhalten diese formellen Testitems einen förderdiagnostischen Charakter. Um diese variierte Anwendung zu erleichtern, beschreibt Ganser (2001) die Aufgaben aus dem SCSIT und dem TÜKI in inhaltlich kurzer Form. Es handelt sich um insgesamt 7 Aufgaben:

- **Kinästhesie:** Bei geschlossenen Augen wird der Zeigefinger des Kindes (abwechselnd der linken und rechten Hand) von einem Ausgangspunkt zu einem Endpunkt und wieder zurück geführt. Das Kind soll im Anschluss bei immer noch geschlossenen Augen diesen Weg mit Hilfe der gespeicherten Sinneseindrücke nachvollziehen.
- **Manuelle Formwiedergabe:** Es sollen geometrische Formen (beispielsweise in einem Grabbelsack) ertastet werden. Dabei stellt es eine Steigerung der Schwierigkeit dar, wenn die Gegenstände ähnlich sind. Es ist zu empfehlen, das Kind seine Sinneseindrücke parallel zum Ertasten verbalisieren zu lassen.
- **Finger erkennen:** Der Pädagoge berührt einen oder mehrere Finger des Kindes, das einen Sichtschutz trägt oder die Augen geschlossen hält. Das Kind soll angeben, welche Finger berührt wurden.
- **Graphästhesie:** Bei dieser Aufgabe wird der Hautsinn überprüft. Dem Kind werden bei verdeckter Sicht mit einem Radiergummi einfache geometrische Formen auf den Handrücken gezeichnet (z.B. Kreuz, Kreis, evtl. auch Zahlen oder Buchstaben). Aufgabe des Kindes ist es, entweder wiederzuerkennen oder nachzuzeichnen.
- **Erkennen von Berührungsreizen:** Bei dieser Aufgabe wird die taktile Wahrnehmung des Körperschemas überprüft. Ohne visuelle Kontrolle wird das Kind am Unterarm an drei Punkten berührt. Seine Aufgabe besteht darin, die Punkte möglichst genau wiederzufinden.
- **Simultane taktile Stimuli:** Das Kind wird bei verbundenen Augane an zwei Stellen berührt, z.B. an der Wange und an einer Hand. Aufgabe des Kindes ist es, die berührten Stellen zu zeigen.
- **Passive Finger- und Armbewegungen**: Bei dieser Aufgaben wird die Funktion des propriozeptiven bzw. kinästhetischen Systems überprüft. Bei verbundenen Augen werden die Hände oder die Arme des Kindes in eine bestimmte Stellung gebracht. Danach wird zur Ausgangsstellung zurückgegangen. Das Kind soll dann aus der Erfahrung wieder die vorherige Stellung einnehmen (43ff.).

Zum Körperschema und zur Lateralität: Die Umwelterfahrung beginnt mit der Erfahrung des eigenen Körpers. Die Entwicklung des Kindes verläuft dabei wie folgt:

- Differenzierung des Körpers,
- Entwicklung der Vorstellung von zwei Körperhälften,
- Entwickeln der Seitigkeit.

Erst die klare Orientierung am eigenen Körper, also die Unterscheidung von links und rechts, ermöglicht die Einhaltung der Arbeitsrichtung beim Lesen von Zahlen und beim Lösen von Aufgaben.

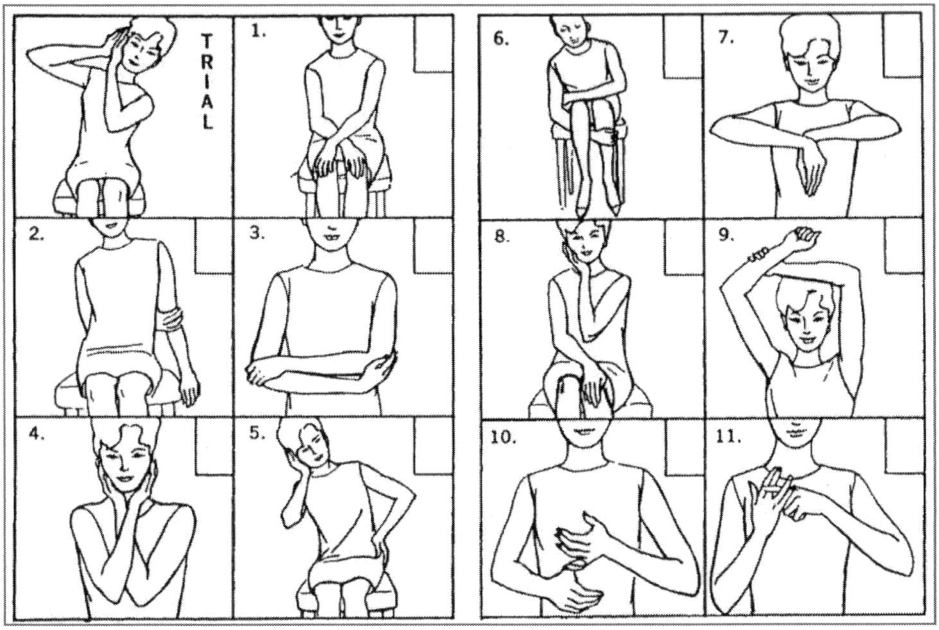

Abb. 28: *„Imitation of Postures"* aus dem SCSIT (Ganser 2001, 45).

Zur Überprüfung von Körperschema und Lateralität wird im SCSIT der Untertest *„Imitation of Postures"* eingesetzt. Bei dem Untertest „Körperpositionen nachmachen" werden dem Schüler Ganzkörperpositionen gezeigt, die er nachmachen soll. Dabei kommt es anfangs nur auf das Erkennen und Nachmachen von Körperstellungen an. Später wird auch Wert auf die Seitigkeit gelegt, also auf das Erkennen von links und rechts. Eine weitere Schwierigkeit stellt bei dieser Aufgabe das Überschreiten der Körpermitte dar. Die Einzelaufgaben können rein informell durchgeführt werden und sollen nur zeigen, ob ein Schüler in diesem Bereich Probleme hat.

Zur visuellen Wahrnehmung: Die Durchführung arithmetischer Operationen setzt das exakte Erfassen von Formen und Mengen voraus. Dies wiederum ist nur bei differenzierten visuellen Fähigkeiten möglich.

Sowohl von Malchau (1992) als auch von Grissemann und Weber (1982) sind bei rechenschwachen Kindern Beeinträchtigungen der visuellen Wahrnehmung nachgewiesen worden. Nach Laschkowski (2001) sind zwei Komponenten der visuellen Wahrnehmung von besonderer Bedeutung:

- *Die Figur-Grund-Wahrnehmung:* Eine noch vergleichsweise einfache Leistung der Figur-Grund-Wahrnehmung, die dem pränumerischen Bereich zuzuordnen ist, ist das Erkennen und Unterscheiden ganzer Dinge. Auf einer höheren Ebene wird später im symbolischen Bereich die Unterscheidung von Zahlen und ihrer Bedeutung in der Zifferfolge, von Rechenzeichen, Aufgabenstellungen und eher ablenkenden Teilen wie Bildern und Illustrationen verlangt. Totalausfälle in der Figur-Grund-Wahrnehmung sind nach Laschkowski (2001) die Ausnahme. Hinweise auf Probleme in der Figur-Grund-Wahrnehmung sind rasches Ermüden und ein höherer Zeitbedarf bei der Orientierung an der Tafel, im Buch oder im Heft. Die Figur-Grund-Wahrnehmung kann bei realen Dingen, die auf einem Tisch wahllos angeordnet werden, überprüft werden. Sind sich die Dinge ähnlich (z.B. in Form und Farbe) so stellt dies eine Steigerung des Schwierigkeitsgrades dar (47).
- *Die Wahrnehmungskonstanz*: Die Wahrnehmungskonstanz entwickelt sich aus der Figur-Grund-Wahrnehmung. Leistungen der Wahrnehmungskonstanz sind z.B. in der folgenden Aufgabe aus dem Frostig-Test der visuellen Wahrnehmung gefordert (48f.):

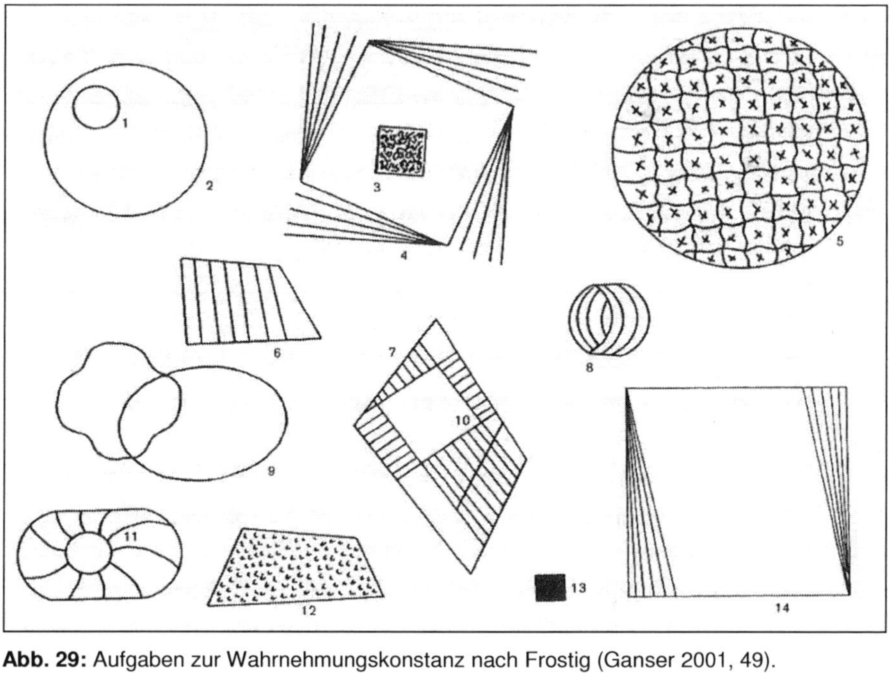

Abb. 29: Aufgaben zur Wahrnehmungskonstanz nach Frostig (Ganser 2001, 49).

Bei dieser Aufgabe geht es darum, Kreise und Quadrate zu finden, die in ablenkende Informationen eingebettet sind. Die Bedeutung der Wahrnehmungskonstanz für den mathematischen Bereich ist darin zu sehen, dass sie eine wesentliche Voraussetzung für das Erkennen der Invarianz von Mengen darstellt.

Zur Raumlage / Raumorientierung: Dies ist eine Sonderform der visuellen Wahrnehmung, die bei Rechenstörungen der besonderen Beachtung bedarf. Für die Mathematik ist die Orientierung in allen Dimensionen von Bedeutung:

- Die Dimension der Linie / Strecke,
- die Dimension der Fläche und
- die Dimension des Raums (ebd.).

Die Dimension Linie / Strecke ist beispielsweise beim Zahlenstrahl grundlegend, wo links und rechts, davor und danach zu unterscheiden sind. Die Dimension Fläche ist insofern von erheblicher Bedeutung, als größere Zahlenräume oft flächig dargestellt werden (Hundertertafel). Die Dimension Raum hat ebenfalls schon früh eine Bedeutung, z.B. wenn beim Tausenderwürfel als dritte Dimension die Tiefe hinzutritt.

Wie gravierend Raumlageprobleme für mathematische Leistungen sind, wird an den Folgen von Verdrehungen von Zahlen, Rechenzeichen wie „größer als“ und „kleiner als“ sowie der Rechenrichtung deutlich. Bei der Überprüfung der Raumlage und Raumorientierung beginnt man mit der Lage des Kindes im Raum. Man kann es z.B. danach fragen, ob es hinter dem Tisch oder neben dem Tisch steht. Danach kann man das Kind mit Dingen oder später mit Zahlen und Buchstaben handeln lassen. Bei diesem Umgang mit Zahlen kann dem Kind die Bedeutung der Raumlage deutlich werden, wenn es beispielsweise erfährt, dass durch Drehen aus der Zahl 6 die Zahl 9 wird.

Laschkowski (2001) zufolge haben mehrere Autoren empirische Belege dafür vorgelegt, dass Probleme im Zusammenhang mit Raumlage und Raumorientierung entscheidend für die Manifestierung einer Rechenschwäche waren (ebd.).

Verbal-akustische Fähigkeiten und auditive Wahrnehmung: Mathematische Leistungen setzen auch sprachliche Fähigkeiten voraus. Damit sind nicht erst ein spezieller pränumerischer und mathematischer Wortschatz gemeint, sondern schon grundlegende Fähigkeiten, die im Folgenden vorgestellt werden:

- *Verbal-akustische Differenzierung:* Dem Kind werden gleiche oder verschiedene Silben und / oder Worte gleicher oder verschiedener Länge vorgesprochen und es soll dann angeben, ob die Silben oder Worte gleich sind.

Zeigt das Kind bei dieser Aufgabe Ausfälle, so kann sich dies im Mathematikunterricht in einer unklaren Unterscheidung von ähnlich klingenden Zahlen wie elf und zwölf, dreizehn und dreißig äußern (ebd.).

- *Verbal-akustische Gliederung rezeptiver und expressiver Sprache:* Diese Aufgabe besteht aus zwei Teilbereichen:
    - Das Kind soll zeigen, ob es in einem vorgesprochenen Wort einen bestimmten Laut hört, z.B. im Wort „Hunger“ ein /h/.
    - Das Kind soll zeigen, inwieweit es Lautfolgen erkennen und wiedergeben kann, indem es längere Wörter reproduziert.
- *Verbal-akustisches Gedächtnis:* Die Überprüfung des verbal-akustischen Gedächtnisses stellt eine Fortsetzung der Überprüfung der verbal-akustischen Differenzierung dar. Hier spielen Leistungen nicht nur im Kopfrechnen, sondern auch im schriftlichen Rechnen wie z.B. beim Übertrag eine große Rolle. Die Überprüfung des verbal-akustischen Gedächtnisses umfasst drei Bereiche:
    - Vorgabe von sinnfreien Silben,
    - Vorgabe von Wörtern und Sätzen sowie das
    - Nachsprechen von Zahlen.

  Werden bei den Leistungen des verbal-akustischen Gedächtnisses Auffälligkeiten festgestellt, so müssen im Unterricht Erleichterungen geschaffen und eine Erhöhung der Gedächtnisspanne angestrebt werden (ebd.).
- *Wortschatz vor allem hinsichtlich der räumlichen Orientierung*: Grundlegend in der Mathematik sind Begriffe zur Orientierung im Raum. Sie müssen exakt verwendet werden. Wie bereits an verschiedenen Stellen angesprochen, beginnt Mathematik mit der Exploration des Raumes ausgehend vom eigenen Körper. Bei der Überprüfung dieser Fähigkeit wird danach gefragt, ob räumliche Begriffe auf die eigene Person bezogen werden können, auf konkretes Material oder auch auf Bilder.

5.2.2.2 Motorik

Grobmotorik: Der enge Zusammenhang zwischen Motorik und allgemeiner Entwicklung ist in der Wissenschaft überzeugend nachgewiesen worden. Auch im theoretischen Konzept von Piaget hat die Motorik einen großen Anteil an der kognitiven Entwicklung. Rechenschwache Kinder fallen häufiger durch motorische Schwierigkeiten schon in früher Kindheit auf. Ihre späteren Probleme beim Rechnen hängen auch damit zusammen, dass beim Rechnen Handlungen und Bewegungen verinnerlicht werden.

Als ein zur Ermittlung motorisch auffälliger Kinder geeignetes Verfahren hat sich nach Ganser (2001) das *„Diagnostische Inventar motorischer Basiskompetenzen“* (DMB) von Eggert (2000) erwiesen. Eggert (2000) hat vier Basiskompetenzen der Grobmotorik ermittelt, durch die sich lern- und entwicklungsauffällige von unauffälligen Grundschülern unterscheiden:

- Gleichgewicht,
- Ausdauer,
- Schnelligkeit und
- Gelenkigkeit.

Statistisch valide trennen die folgenden vier Items zwischen auffälligen und unauffälligen Grundschulkindern (vgl. hierzu auch die Darstellungen in Eggert 2000):

- Auf Zehenspitzen gehen (Gleichgewicht),
- Spannbogen (Kraft, Ausdauer),
- Bohnensäckchen werfen (Schnelligkeit) und
- über Gymnastikstab steigen (Gelenkigkeit).

Förderung im motorischen Bereich kann, insbesondere wenn sie in früher Kindheit ansetzt, nach Laschkowski (2001) viel verändern. Nicht zulässig ist jedoch die generelle Schlussfolgerung, dass durch die Förderung der Motorik eine Rechenschwäche behoben werden könne. Zutreffend ist jedoch, dass motorische Förderung die Voraussetzung für Förderung in Mathematik verbessern kann (46).

Feinmotorik: Um genauere Aufschlüsse über die feinmotorischen Probleme eines Kindes zu erhalten, können die folgenden Aufgaben gestellt werden, die zum überwiegenden Teil in ähnlicher Form auch in standardisierten Testverfahren wie dem LOS, TÜKI und CFT 1 enthalten sind:

- Mit der Schere etwas ausschneiden (im LOS ist dies ein Kreis, im Führter Schulaufnahmeverfahren eine Eule),
- vorgegebene Linien nachziehen,
- zwei Punkte verbinden (eine Steigerung der vorgegebenen Schwierigkeit ist dann gegeben, wenn die beiden Punkte so weit von einander entfernt liegen, dass die Körpermitte überschritten werden muss),
- Wege nachfahren (Aufgabe aus dem TÜKI) sowie
- durch ein eingezeichnetes Labyrinth mit dem Stift finden (CFT 1).

5.2.2.3 Kognition

Serialität ist eine für die Mathematik bedeutsame Fähigkeit. Bei der Überprüfung dieser Fähigkeiten soll festgestellt werden, ob der Schüler in der Lage ist, Reihenfolgen zu erkennen und wiederzugeben. Bei den Prüfaufgaben sind drei unterschiedliche Vorgaben zu unterscheiden:

- *Vorgabe Handeln*: Es werden verschiedene Handpositionen wie flache Hand, Faust und Handbewegungen aus dem Untertest Handbewegungen des K-ABC vorgegeben. Hierbei wird mit zwei oder drei Elementen begonnen, wobei auch eine Vorgabe von Rhythmen durch Klatschen möglich ist.
- *Vorgabe visuell*: Dem Schüler wird mit Muggelsteinen eine einfache Reihe vorgelegt, die dann abgedeckt wird und von ihm aus dem Gedächtnis nachgelegt werden soll.
- *Vorgabe auditiv*: Bei dieser Aufgabe soll die Struktur einer auditiven Vorgabe, in diesem Fall von sinnfreien Silben, erkannt und reproduziert werden (Laschkowski 2001, 53ff.).

5.2.3 Diagnostik mathematischer Basiskompetenzen

5.2.3.1 Der Beitrag von Laschkowski

Bereiche der pränumerischen Diagnostik sind nach Laschkowski (2001):

- **Klassifikation:** Die Fähigkeit zur Klassifikation ist unverzichtbar beim Umgang mit Mengen. Eine Möglichkeit, Klassifikationen zu überprüfen, wäre die Sortierung von Legosteinen nach Farbe, Form und Größe.
- **Zur Mengenauffassung, Mengenkonstanz:** Dem Kind wird eine Menge mit Muggelsteinen vorgegeben, die es möglichst simultan erfassen soll.
- **Menge-Ziffer-Zahlwort-Zuordnung:** Das Kind muss eine Menge, die ihm vorgegeben wird, mit dem richtigen Zahlwort benennen und dann die zutreffende Ziffernkarte zuordnen.
- **Eins-zu-Eins-Zuordnung:** Diese Fähigkeit kann sehr leicht im Alltag, z. B. beim Tischdecken, überprüft werden.
- **Einfache mathematische Begriffe (größer, mehr, der erste):** In der Anfangsphase der Mathematik sind die folgenden Begriffe bedeutsam: größer, kleiner, mehr, weniger, am meisten, lang, länger, am längsten, halb, doppelt, der erste... der letzte usw.. Zahlreiche Aufgaben zur Überprüfung des Verständnisses dieser Begriffe finden sich auch bei Berres-Weber / Goldau (1994, 55ff.).

- **Zeitbegriffe (vgl. a. a. O., 55 ff.):** Die Zeit stellt neben den drei Dimensionen des Raumes die vierte Dimension der Mathematik dar (vgl. a. a. O., 57). Eine strukturierte Überprüfung des pränumerischen Bereiches ist mit dem Goldstückspiel möglich, das im Heilpädagogischen Kommentar zum Zahlenbuch 1 beschrieben wird (10).

5.2.3.2 Der Beitrag von Gaidoschik

Gaidoschik (a.a.O.), ein insbesondere durch seine praktische Erfahrung ausgewiesener österreichischer Fachmann auf dem Gebiet der Rechenschwäche, hat zwar kein eigenes Verfahren für die Feststellung von Rechenschwäche vorgelegt. Wohl aber hat Gaidoschik (a.a.O.) einen sehr praxisbezogenen Katalog mit Hinweisen auf eine möglicherweise vorliegende Rechenschwäche aufgestellt.

Eine grundlegende Annahme seines Buches ist: Hinter den typischen Fehlern und Schwierigkeiten rechenschwacher Kinder steht ein *„nicht-kardinales“* Zahlverständnis (a. a. O., 28). *„Symptome“* für ein solches *„nicht-kardinales“* Verständnis sind nach Gaidoschik (a.a.O.):

- Kein richtiges Zählen möglich (in besonders schweren Fällen),
- das Kind zählt ungeordnete Anzahlen ohne „System“,
- fehlendes Bewusstsein, mit dem Zählen eine gleich bleibende Anzahl ein für allemal ermittelt zu haben,
- das Kind merkt sich nicht dauerhaft, dass eine Hand stets 5 Finger bzw. zwei Hände stets 10 Finger sind,
- das Kind sieht zwischen den Zahlen keinerlei Bezüge,
- das Kind verbindet die Zahlwortreihe mit keinem Gedanken an „mehr“ oder „weniger“,
- das Kind kann beim Zählen nicht „mittendrin einsteigen“,
- große Schwierigkeiten, die Zahl „vor“ einer anderen zu nennen,
- Probleme anzugeben, um wie viel eine Zahl mehr ist als eine andere und
- Antwort auf die Frage „um wie viel mehr“ durch Angabe der Schritte (30 ff.).

5.2.3.3 Der Beitrag von Kaufmann und Wessolowski

Kaufmann und Wessolowski (2006) haben in erster Auflage einen sehr praxisbezogenen Beitrag zum Thema *„Diagnose und Förderung bei Rechenstörungen“* vorgelegt.

Beide Autorinnen sind ausgewiesene Fachleute im Bereich der Rechenstörungen mit praktischen Erfahrungen. Sie gehen davon aus, dass Rechenstörungen meist auf falschen oder fehlenden Zahlvorstellungen basieren.

Das von Kaufmann / Wessolowski (2006) entwickelte Verfahren ist kein Test im herkömmlichen Sinne. Ihr Verfahren soll vielmehr Einsichten erbringen über

- Herangehensweisen,
- Vorstellungen,
- Verbindungen und
- Schlussfolgerungen

und dadurch Denkwege der Kinder offenlegen (vgl. hierzu auch „*Einblick in Kinderköpfe*" nach Mechthild Dehn (o. J.) und weiterführend Rittmeyer (2005a)).

Kaufmann / Wessolowski (2006) gehen davon aus, dass Diagnostik nach Durchführung des gesamten Tests nicht als abgeschlossen betrachtet werden darf und der Prozess der Diagnose nicht von der Förderung zu trennen ist.

In ihrem Buch zeigen Kaufmann / Wessolowski (2006) auf, wie sowohl gute als auch schwache Rechner in einem fördernden Unterricht gemeinsam das Rechnen lernen können. Möglich wird dies nach Ansicht der beiden Autorinnen insbesondere durch differenzierte Materialien. Mit diesen Materialien können die Kinder im Rahmen ihres jeweiligen Zahlverständnisses die Rechenprobleme des Unterrichts bearbeiten und dabei ihr inneres Zahl-Konzept allmählich entwickeln. Mit dem von ihnen vorgelegten Diagnose- und Förderinstrument sollen Lehrer deutlich sehen können, auf welchem Abstraktionsniveau ein Kind wirklich arbeitet. Die von ihnen vorgelegten Mittel sollen auch den nächsten Schritt mit vorbereiten, den das Kind bei der Entwicklung seines Zahlbegriffes realistisch eingeschätzt gehen kann.

Das Buch ist in zwei große Bereiche aufgeteilt:

- Darstellung von Förderschwerpunkten mit jeweils korrespondierenden Arbeitsblättern und
- ein informeller Test mit dazugehörigen Materialien, Kopiervorlagen und Arbeitsblättern (auf CD).

Die nachfolgende Abbildung zeigt eine Seite aus dem „informellen Test" von Kaufmann / Wessolowski (2006, Anhang).

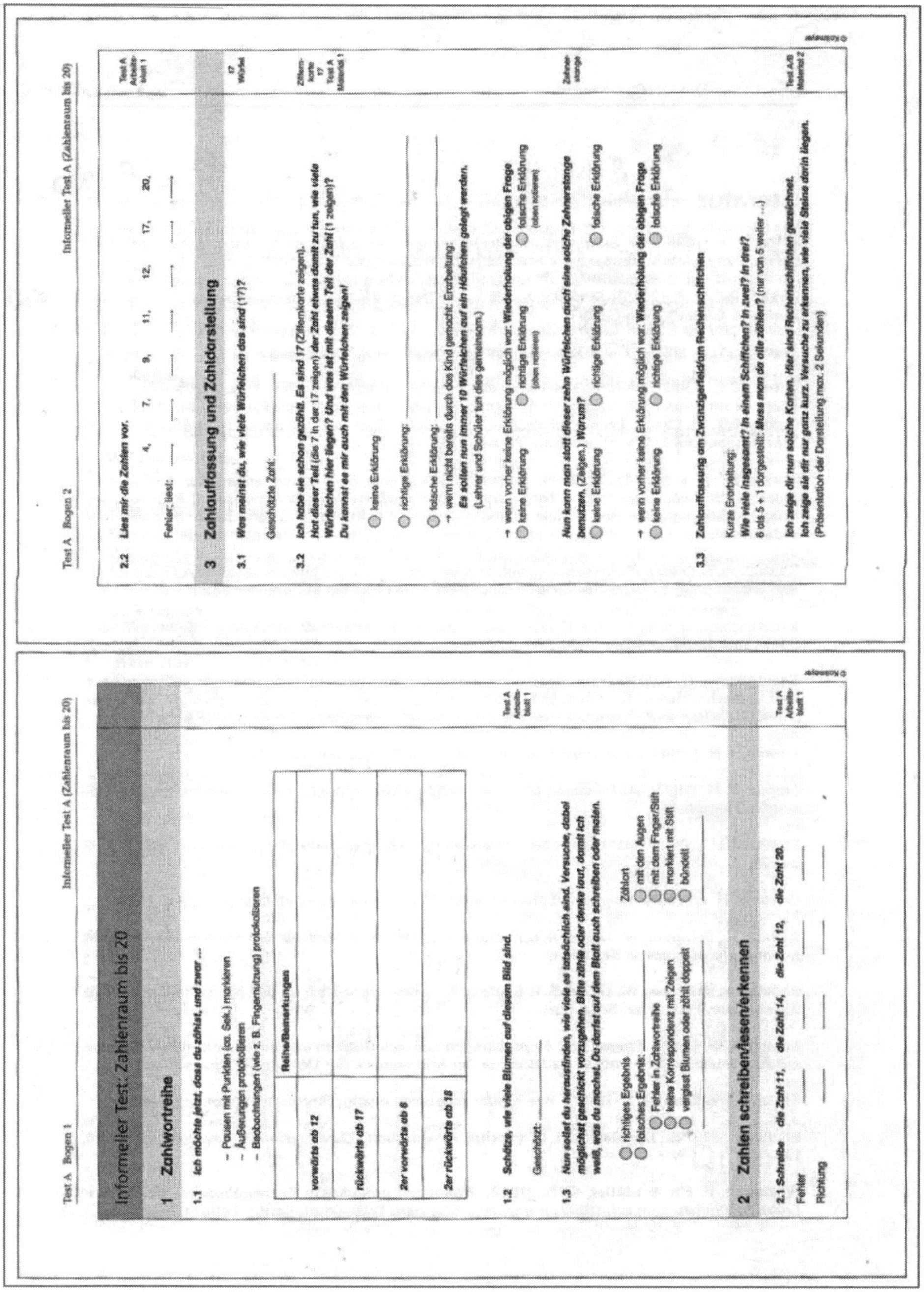

Abb. 30: Abbildung aus Kaufmann / Wessolowski (2006, Anhang).

5.2.3.4 QUADRIGA – Qualitative Diagnostik von Rechenschwierigkeiten im Grundlagenbereich Arithmetik nach Wehrmann

Wehrmann (2003) befasst sich als wissenschaftlicher Leiter des Instituts für Mathematisches Lernen Braunschweig seit über 10 Jahren mit der Förderdiagnostik und Lerntherapie von Kindern mit Rechenschwierigkeiten. Er hat somit eine lange Praxis in der Arbeit mit Kindern, die in Mathematik schon einmal gescheitert sind. Dieses Scheitern hat für die Kinder nachhaltige Konsequenzen. Da Mathematik hierarchisch aufgebaut ist, bleibt jeder neue Inhalt unverstanden, weil die Grundlagen fehlen. Ähnlich wie ein Haus ohne Fundamente zum Einstürzen verurteilt ist, können diese Schüler auch bei größter Anstrengung und voller Konzentration die Inhalte nicht verstehen. Der ständige Misserfolg in Mathematik hat zur Folge, dass Mathematik für sie zu einem Angstfach wird. Angst wiederum blockiert, demotiviert und führt zu einem weiteren Lernversagen oft auch in anderen Fächern (☞ Abschnitt 3.2 „Teufelskreis Lernstörungen"). Da Mathematik aber nicht nur ein theoretisches Unterrichtsfach ist sondern auch praktisch im Alltag vorkommt, haben diese Schüler sowohl gegenwärtig als auch in ihrem späteren Leben (in zeitlichen, geographischen und finanziellen Zusammenhängen) erhebliche Orientierungsprobleme.

Wehrmann (2003) beschränkt sich in seinem deskriptiv - phänomenologischen Ansatz auf den mathematischen Stoff der ersten vier Grundschuljahre, der hauptsächlich aus dem Bereich der Arithmetik stammt. Seine Erfahrungen haben ihm nämlich gezeigt, dass Kinder, die in Mathematik scheitern, bei der Erarbeitung arithmetischer Zusammenhänge scheitern. Für Wehrmann (2003) sind Kinder mit Rechenschwierigkeiten keine grundsätzlichen Lernversager. Er geht davon aus, dass diese Kinder „nur" Probleme haben, den mathematischen Stoff zu verinnerlichen. Kennzeichnend für seinen Ansatz sind folgende Annahmen, durch die er sich von anderen Konzepten abgrenzt:

- Keine Orientierung am aktuellen Schulstoff wie bei den klassischen Schultests,
- keine Orientierung seines Verfahrens an den Kriterien der Testtheorie,
- keine Pathologisierung der Mathematikprobleme („Rechenschwierigkeiten" statt „Rechenschwäche") und
- kein Rückgriff auf allgemeine Leistungserwartungen und Intelligenzfaktoren als Maßstab.

Wehrmann (2003) spricht statt von „Rechenschwäche" von „Rechenschwierigkeiten" und bringt darin seine Erfahrung der prinzipiellen Überwindbarkeit von Rechenproblemen zum Ausdruck.

Auch vermeidet es Wehrmann (2003), die mathematischen Minderleistungen zu anderen Schulleistungen oder Intelligenz- oder Begabungskriterien in Beziehung zu setzen, da er solche standardisierten quantitativen Leistungsüberprüfungen grundsätzlich ablehnt. An solchen Verfahren wie z. B. dem Schweizer Rechentest, dem AST, DER, MT und TOR kritisiert er

- sie seien rein ergebnisorientiert und sie schränkten die Fehleranalyse in hohem Maße ein, indem sie lediglich richtige von falschen Ergebnissen selektierten,
- sie seien im Kern wie Klassenarbeiten und genügten nicht den Anforderungen einer auf lerntherapeutische Intervention ausgerichteten Diagnose,
- sie würden wenig zum Verständnis der Schwierigkeiten beitragen, die Kinder beim Rechnen haben und
- sie beachteten in unzureichendem Maße die Individualität der subjektiven Lösungsprozesse (Wehrmann 2003, 4).

Wehrmann (2003) betrachtet Kinder mit Rechenschwierigkeiten als

> *„Kinder, bei denen das Fundament des mathematischen Verständnisses nicht oder nur sehr verschwommen vorhanden (ist, d. Verf.). Ein aufbauender mathematischer Gedanke kann nicht verstanden werden, weil die Grundlagen nicht zur Verfügung stehen. Jegliches Üben und Automatisieren ist hier vergeblich, da die Kerngedanken unerschlossen sind“* (a.a.O. 74).

Zur Bewältigung dieser Situation setzen Schüler mit Rechenproblemen eine subjektive Logik ein, die durch die drei Bewältigungsstrategien Nominalismus, Mechanismus und Konkretismus gekennzeichnet ist.

- *Nominalismus* bedeutet, dass Kinder Zahlennamen und Ziffern einander zuordnen, ohne einen Zahlbegriff zu besitzen. Kinder, die nominalistisch vorgehen, lernen die Zahlenbezeichnungen und deren Reihenfolge auswendig, haben jedoch keine Vorstellung von Quantitäten. Es fehlt ihnen der kardinale Mengenbegriff.
- Eine unmittelbare Folge des Nominalismus ist der *Mechanismus*: die Bearbeitung mathematischer Aufgaben ohne Verständnis der zugrundeliegenden Operationen und Begriffe. Kinder, die mechanisch rechnen, müssen dabei erhebliche Gedächtnisleistungen aufbringen.
- *Konkretismus* bedeutet die Abhängigkeit von Veranschaulichungsmitteln für das Lösen von Aufgaben. Solche Schüler bleiben beispielsweise auf das „an den Fingern abzählen“ angewiesen, wenn sie zählen sollen.

Wehrmann vertritt demgegenüber ausschließlich eine qualitative Diagnostik und hat dafür das Verfahren „QUADRIGA“ entwickelt. Ziel seiner qualitativen Diagnostik ist nicht das Ermitteln, wie viel richtig ist und auch keine reine Aufzählung von Fähigkeiten, kein Fähigkeitenkatalog.

Ein solcher Katalog würde nämlich bei einer Katalogisierung des Reproduzierbaren stehen bleiben. Dabei würden dann Mechanismen, denen kein Verständnis zu Grunde liegt und die deshalb unverstanden „abgespult" werden, nicht erkannt (5).

Ziel der qualitativen Diagnostik nach Wehrmann (2003) ist vielmehr ein detailliertes Fehlerprofil des Schülers. Die qualitative Diagnostik mittels „QUADRIGA" soll zusammengefasst darlegen, welche Aspekte der Arithmetik der Proband (noch) nicht erschlossen hat und an welcher Stelle seine begrifflichen Defizite zu orten sind (Wehrmann und „QUADRIGA", 5). Im Einzelnen soll mit „QUADRIGA" ermöglicht werden:

- Die Rekonstruktion der Denk- und Handlungspläne des Probanden,
- die Erforschung der individuellen Wissenskonstrukte beim Schüler,
- die Ermittlung der Fehlerstrategien, der subjektiven Logik und der Idiosynkrasien,
- Systematisierung der Fehler hinsichtlich der kognitiven Grundlagen und
- Feststellung der individuellen mathematischen Lernausgangslage (Wehrmann 2003b, 75).

Insbesondere aber soll geprüft werden,

> *„ob und in welchem Ausmaß bei diesen Kindern die zu beobachtenden Erscheinungsformen Nominalismus, Mechanismus der Rechenverfahren und Konkretismus beim handelnden Operieren zu beobachten sind"* (Wehrmann 2003, 80).

Bevor mit der Ermittlung von Rechenproblemen begonnen wird, hält es Wehrmann für notwendig, festzustellen, ob ggf. andere Probleme wie z. B. Wahrnehmungsstörungen der Sinnesorgane, affektive Beeinträchtigungen, physiologische Störungen, Teilleistungsstörungen oder unentwickelte kognitivvorgelagerte Abstraktionsleistungen vorliegen. Zeigen sich Anhaltspunkte für solche Beeinträchtigungen, so sollten nach seiner Ansicht unbedingt andere Fachleute zu Rate gezogen werden.

Methodisch greift Wehrmann auf den Einsatz des diagnostischen Gesprächs zurück, das eine Spezialform des klinischen Interviews in Anlehnung an die Mikrogenese von Ginsburg darstellt. Komponenten des diagnostischen Gespräches sind lautes Denken, Beobachtung des konkreten Handelns mit mathematisch strukturierten Veranschaulichungsmaterialien und Verhaltensbeobachtung von Mimik, Gestik und Körpersprache.

Wehrmann (2003) bringt die Schwierigkeiten von Grundschülern mit Verständnis- und Verinnerlichungsproblemen in Verbindung, für deren Bearbeitung in der Grundschule oft zu wenig Raum gegeben wird. Er zeigt damit der Grundschuldidaktik sowohl Defizite als auch die Richtung der Veränderung auf.

5.2.3.5 Das Zahlenbuch mit heilpädagogischem Kommentar von Moser-Opitz und Schmassmann: Ein curriculumorientierter Zugang

Das Zahlenbuch ist eine Weiterentwicklung der im Projekt „**Mathe 2000**" entwickelten Materialien. Diese stießen in der Praxis auf außergewöhnlich großes Interesse (vgl. a. a. O., 3). Folgende Maximen sind für „Mathe 2000" kennzeichnend:

- Konzentration auf tragende Grundideen,
- aktiv entdeckendes Lernen,
- Sparsamkeit der Anschauungsmittel und der zeichnerischen und symbolischen Darstellungsformen,
- produktive Übungsformate,
- Lern- und Erfolgskontrolle,
- Fördermaßnahmen,
- Fördermaßnahmen während des Unterrichts.

Der Heilpädagogische Kommentar zum Zahlenbuch 1 enthält einen Beobachtungsbogen, mit dem man auf spielerische Weise (unter Verwendung des Goldstück-Spiels) den Lernstand des Kindes ermitteln kann.

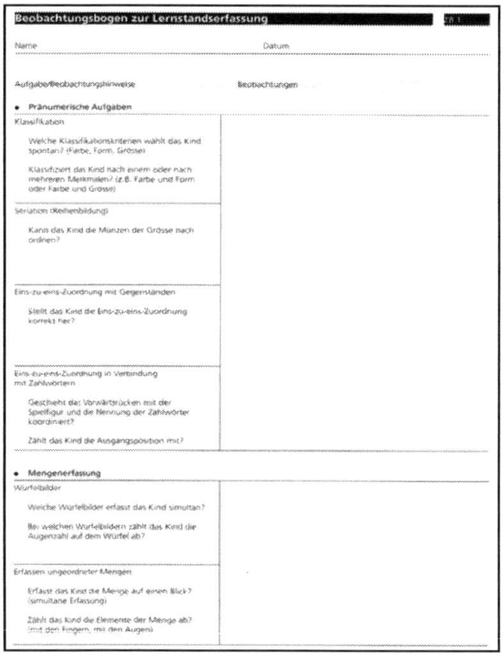

Beobachtungsbogen zur Lernstandserfassung

Name Datum

Aufgabe/Beobachtungshinweise Beobachtungen

- **Pränumerische Aufgaben**

Klassifikation

Welche Klassifikationskriterien wählt das Kind spontan? (Farbe, Form, Grösse)

Klassifiziert das Kind nach einem oder nach mehreren Merkmalen? (z.B. Farbe und Form oder Farbe und Grösse)

Seriation (Reihenbildung)

Kann das Kind die Münzen der Grösse nach ordnen?

Eins-zu-eins-Zuordnung mit Gegenständen

Stellt das Kind die Eins-zu-eins-Zuordnung korrekt her?

Eins-zu-eins-Zuordnung in Verbindung mit Zahlwörtern

Geschieht das Vorwärtsrücken mit der Spielfigur und die Nennung der Zahlwörter koordiniert?

Zählt das Kind die Ausgangsposition mit?

- **Mengenerfassung**

Würfelbilder

Welche Würfelbilder erfasst das Kind simultan?

Bei welchen Würfelbildern zählt das Kind die Augenzahl auf dem Würfel ab?

Erfassen ungeordneter Mengen

Erfasst das Kind die Menge auf einen Blick? (simultane Erfassung)

Zählt das Kind die Elemente der Menge ab? (mit den Fingern, mit den Augen)

Abb. 31: Beobachtungsbogen (Moser-Opitz et al. 2003, 15).

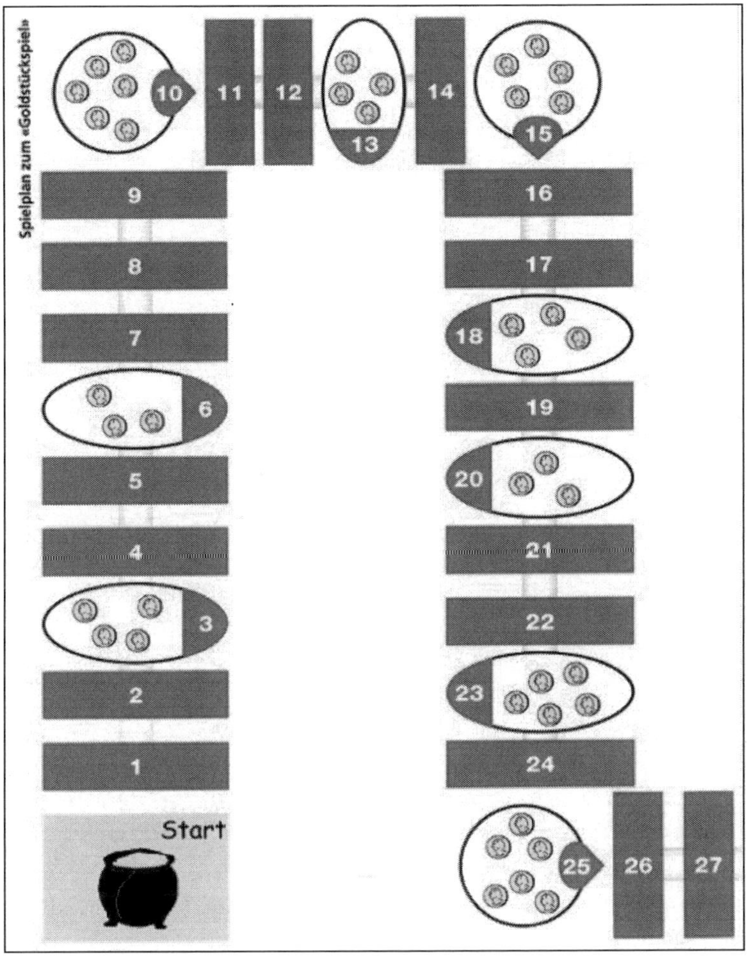

Abb. 32: Spielplan zum Goldstückspiel, mit dem die Lernstandüberprüfung informell durchgeführt werden kann (Moser-Opitz 2003, Beilage).

5.2.3.6 Prozessdiagnose nach Kretschmann

Das Diagnosekompendium *„Prozessdiagnose mathematischer Kompetenzen"* enthält Prüfaufgaben zum Stoff der ersten beiden Schuljahre und ist ähnlich konzipiert wie die *„Prozessdiagnose Schrift"* des Autors.

Die „Prozessdiagnose mathematischer Kompetenzen" ist 1999 erstmalig in 3 Bänden und 2006 in dritter Auflage im Persen Verlag erschienen. Band 1 enthält die theoretische Begründung und den Vortest des Verfahrens. In Kapitel 4 legt der Autor dar, dass Schwierigkeiten im Fach Mathematik häufig auf einem unzweckmäßigen Arbeitsstil bzw. unzweckmäßigen Lernstrategien beruhen. Er zeigt Wege auf, wie man einen solchen unzweckmäßigen Lernstil ermitteln und wie ein wirksameres Lernverhalten aufgebaut werden kann. In Kapitel 5 des ersten Bandes werden Modellvorstellungen zur Entwicklung mathematischen Denkens entwickelt und Förderungsmöglichkeiten skizziert.

Kapitel 6 enthält den Vortest für solche Kinder, die förderbedürftig erscheinen. Der Vortest zeigt, wie das Kind gegenüber der Mathematik emotional eingestellt ist und wie weit mathematische Kompetenzen entwickelt sind. Zeigen sich Schwierigkeiten, so können diese mit den Aufgaben der Bände II und III vertiefend analysiert werden.

Die Bände II und III stellen den umfangreichsten Teil der *„Prozessdiagnose mathematischer Kompetenzen"* dar: Sie enthalten Aufgaben zu den gesamten mathematischen Anforderungen der Schuljahre 1 und 2. Zusätzlich zur Einschätzung des Arbeitsstils und der mathematischen Fähigkeiten enthalten die Kompendien Registrierbögen zur Einschätzung und Protokollierung

- der Allgemeinentwicklung,
- des Sprachverhaltens und
- des Arrangements mit der unterrichtlichen Lernsituation und der Motivation (vgl. hierzu auch Behring et al. 2001, 2002 und 2006).

Die Aufgabensammlungen sind keine Tests im herkömmlichen Sinn. Sie sind nicht konzipiert, um Punktwerte zu liefern. Sie sollen Einsichten liefern, insbesondere darüber, wie weit ein Kind auf dem Lernkontinuum gekommen ist, aber auch Erkenntnisse darüber, wie ein Kind an Aufgaben herangeht und welche Gefühle die Angebote und Anforderungen bei dem Kind auslösen.

5.2.3.7 Der Ansatz von Carin de Vries

Ausgangspunkt der Überlegungen von Carin de Vries (2006) ist ein vergleichsweise einfaches, aber sehr geeignetes Modell: Ihr sogenanntes *„Haus der Mathematik“* (12): Dieses Modell zeigt, dass zunächst pränumerische Grundlagen als Fundament zu sichern sind, bevor es an den Aufbau der Etagen und dann später die Vollendung des Hauses durch das Dach gehen kann. Pränumerische (Vor-)Kompetenzen kommen ohne Ziffern und arithmetische Zeichen aus. Im Einzelnen zählen zum pränumerischen Bereich:

- Körperschema als Grundlage der räumlichen Orientierung,
- Gruppen und Untergruppen bilden (meist nach subjektiven Gebrauchswerten),
- Merkmale von Gegenständen feststellen (visuell, taktil, akustisch etc.),
- Gruppen und Untergruppen nach erarbeiteten Merkmalen bilden,
- Raumbegriffe gewinnen,
- Reihen bilden (Seriationen nach 1, 2 oder mehreren Merkmalen),
- Gleichheit von Gegenstandsmengen erfassen (nach optischer Einschätzung),
- Stück-für-Stück-Zuordnungen erkennen und vornehmen und
- Grundsatz der Mengenerhaltung erkennen (Invarianz) (ebd.).

In der sich daran anschließenden zweiten Stufe geht es um den Erwerb der einzelnen Aspekte des Zahlbegriffs:

1. **Eindeutigkeitsprinzip:** 1:1-Zuordnung von Zahlwort und Gegenstand.
2. **Prinzip der stabilen Ordnung:** Feste Ordnung der Zahlwortreihe: Eins, zwei, drei, vier.
3. **Kardinalprinzip:** Die letzte Zählzahl gibt die Anzahl der Elemente an.
4. **Abstraktionsprinzip:** Beliebige Elemente können gezählt werden, unabhängig von ihren individuellen Eigenschaften.
5. **Irrelevanz der Anordnung:** Die Räumliche Anordnung der Elemente ist unwichtig für das Ergebnis.

Das Dach stellt die Operationen dar: Addition und Subtraktion sowie Multiplikationen und Division. Kinder mit einer ungestörten Entwicklung sind ab etwa 6 Jahren zu konkreten Denkoperationen in der Lage und ab etwa 10 Jahren zu abstrakten Denkoperationen.

Bei Kindern mit dem Förderschwerpunkt geistige Entwicklung verläuft der Erwerb mathematischer Kompetenzen erheblich verlangsamt und eingeschränkt. Nur in Ausnahmefällen erreichen sie die Stufe der abstrakten Denkoperationen. Meist befinden sie sich in der Phase des anschaulichen Denkens, die einem Normalentwicklungsalter von 2-6 Jahren entspricht.

Ein weiteres Modell, das dem Buch und dem darin ausgearbeiteten Konzept von de Vries (2006) zugrunde liegt, ist das Modell der unterschiedlichen Niveaustufen der Abstraktion von Bruner (einem Schüler Piagets), das sogenannte EIS-Modell. In dieser Formel steht

- „**E**" für enaktiv und bedeutet die Begegnung mit Lerninhalten auf einer konkreten Handlungsebene.
- „**I**" steht für ikonisch (Abbildung der konkreten Materialien) und
- „**S**" steht für symbolisch (Repräsentierung der konkreten Materialien durch Symbole).

Arbeiten nach dem EIS-Prinzip bedeutet, dass zunächst mit konkreten Gegenständen begonnen und dann zu deren ikonischer Darstellung (Foto oder Zeichnung) und – soweit möglich – auch symbolischen Darstellung übergegangen wird. Diese unterschiedlichen Niveaustufen sind auf allen Ebenen (Pränumerik, Zahlbegriff und Operationen) zu berücksichtigen. D. h. es darf nicht, wie es bislang allerdings noch oft der Fall ist, gleich auf der höchsten Stufe (der symbolischen Abbildung) begonnen werden. Auch ist es wichtig, die Beziehung der verschiedenen Ebenen untereinander zu verstehen. Z. B. dass Zahlen und arithmetische Zeichen Handlungsabsichten verkürzt und symbolisch darstellen (vgl. hierzu auch die Ausführungen in Ratz / Wittmann 2011, 129ff.).

Grundlagen des Buches „*Mathematik an der Schule für Geistigbehinderte*" von de Vries (2006), das in den „*Übungsreihen für Geistigbehinderte*" von Susanne Dank erschienen ist, sind zusammengefasst

- die Aspekte des Zahlbegriffs nach Gelman & Gallistel,
- die entwicklungspsychologischen Abläufe nach Piaget sowie
- die Stufen mathematischer Kompetenz der Handreichung des ISB.

Zusammengefasst handelt es sich also um ein kombiniertes Modell. Den Lehrer versteht de Vries (2006) als Lernbegleiter. Er ist dafür verantwortlich, geeignete Unterrichtssituationen zu gestalten. Ausgehend vom pränumerischen Bereich beschreibt de Vries (2006) auf den Seiten 37 bis 96 kindgemäße Übungen und Aktivitäten, die der Förderung und zugleich der Erfassung der Lernausgangslage (diagnostisches Moment) dienen. Diese Ausführungen sind von großem Wert, da sie ein theoretisch begründetes und praktisch die Schüler sehr motivierendes Vorgehen beschreiben, das mit nur geringen standortspezifischen Modifikationen als Förderinhalt übernommen werden kann.

Dabei sind viele der vorgesehenen Aktivitäten keineswegs neu (z. B. werden bei der Einheit „Körperschema" auch das weithin bekannte Bewegungslied „Hände waschen", der Körperspruch „Punkt, Punkt, Komma, Strich" sowie die „Rückenmassage" vorgeschlagen). Der dadurch gegebene Wiedererkennungswert für Leser erhöht die Bereitschaft, sich auch auf neue Vorschläge von de Vries (2006) einzulassen, denn sie knüpft damit auch an die „Lernausgangslage" der Leser an. Und sie gibt dadurch zu erkennen, dass sie auch aus praktischer Erfahrung kennt, worüber sie schreibt.

Kapitel 7 ist der „Diagnostik und Förderung" gewidmet. Die hier kurz vorgestellten standardisierten Testverfahren OTZ (Osnabrücker Test zur Zahlbegriffsentwicklung) und DEMAT 1+ werden vorrangig im Hinblick auf eine informelle Nutzung beschrieben. In einem späteren Werk, dem DIFMaB (**D**iagnostisches **I**nventar zur **F**örderung **Ma**thematischer **B**asiskompetenzen) aus dem Jahre 2008 stellt sie ein eigenständiges Diagnostikum vor, mit dem mathematische Basiskompetenzen überprüft werden können. In den weiteren Kapiteln 8 bis 14 geht es neben „Ideen für Rechenanlässe" schwerpunktmäßig um den Aspekt geeigneter Materialien.

Dass wirksame Förderung so früh wie möglich ansetzen muss, ist inzwischen fast überall anerkannt. Denn frühe Förderung bedeutet Prävention von Störungen, optimale Ausbildung des einem Menschen Möglichen und mehr Chancengleichheit.

Wie eine frühe Förderung in einem so entscheidenden Bereich wie der Mathematik konkret aussehen kann, das ist dagegen in der Praxis noch oft eine schwierige Frage. „DIFMaB" entstand aus dem Bedürfnis heraus, geeignetes Material für eine lernstandsbezogene Förderung im Bereich Mathematik zu entwickeln.

In DIFMaB werden deshalb die theoretischen Grundlagen der Förderung mathematischer Basiskompetenzen nur im Überblick vorgestellt. Zu den theoretischen Grundlagen ist zunächst das von de Vries entwickelte „Haus der Mathematik" zu zählen mit seinem Fundament *„pränumerischer Bereich"*, seinem Erdgeschoß *„Zahlbegriff"* und seinem Dach *„Rechenoperationen"* (s.o.). Weitere Grundlagen ihres Ansatzes sind das Entwicklungsstufen bezogene Kompetenzmodell von Piaget sowie die verschiedenen Zugangsebenen nach Bruner (konkretes Material, Abbildung, Symbole).

Nach dieser sehr komprimierten theoretischen Einführung geht sie schon auf Seite 15 auf den Schwerpunkt ihres Buches ein: das Diagnostische Inventar und das zugehörige Material.

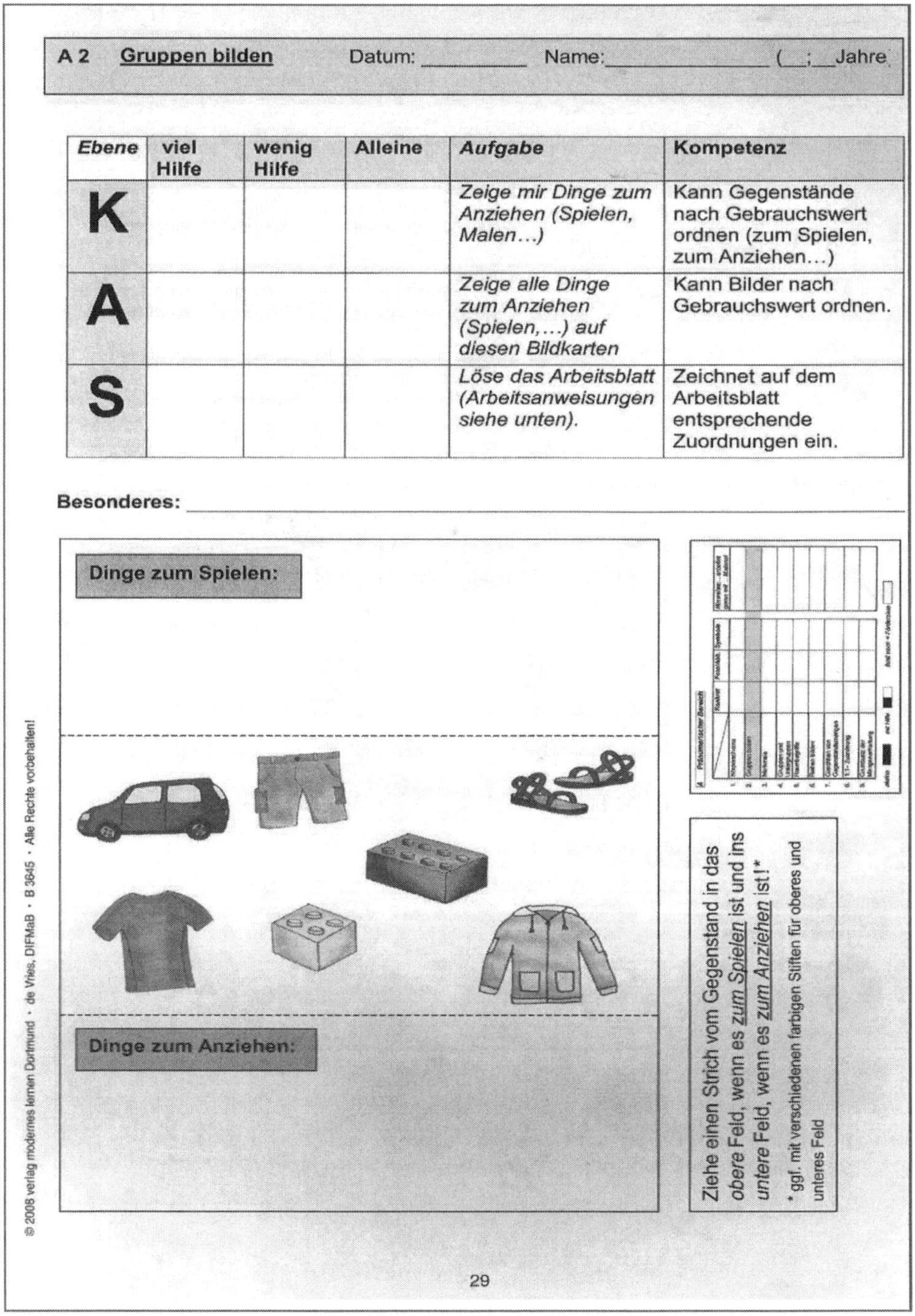

A 2 **Gruppen bilden** Datum: ________ Name: ______________ (__;__Jahre

Ebene	viel Hilfe	wenig Hilfe	Alleine	*Aufgabe*	Kompetenz
K				*Zeige mir Dinge zum Anziehen (Spielen, Malen...)*	Kann Gegenstände nach Gebrauchswert ordnen (zum Spielen, zum Anziehen...)
A				*Zeige alle Dinge zum Anziehen (Spielen,...) auf diesen Bildkarten*	Kann Bilder nach Gebrauchswert ordnen.
S				*Löse das Arbeitsblatt (Arbeitsanweisungen siehe unten).*	Zeichnet auf dem Arbeitsblatt entsprechende Zuordnungen ein.

Besonderes: ______________________________

Dinge zum Spielen:

Dinge zum Anziehen:

Ziehe einen Strich vom Gegenstand in das *obere* Feld, wenn es zum Spielen ist und ins *untere* Feld, wenn es zum Anziehen ist!*

* ggf. mit verschiedenen farbigen Stiften für oberes und unteres Feld

© 2008 verlag modernes lernen Dortmund · de Vries, DIFMaB · B 3645 · Alle Rechte vorbehalten!

29

Abb. 33: Beispiel für einen Feindiagnosebogen (de Vries 2008, 29).

Das hier dargestellte, von ihr selbst erarbeitete Verfahren ist von einer exzellenten Übersichtlichkeit mit hervorragenden Hinweisen für die praktische Umsetzung. Es ermöglicht Lehrern, handlungsorientiert den Lernstand eines Kindes bezogen auf die Bereiche Pränumerik, Zahlbegriff und Rechenoperationen zu erfassen und Kinder in diesen Bereichen zu fördern.

Insgesamt sind für eine erste Sichtung des DIFMaB 2-3 Stunden notwendig. Danach kann dann mit einer langfristigen, strukturierten Förderung auf der Grundlage genauer Lernstandserhebungen begonnen werden. Das Diagnostische Inventar zur Förderung mathematischer Basiskompetenzen hat drei Herzstücke:

1) die Feindiagnosebogen,
2) die Abbildungsmaterialien und
3) den Förderbegleitbogen zur Dokumentation.

Zu (1): Die Feindiagnosebogen: DIFMaB enthält 21 Feindiagnosebogen (neun für den Bereich Pränumerik, fünf für den Zahlbegriff und sieben für den Bereich Rechenoperationen). Die Feindiagnosebogen haben folgende Eigenschaften und Funktionen:

- Sie dienen zum Ausfüllen bei der Feindiagnostik,
- sie sind als Kopien ablegbar in den Akten,
- sie sind abwaschbar und wiederverwendbar,
- sie enthalten Aufgabenstellungen zur Durchführung und
- und Kompetenzformulierungen für Berichte.

Zu (2): Abbildungsmaterial: Zu jedem dieser Feindiagnosebogen in Kapitel 3 gibt es in Kapitel 4 Kopiervorlagen zur Herstellung des Materials, das man für die Bearbeitung des Feindiagnosebogens benötigt.

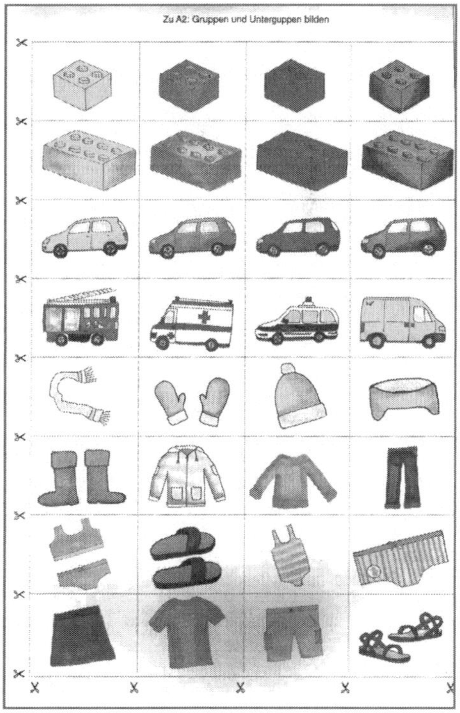

Abb. 34: Kopiervorlage zum abgebildeten Feindiagnosebogen (a.a.O., 55).

Zu (3) Förderbegleitbogen: Der Förderbegleitbogen ist eine nützliche und leicht handhabbare Hilfe zur Dokumentation der Lernfortschritte. Mit seiner Hilfe ist es möglich, klare Förderschwerpunkte und ggf. bereits konkrete Anregungen und Schritte für die Umsetzung zu ermitteln. Entsprechend dem „Haus der Mathematik" ist der Förderbegleitbogen in die drei Bereiche pränumerischer Bereich (A), Zahlbegriff (B) und Rechenoperationen (C) unterteilt. Gleichzeitig berücksichtigt der Förderbegleitbogen die drei verschiedenen Zugangsebenen nach dem EIS-Prinzip (E = enaktiv = konkrete Handlungen oder Materialien, I = ikonisch = Umgang mit Abbildungen sowie S = symbolisch = Umgang mit Symbolen).

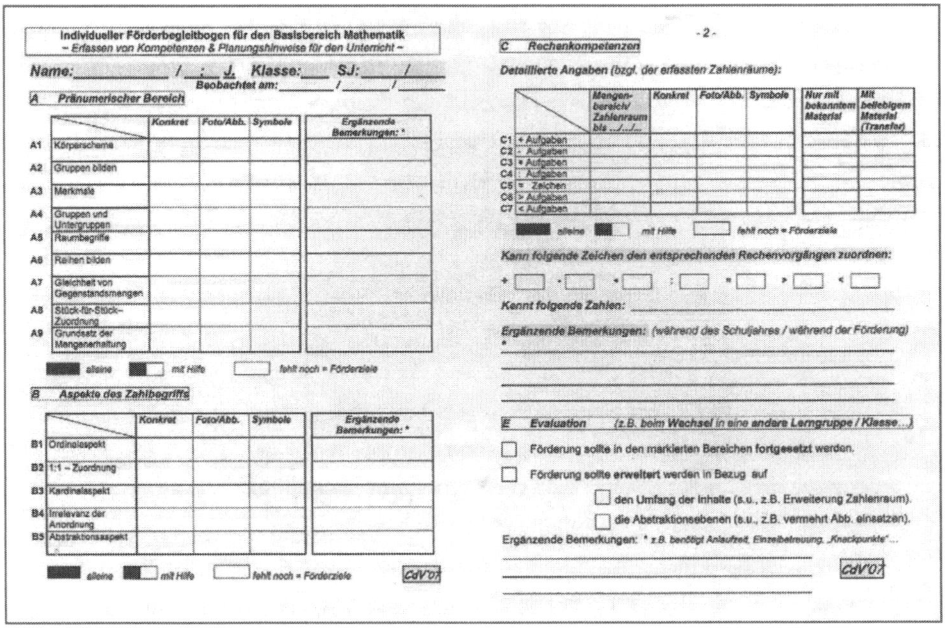

Individueller Förderbegleitbogen für den Basisbereich Mathematik
– Erfassen von Kompetenzen & Planungshinweise für den Unterricht –

Name:________ / __ : __ J. **Klasse:**____ **SJ:**____ / ____
Beobachtet am:________ / ________ / ________

A Pränumerischer Bereich

		Konkret	Foto/Abb.	Symbole	Ergänzende Bemerkungen: *
A1	Körperschema				
A2	Gruppen bilden				
A3	Merkmale				
A4	Gruppen und Untergruppen				
A5	Raumbegriffe				
A6	Reihen bilden				
A7	Gleichheit von Gegenstandsmengen				
A8	Stück-für-Stück-Zuordnung				
A9	Grundsatz der Mengenerhaltung				

alleine — mit Hilfe — fehlt noch = Förderziele

B Aspekte des Zahlbegriffs

		Konkret	Foto/Abb.	Symbole	Ergänzende Bemerkungen: *
B1	Ordinalaspekt				
B2	1:1 – Zuordnung				
B3	Kardinalaspekt				
B4	Irrelevanz der Anordnung				
B5	Abstraktionsaspekt				

alleine — mit Hilfe — fehlt noch = Förderziele — CdV'07

- 2 -

C Rechenkompetenzen

Detaillierte Angaben *(bzgl. der erfassten Zahlenräume)*:

		Mengenbereich/ Zahlenraum bis .../.../...	Konkret	Foto/Abb.	Symbole	Nur mit bekanntem Material	Mit beliebigem Material (Transfer)
C1	+ Aufgaben						
C2	- Aufgaben						
C3	• Aufgaben						
C4	: Aufgaben						
C5	= Zeichen						
C6	> Aufgaben						
C7	< Aufgaben						

alleine — mit Hilfe — fehlt noch = Förderziele

Kann folgende Zeichen den entsprechenden Rechenvorgängen zuordnen:

+ ☐ - ☐ • ☐ : ☐ = ☐ > ☐ < ☐

Kennt folgende Zahlen: ____________

Ergänzende Bemerkungen: *(während des Schuljahres / während der Förderung)*
*

E Evaluation *(z.B. beim Wechsel in eine andere Lerngruppe / Klasse...)*

☐ Förderung sollte in den markierten Bereichen fortgesetzt werden.

☐ Förderung sollte erweitert werden in Bezug auf

☐ den Umfang der Inhalte (s.u., z.B. Erweiterung Zahlenraum).

☐ die Abstraktionsebenen (s.u., z.B. vermehrt Abb. einsetzen).

Ergänzende Bemerkungen: * *z.B. benötigt Anlaufzeit, Einzelbetreuung, „Knackpunkte" ...*

CdV'07

Abb. 35: Der Förderbegleitbogen (a.a.O. 17).

Schöpft man alle Möglichkeiten aus, die DIFMaB bietet, so hat man am Ende ein diagnostisches Instrumentarium, mit dem der Lernentwicklungsstand von Kindern im Bereich der Pränumerik bis hin zu den Operationen erfasst und die diesbezüglichen Kompetenzen gefördert werden können.

5.2.3.8 ERT 4+ Eggenberger Rechentest – Diagnostikum für Dyskalkulie für das Ende der 4. Schulstufe bis Mitte der 5. Schulstufe

Rechenschwäche gilt gemeinhin als Problem der Grundschule. Dennoch zeigen sowohl die eigenen Erfahrungen wie auch wissenschaftliche Untersuchungen, dass es in der Sekundarstufe I eine beträchtliche Anzahl von Kindern und Jugendlichen gibt, die aufgrund von großen stofflichen Lücken aus der Grundschule nicht erfolgreich weiterlernen können (Moser-Opitz 2009, 29). Dies ist umso problematischer, als Mathematik hierarchisch aufgebaut ist. D. h. die einzelnen Inhalte bauen aufeinander auf und setzen einander voraus. Wird etwas nicht verstanden, geübt und gelernt, so fehlen damit die Voraussetzungen für zukünftiges Lernen. Schüler geraten dann schnell in Teufelskreise (vgl. dazu Betz & Breuninger 1998 sowie Breuninger o.J.), an deren Ende nicht selten völliges Vermeiden von Mathematik steht (vgl. Schäfer / Bikner-Ahsbahs 2009). Ricken / Fritz (2009) schreiben im Hinblick auf die Diagnostik bei dieser Zielgruppe:

> *„Die Beurteilung des aktuellen Standes sollte die Betrachtung der bisherigen Entwicklung sowie eine Beurteilung der aktuellen Entwicklungsbedingungen einschließen... Allerdings fehlen derzeit Verfahren zur Erfassung förderlicher oder hemmender Bedingungen für den Erwerb mathematischer Kompetenzen (...). Für individuelle Aussagen eignen sich grundsätzlich standardisierte Testverfahren. Allerdings stehen derzeit für die Sekundarstufe I in Deutschland nur veraltete Testverfahren (RT 9+, Bremm/Kühn 1992) zur Verfügung*" (Ricken/Fritz 2009, 52 f.).

Mit dem Erscheinen des ERT 4+ wird diese Lücke geschlossen. Es handelt sich um ein für die Diagnostik und Förderung im Bereich Mathematik vom Ende der Primarstufe bis zum Anfang der Sekundarstufe I grundlegendes Verfahren von sehr hoher wissenschaftlicher Qualität und einer aufgrund seiner leichten Handhabung sehr guten praktischen Verwendbarkeit.

Der ERT 4+ ist ein Verfahren, das sich speziell zur Erkennung von Rechenschwäche / Dyskalkulie eignet. Er erlaubt es, Aussagen über das Vorliegen bzw. Nicht-Vorliegen von Dyskalkulie zu treffen bzw. differenzierte Beschreibungen über den Entwicklungsstand der Mathematikkompetenz vorzunehmen (Manual, 11).

Entsprechend der derzeitigen wissenschaftlichen Praxis, die Rechenschwäche und Dyskalkulie synonym verwendet, wurden die Bezeichnungen Rechenschwäche und Dyskalkulie in den Titel übernommen. In Anlehnung an Schipper (2002) wird *Rechenschwäche* im Sinne von *besonderen Schwierigkeiten beim Erlernen des Rechnens* verstanden (Manual, 13).

Er ist sowohl als Einzeldiagnostikum als auch als Gruppentest geeignet. Die gesamte Bearbeitungszeit liegt zwischen 20 und 85 Minuten, die auf drei durch Pausen unterbrochene Zeiten verteilt werden sollte. Die Auswertung des Verfahrens ist sehr einfach (Manual, 21). Der ERT 4+ erfasst Rechenschwäche anhand von 15 Skalen, die vier Faktoren zugeordnet sind. Dem Eggenberger Rechtests 4 + liegt damit ein Faktorenmodell zugrunde, dessen vier Faktoren sich auf der 4. und 5. Schulstufe als determinierend erwiesen haben.

- **Faktor 1:** Mathematische Ordnungsstrukturen ☞ Zahlennachbarn / Zahlenreihen / Menge-Zahl-Zuordnung.
- **Faktor 2:** Algebraische Strukturen ☞ Rechnen halbschriftlich / Rechnen mit Platzhalter / Addieren schriftlich / Subtrahieren schriftlich / Multiplizieren / Dividieren.
- **Faktor 3:** Größenbeziehungen ☞ Geldmaße / Zeitmaße / Längenmaße / Flächenmaße / Massenmaße.
- **Faktor 4:** Angewandte Mathematik ☞ Textrechnungen.

Das Verfahren wurde an insgesamt 1849 Kindern aus vier Bundesländern Österreichs (Steiermark, Niederösterreich, Kärnten und Salzburg) sowie 54 Kindern aus Bayern entwickelt. Es wurden nur Kinder ohne eine deklarierte Intelligenzminderung untersucht (Manual, 47).

Das Verfahren erzielte bei allen wesentlichen Testgütekriterien (Objektivität, Reliabilität, Validität, Interdependenz der Faktoren und Skalen) gute Ergebnisse. Im Wortlaut vorgegebene Fragestellungen und Erläuterungen ermöglichen eine hohe Durchführungsobjektivität. Die Auswertung ist klar strukturiert und einfach, wodurch eine gute Auswertungsobjektivität gegeben ist.

Auf dem Auswertebogen sind die maximale Punktzahl und die kritischen Werte aufgeführt und rechts davon Leerfelder zum Eintragen der erreichten Rohwerte und der Prozentränge enthalten. Daneben befinden sich Felder zum Eintragen der Rohwerte und Prozentränge bei den einzelnen Skalen und ganz rechts Leerfelder für Gesamtwert-Rohwerte und Gesamtwert-Prozentränge. Darunter befindet sich eine eigene Tabelle zum Eintragen der benötigten Arbeitszeit in Minuten, wobei wieder die kritischen Wertbereiche pro Skala aufgeführt sind. Interpretation, notwendige vertiefende Diagnostik sowie Fördermaßnahmen werden anhand von Fallbeispielen (Manual, 25ff.) verdeutlicht.

Der Gesamtwert der Reliabilität ist mit rtt.=.88 als absolut befriedigend zu bezeichnen. Zwischen den einzelnen Faktoren sind die Unterschiede der Werte für Reliabilität dagegen hoch. Auch die inhaltliche Validität kann (nach einer mehrfachen Validierung mit Mathematiknote, Leistungsgruppe und Schultypen, Vergleich mit anderen Testverfahren und Faktorenanalyse) als zufriedenstellend bezeichnet werden.

5.2.3.9 BASIS-MATH 4-8: Basisdiagnostik Mathematik für die Klassen 4 bis 8

Die Erfahrung von Mathematiklehrern zeigt, dass rechenschwache Schüler der *Sekundarstufe I zentrale mathematische Kompetenzen nicht* erworben haben. Dies konnte auch von der Forschung durch empirische Studien sicher belegt werden (☞ Abschnitt 5.2.3.8). Die Folge dieser fehlenden Kompetenzen ist, dass Schüler im weiteren mathematischen Lernprozess gravierend beeinträchtigt sind. BASIS-MATH 4-8 knüpft an dieser empirisch belegten Erkenntnis an. Er ist ein *kriterienorientiertes* Verfahren für Schüler ab dem letzten Quartal des 4. Schuljahres bis zum Ende des 8. Schuljahres, das im unteren Leistungsbereich differenziert. BASIS-MATH 4-8 kann damit auch als das von Fritz und Ricken (2005) geforderte „Nadelöhr" für die mathematische Wissensaneignung betrachtet werden.

BASIS-MATH 4-8 ermittelt, ob Schüler, bei denen eine Rechenschwäche vermutet wird, *zentrale mathematische Kompetenzen* der Grundschulmathematik (den sog. mathematischen Basisstoff) erworben haben. Außerdem ermittelt BASIS-MATH 4-8 auch individuelle Rechenwege und ermöglicht eine qualitative Analyse der einzelnen Inhaltsbereiche. Damit unterscheidet sich BASIS-MATH 4-8 von vielen vorhandenen Schulleistungstests, die das Erreichen von Lehrplanzielen überprüfen.

In traditionellen Diagnosekonzepten der Mathematik wird eine Rechenstörung dann angenommen, wenn ein Unterschied zwischen allgemeinen kognitiven Fähigkeiten (IQ) und Rechenleistung von mindestens 1.5 bis 2 Standardabweichungen festgestellt werden kann. Das Diskrepanzkriterium wird jedoch seit langem und bezüglich mehrerer Aspekte kritisiert. Insbesondere zeigten Längsschnittstudien, dass die Diskrepanz von IQ und Rechenleistung *instabil* ist und deshalb das Diskrepanzkriterium *kein zuverlässiges Kriterium ist.* Als ein wichtigeres Kriterium hat sich aus Sicht der Autoren von BASIS-MATH 4-8 die Auskunft über spezifische Kompetenzen und Schwierigkeiten erwiesen. BASIS-MATH 4-8 wurde deshalb das Kriterium *nicht erworbener basaler Lernstoff der Grundschule* bzw. *nicht erworbener mathematischer Basisstoff* zugrunde gelegt. Als *Rechenschwäche* wird somit hier *der nicht bewältigte basale Lernstoff der Grundschule* begriffen.

Das Testverfahren ist als *Individualtest* konzipiert. Die Durchführung dauert zwischen 20 und 45 Minuten. 48 Aufgaben überprüfen das Vorhandensein der zentralen arithmetischen Kompetenzen der ersten vier Schuljahre. Die Testauswertung erfolgt auf der Ebene der Gesamtleistung (Erreichen des Grenzwertes für Rechenschwäche) und der verwendeten Rechenwege.

Die Auswertung ist sehr komfortabel, da sie durch ein leicht zu bedienendes Programm unterstützt wird (CD liegt den Testunterlagen bei), das automatisch die für die Interpretation notwendigen Auswertungen vollzieht. Die Items werden direkt vom Protokollbogen eingegeben und danach wird das Ergebnis ausgedruckt. Sofern kein Computer zur Verfügung steht, kann anhand der Anleitung im Manual (Anhang C) eine Hausauswertung vorgenommen werden.

BASIS-MATH 4-8 überprüft den mathematischen Basisstoff und die Rechenwege mit den folgenden Aufgaben:

- Mathematischer Basisstoff:

  Zählen: Das Zählen ist eine Schlüsselkompetenz beim Aufbau von Zahlbegriffen. Schüler mit Rechenschwächen haben insbesondere beim Zählen in Schritten größer als 1 Probleme. Zur Erfassung der Zählkompetenz dienen die folgenden Aufgaben:

  7 a ☞ vorwärts zählen in Zweierschritten,
  7 b ☞ rückwärts zählen in Zehnerschritten und
  7 c ☞ vorwärts zählen in Hunderterschritten.

  Beziehung-Teil-Ganzes: Die Erkenntnis, dass sich eine Menge in Teilmengen zerlegen lässt, ist ein weiterer wichtiger Inhalt des mathematischen Basisstoffs. Für die Erfassung dieser Kompetenz dienen im BASIS-MATH 4-8:

  3 a-e ☞ Ergänzungsaufgaben,
  9 a ☞ Testaufgabe (Rechnung).

  Dezimalsystem: Das Dezimalsystem ist das wichtigste Konzept der Mathematik. Eine Reihe von Untersuchungen zeigt, dass Schüler über ungenügende Einsichten in diese Struktur verfügen. Die Einsicht in das Dezimalsystem wird mit den folgenden Aufgaben überprüft:

  8 a-b Bündeln,
  8 c-f Entbündeln bzw. Aufbrechen von Kategorien,
  8 g-h Zahlenstrahl (ordinaler Zahlaspekt),
  8 i-j Stellenwert.

- *Mathematisierungsfähigkeit und Problemlösen:*

  Das Lösen mathematischer Probleme erfordert Mathematisierungsfähigkeit. Damit ist die Fähigkeit gemeint, Kontextsituationen in die Sprache der Mathematik zu übertragen. In einer Studie hat sich gezeigt, dass rechenschwache Schüler solche Übersetzungsprozesse für Multiplikation und Division weniger gut ausführen können als für Addition und Subtraktion.

BASIS-MATH 4-8 überprüft deshalb die Mathematisierungsfähigkeit bei Multiplikation und Division mit den folgenden Aufgaben:

5 f ☞ Operationsverständnis Multiplikation,
6 f ☞ Operationsverständnis Division und
9 a-c ☞ Textaufgaben.

- *Rechenwege:*

  Eine große Anzahl von Studien hat bei Schülern mit Rechenschwäche ineffektive Rechenwege nachgewiesen. Der BASIS-MATH 4-8 überprüft deshalb die bei einfachen Kopfrechenaufgaben verwendeten Rechenwege sowie die bei halbschriftlichen Verfahren verwendeten Rechenwege. Aufgaben zur Erfassung der Rechenwege beim Kopfrechnen sind

  1 a-c; 2 a-c; 3 a-e ☞ Addition, Subtraktion, Ergänzen
  4 a-e; 5 a-e; 6 a-e ☞ Verdoppeln / halbieren, Multiplikation, Division

  Aufgaben zur Erfassung der Rechenwege beim halbschriftlichen Verfahren finden sich unter:

  1 d-e; 2 d-e ☞ halbschriftliche Addition sowie halbschriftliche Subtraktion

BASIS-MATH 4-8 weist eine hohe Qualität der Testgüte auf, von der hier nur auf wesentliche Aspekte eingegangen werden kann. Durch klare Instruktionen ist die Durchführungsobjektivität gegeben und detaillierte Auswertetabellen ermöglichen die Interpretationsobjektivität. Außerdem hat BASIS-MATH 4-8 eine hohe Sensitivität (93 % für NRW und 95 % für die Schweiz). Damit ist eine sehr hohe Wahrscheinlichkeit gegeben, dass rechenschwache Schüler durch den Test erkannt werden.

Für eine weiterführende Diagnostik verweisen die Autoren auf qualitative Lernstandserfassungen[18], die auch Angaben zur lernniveaubezogenen Förderung enthalten.

---

[18] Vgl. hierzu unter anderem die Beiträge in Moser-Opitz (2009), Scherer (2012) und Kaufmann / Wessolowski (2006).

6 Verhalten

6.1 Modelle zum Erwerb von Verhaltenskompetenzen und -störungen

Die Frage, wie Verhaltensstörungen entstehen, wird unterschiedlich beantwortet (Hillenbrand 2002, 62). Die Antwort ist abhängig vom jeweiligen Menschenbild und der erkenntnistheoretischen Position (das heißt also von den Vorstellungen wissenschaftlich akzeptabler Methoden).

> *„Das zugrunde liegende Bild vom Menschen, die anthropologische Frage, spielt dabei eine zentrale Rolle, aber auch die Vorstellungen von einer wissenschaftlich akzeptablen Methode, also die erkenntnistheoretische Frage"* (ebd.).

In der aktuellen Diskussion der Pädagogik bei Verhaltensstörungen sowie der damit im Zusammenhang stehenden Diagnostik werden mehrere Erklärungsmöglichkeiten und damit einhergehend verschiedene Handlungsansätze gleichzeitig akzeptiert (Myschker 1999, 72ff. und weiterführend Vernooij / Wittrock 2008). Diese Handlungsansätze werden als Ansätze oder auch Modelle bezeichnet. Hierbei sind Modelle als ein zusammenhängendes System von wissenschaftlichen Sätzen und Aussagen zu verstehen.

Die verschiedenen Ansätze stehen allerdings nicht in einem friedlichen Verhältnis der Koexistenz, sondern vielmehr in Konkurrenz zueinander. Modelle stellen eine Grundlage von Annahmen dar, aus denen Handlungsmöglichkeiten zur Prävention, Intervention und Rehabilitation abgeleitet werden. Darstellungen von Modellen legen unter anderem Juul (1979), Benkmann (1989), Wittrock (1998), Myschker (1999), Hillenbrand (2002) und Vernooij / Wittrock (2008) vor.

Von Benkmann (1989) werden sechs Modelle unterschieden (71ff.). Diese werden im Folgenden unter Rückgriff auf die Ausführungen von Hillenbrand (2002, 62ff.) und ergänzt durch Wittrock (1998) und Myschker (1999) dargestellt.

Es ist notwendig, diese unterschiedlichen Modelle zu kennen, um die aktuelle theoretische Diskussion zu verstehen, Positionen zu beurteilen und am wissenschaftlichen Dialog teilnehmen zu können. Die Kenntnis der Ansätze ist aber mindestens genauso unverzichtbar, um vorhandene Praxiskonzepte zu verstehen, einzuordnen, beurteilen, und im Hinblick auf den Fokus der Förderdiagnostik praxistaugliche Handlungsstrategien entwickeln zu können (Molnar / Lindquist 1993, 28ff.).

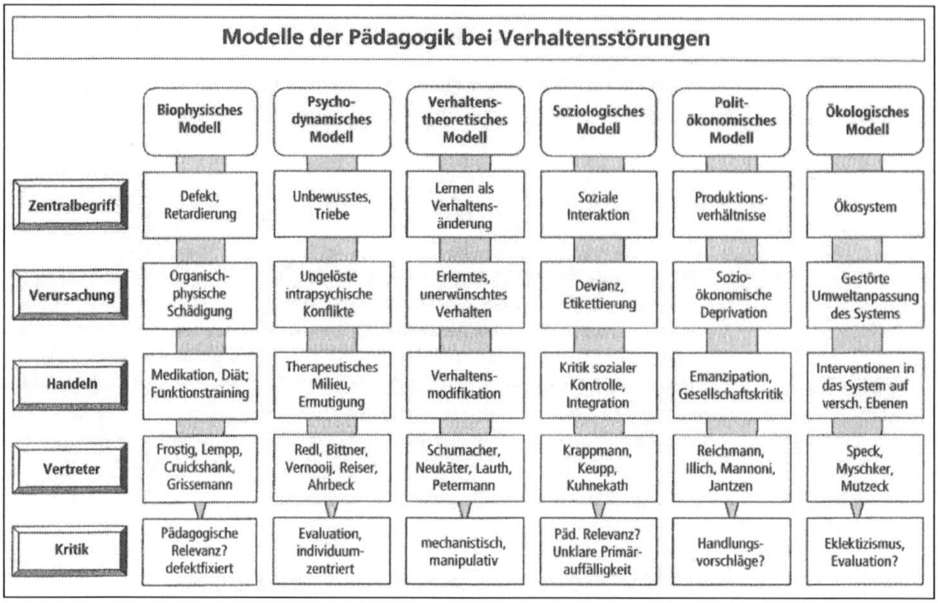

Abb. 36: Modelle der Pädagogik bei Verhaltensstörungen (Hillenbrand 2002, 71).

6.1.1 Das biophysische Modell

Der biophysische Ansatz sucht die Ursache und den Grund einer Verhaltensstörung in organischen und physischen Faktoren,

> *„in denen Schädigungen oder funktionelle Abweichungen des Organismus festgestellt oder vermutet werden“* (Hillenbrand 2002, 63).

Die aus diesem Ansatz heraus resultierenden Handlungsstrategien sind die aktuell immer wieder diskutierte medizinische Indikation und funktionale Trainingseinheiten: Die starre Defektfixierung führt zwangsläufig zu einer linearen Betrachtung, die die alleinige Lösung in der Vergabe stimulierender / destimulierender Mittel sieht (z.B. Ritalin® und Medikinet®).

Eine Diagnostik unter pädagogischen Gesichtspunkten ist innerhalb dieses Modells zunächst schwierig, da man von der Beobachtung von Symptomen oder Symptomverbindungen – also Syndromen – auf Störungen schließt. In einem medizinischen Setting werden

> *„Verhaltensstörungen entweder als Folge eines organischen Defekts (Defekttheorien) oder als Resultat einer Entwicklungsverzögerung des Zentralnervensystems mit der Folge einer kognitiven, sozialen und emotionalen Unreife“* (ebd.)

verstanden.

Im Sinne einer weiteren Ausdifferenzierung des biophysischen Modells nach Hillenbrand (2002) beschreibt Myschker (1999) zum einen den medizinischen Ansatz, der in weiten Teilen den Einschätzungen des biophysischen Modells entsprechen kann, zum anderen führt er den humanethologischen Aspekt, also die

> *„biologische Verhaltensforschung am Menschen, als Gegenrichtung gegen kulturellen Relativismus und extrem milieutheoretische Positionen"* (82) an.

Insgesamt sollte mit Blick auf die oben beschriebene multikausale Ätiologie von Verhaltensstörungen die Bewertung des biophysischen Modells nicht dazu führen, in einem linearen Vorgehen deviantem (abweichendem) Verhalten in erster Linie mit der Vergabe von Medikamenten und Psychopharmaka zu begegnen. Vielmehr gilt es nach einer klärenden medizinischen Diagnostik (etwa in der Kinder- und Jugendpsychiatrie; auch hier sollten Pädagogen klar ihre Grenzen im Blick haben) die Therapie in Einklang mit den pädagogischen Möglichkeiten vor Ort und in der Familie zu bringen (Speck 1979). Alleine in dieser Betrachtung ist die Kenntnis verschiedener Modelle in der Bewertung von Verhaltensstörungen hilfreich, um sowohl die verschiedenen Ursachen - wie etwa auch die Unterscheidung von primären oder sekundären Verhaltensstörungen -, als auch die damit verbundenen Fördermöglichkeiten diagnostisch begleiten zu können.

6.1.2 Das psychodynamische Modell

Dieses Modell findet bei Myschker (1999) eine weitere Unterteilung in die Theoriefelder

- der Psychoanalayse nach Freud (83ff.),
- der Individualpsychologie nach Adler (93ff.) und eines
- mehr humanistisch-psychologischen Ansatzes nach Rogers (94).

Außerdem integriert Myschker (1999) innerhalb dieses psychologischen Ansatzes eine mehr lerntheoretische Akzentuierung, die Hillenbrand (2002) in einem Modell zur Verhaltenstheorie vorstellt (66).

> *„Primär erhält die Erziehung bei Verhaltensstörungen im psychodynamischen Verständnis die Aufgabe, die Entwicklung durch Befriedigung der emotionalen und sozialen Bedürfnisse zu fördern. Angstfreie Situationen, Berücksichtigung der Bedürfnisse und Gefühle, Ermutigung, Hilfen zur Konfliktbewältigung, Ermöglichung von Erfolgserlebnissen und Ermutigung zu selbstständigem Handeln stehen an zentraler Stelle.*

> *Für die Schule ist der Zusammenhang von kognitiven, sozialen und emotionalen Prozessen ausdrücklich zu berücksichtigen, wie dies besonders in musischen Aktivitäten möglich ist“* (Hillenbrand 2002, 66 und Hußlein 1983).

Auch hier ließe sich wieder der Modellcharakter als problematisch beschreiben, betrachtet das einzelne Modell doch unter systemtheoretischen Gesichtspunkten natürlich nicht mehrdimensional die in Frage kommenden Einflussfaktoren, sondern in diesem Fall nur das einzelne Kind. Die Umwelt als prägende Instanz im Sinne der verschiedenen Systemebenen bleibt außen vor (Stein / Faas 1999, 40ff. und weiterführend Holtz / Kretschmann 1989).

Das psychodynamische Modell hat unter didaktischer wie förderdiagnostischer Perspektive einen sehr hohen Stellenwert. Lassen sich bei einem Schüler mit alternativen Handlungsstrategien musische Zugänge ausmachen, bietet sich ein primär an diesem psychodynamischen Modell orientiertes Vorgehen an. Ebenso impliziert diese Einsicht zugleich Förderbereiche, auf deren Grundlage ein Abbau von Verhaltensstörungen anzubahnen sein kann. Dabei ist immer der dynamische Prozess sowohl der Störungen selber wie auch des Lern- und Entwicklungsverhaltens im Blick zu behalten, um flexibel auf Persönlichkeitsveränderungen und daraus sich verändernde Förderansätze reagieren zu können.

6.1.3 Das verhaltenstheoretische Modell

Das verhaltenstheoretische Modell stellt innerhalb der psychologischen Erklärungsansätze (Myschker 1999, 83ff.) gewissermaßen einen Gegenpol zum psychodynamischen Ansatz dar, der auf tiefenpsychologischer Theorie basiert (Benkmann 1989, 84):

> *„Verhalten wird demnach nicht von unbewussten Trieben gesteuert, sondern durch situative Reize und Konsequenzen auf das gezeigte Verhalten gelernt. Verhaltensstörungen werden genauso wie unauffällige Verhaltensweisen in Lernprozessen erworben und im Laufe der Zeit habitualisiert“* (Hillenbrand 2002, 66).

Die experimentelle Herleitung der bekannten Ansätze der klassischen und operanten Konditionierung sowie des Lernens am Modell hat klare Vorteile wie auch damit im Zusammenhang stehende Nachteile (Benkmann 1989, 88ff.; Adameit et al. 1983, 353 und schließlich Juul 1979, 81). Im positiven Sinne sind folgende Aspekte zu benennen:

- *„die relativ kurze Dauer der Maßnahme,*
- *der Situationsbezug, d.h. Verhaltensmodifikation erfolgt vor Ort in Situationen, in denen Problemverhalten auftritt,*
- *die Möglichkeit des Einsatzes geschulter Laien als Mediatoren,*
- *die Kontrolle der Wirksamkeit der Interventionen, d.h. es kann aufgedeckt werden, worauf das Gelingen oder Misslingen einer Modifikation beruht,*
- *die Transparenz des Verfahrens*
- *und die Kooperation mit dem Lernenden als Leitprinzip verhaltensmodifikatorischen Vorgehens“* (Adameit et al.1983, 353).

Dieser Argumentation für eine verhaltenstheoretisch orientierte Pädagogik werden in der Förderpraxis wiederum folgende Argumente entgegengehalten:

- *„sie verfolge sehr begrenzte Ziele,*
- *(...) sie versage bei allgemeinen Zielen der Erziehung,*
- *(...) spontan sich ergebende Fördermöglichkeiten könnten nicht genutzt werden,*
- *sie verzichte weitgehend auf die Vermittlung von Einsichten in die Entstehungszusammenhänge von Verhaltensproblemen, und führe daher nur zu kurzfristigen, eher oberflächlichen Verhaltensänderungen,*
- *die Verhaltensmodifikation sei mechanisch und unpersönlich,*
- *sie verwöhne die Schüler durch ständige Verstärkung von eigentlich selbstverständlichem Verhalten“* (a.a.O., 356).

In dieser Gegenüberstellung positiver wie auch negativer Einschätzungen zur Verhaltensmodifikation bzw. verhaltenstheoretischen Zugangsweisen wird deutlich, dass die Vorteile ganz klar in der Klarheit und unmittelbaren, störungsfreien Anwendbarkeit liegen (Neukäter 2008, 97):

> *„Das Kind wird hier nicht zum kranken Kind gestempelt, sondern unter allgemein gültigen Kategorien beurteilt“* (Hillenbrand 2002, 67).

6.1.4 Das soziologische Modell

Innerhalb des soziologischen Modells werden Zuschreibungssachverhalte beschrieben, auf deren Grundlage Kinder und Jugendliche die ihnen zugeschriebenen Auffälligkeiten verinnerlichen und in ihr Selbstkonzept integrieren. Als Folge dieser innerpsychischen Integration abweichenden Verhaltens entwickelt sich eine eigendynamische Spirale mit negativer Tendenz und manifestiert sich zu einer regelrechten Störung des Verhaltens (Bach 1989, 16ff.).

Aus der amerikanischen Theoriebildung ist im Besonderen der Soziologe Merton (1968) zu nennen, der mit seiner Beschreibung der sogenannten Wert-Mittel-Diskrepanz ein Dilemma beschreibt, dem Schüler in ihrer Konfrontation mit anderen soziokulturellen Bedingungen ausgesetzt sind (283ff.):

> *„Den durch die Schule gesetzten Zielen, gute Noten in den Klassenarbeiten, Erreichen des Klassenziels, Erreichen eines Schulabschlusses usw., können sich die Schüler nicht entziehen.*
>
> *Sie haben aber nicht die für das Erreichen der Ziele notwendigen soziokulturellen Mittel. In der Familie wurden ihnen die schulisch bedeutsamen Fähigkeiten und Fertigkeiten, Einstellungen und Handlungsweisen nicht vermittelt, die von der Umwelt im Hinblick auf Sprache, Manieren, Leistungsbereitschaft usw. verlangt werden.*
>
> *Sie haben nicht gelernt, sozial adäquat zu kommunizieren, eigene Verhaltensweisen in Frage zu stellen (Metakommunikation), die Verhaltensweisen in der Schule entsprechen nicht denen im Elternhaus, Streitigkeiten können sie nicht verbal sondern häufig nur mit körperlichen Mitteln lösen“ (Myschker 1999, 99).*

Geht man mit dem Blick dieses Modells in den förderdiagnostischen Prozess hinein, ist auch hier eine systemische Betrachtung angezeigt, um die prägenden Einflüsse biografisch aufarbeiten zu können. Im Sinne zielführender Einschätzungen sollte man sich auf jeden Fall der zeitlichen Dimension bewusst sein, die das Aufbrechen langfristig verinnerlichter Verhaltensmuster bedeuten kann (Molnar / Lindquist 1993, 19ff.).

Durchaus nicht unproblematisch dürfte die Tatsache sein,

> *„dass der Etikettierungsansatz die Entstehung einer primären Abweichung, aufgrund derer dann der Stigmatisierungsprozess zustande kommt, nicht erklären kann“* (Hillenbrand 2002, 68).

Das meint also, dass die primäre Devianz nicht geklärt wird und ihr damit auch nicht pädagogisch begegnet werden kann. Im Hinblick auf förderdiagnostische Vorgänge sollte dennoch auch dieses Modell nicht gänzlich aus der Betrachtung genommen werden, um auch für solche Schüler ein pädagogisches Setting entwickeln zu können, die aus biografischer Sicht die kommunikativen und verhaltensbezogenen Anforderungen im Kontext Schule nicht kennen können aber kennen lernen möchten[19].

---

[19] Hillenbrand (2002) fragt hier nach *„pädagogischer Relevanz?“* (71).

6.1.5 Das polit-ökonomische Modell

Hillenbrand (2002) beschreibt den Erklärungsansatz des polit-ökonomischen Modells wie folgt:

> *„Für das Modell einer politisch-ökonomischen Verursachung entstehen Verhaltensstörungen aus der individuellen, psychischen Verarbeitung konkreter ökonomischer und soziokultureller Gesellschaftsverhältnisse“* (Hillenbrand 2002, 72).

Dies meint, dass die vor dem Hintergrund kapitalistischer Produktionsverhältnisse entstehenden Ungleichheiten innerhalb der Lebensverhältnisse der Kinder individuelle Problemlösestrategien und damit sich im Kontext Schule zeigende Verhaltensstörungen hervorrufen können.

> *„Oft bleiben gesellschaftskritische Beiträge hinsichtlich der Forderung nach Veränderungen unverbindlich, machen nur vage Aussagen über den anzustrebenden Sollzustand der Gesellschaft und sind nicht in der Lage, wissenschaftlich begründete Empfehlungen von Mitteln zu geben, durch welche dieser Zustand herbeigeführt werden könnte“* (Brezinka 1981, 48 in Benkmann 1989, 103).

Bei Myschker (1999) finden wir diesen polit-ökonomischen Erklärungsansatz integriert in den pädagogischen Aspekt (106ff.), ohne dass eine gesonderte Herausstellung oder inhaltliche Ausdifferenzierung vorgenommen wird.

6.1.6 Das ökologische Modell

Myschker (1999) beschreibt in seinen Einleitungen zur Verursachung und Entstehung von Verhaltensstörungen:

> *„Bei der Entstehung von Verhaltensstörungen spielen zumeist mehrere Ursachen eine Rolle. Verschiedene pathogene Faktoren wirken in einem längeren Prozess miteinander: Verhaltensstörungen sind multifaktoriell bedingt“* (72 und weiterführend Woolfolk 2008, 174ff.).

Ökologische Sichtweisen finden sich auch bei Hillenbrand (2002), Bundschuh (2007) und Vernooij / Wittrock (2008), die von der *„Mehrperspektivität eines Phänomens“* (a.a.O., 11) sprechen:

> „Gleichzeitig wollen wir verdeutlichen, dass im praktisch-pädagogischen Handeln monokausales (eingleisiges) Denken und ein enges Gebundensein an ausschließlich einen pädagogisch-therapeutischen Erklärungsansatz dem Phänomen Verhaltensstörung nicht gerecht werden kann. Monokausales Denken muss überwunden werden, zugunsten einer mehrperspektivischen, theoriegeleiteten Methoden- und Handlungsreflexion“ (ebd.).

6.2 Diagnostik von Verhaltenskompetenzen

6.2.1 Quantitative Verfahren

Ähnlich wie in anderen Bereichen lassen sich auch in der Pädagogik bei Verhaltensstörungen diagnostische Zugänge beschreiben, die zwar primär quantitativer Natur sind, aber auch immer Möglichkeiten im qualitativen Bereich offen lassen. Nachstehend beschreiben wir acht solcher Verfahren zur diagnostischen Abklärung persönlichkeitsbezogener Devianzen und Störungen im Kontext sozio-emotionaler Entwicklung:

- Persönlichkeitsfragebogen Kinder (PFK 9-14),
- Aussageliste Selbstwertgefühl (ALS),
- Angstfragebogen Schüler (AFS),
- Fragebogen zur Erhebung der Emotionsregulation (FEEL-KJ),
- Lern- und Arbeitsverhaltensinventar (LAVI),
- Testreihe zur Prüfung der Konzentrationsfähigkeit (TPK),
- Familie in Tieren (FiT) und
- Mann-Zeichen-Test (MZT).

6.2.1.1 Persönlichkeitsfragebogen Kinder PFK 9-14

Seitz, W. / Rausche, A. (2004 – 4. überabeitete und neu normierte Auflage): PFK 9-14 Persönlichkeitsfragebogen für Kinder zwischen 9 und 14 Jahren. Bern: Hogrefe.

Der Persönlichkeitsfragebogen für Kinder wurde erstmals 1976 (Seitz / Rausche) für den Bereich Kinder und Jugendliche im Alter zwischen 9 und 14 Jahren veröffentlicht. Das Inventar zielt auf eine möglichst breite und zugleich differenzierte Erfassung kindlicher Persönlichkeitsmerkmale. Derzeit liegt kein umfassenderes Instrument für diesen Erhebungsbereich vor. 2004 kam es zu einer Neunormierung.

Die Rückmeldungen aus der Praxis wurden in der 4. Überarbeitung aufgegriffen, was stellenweise zu einer sprachlichen Überarbeitung der Items führte. Anzahl, Inhalt und Struktur der durch den PFK 9-14 erfassten Persönlichkeitsdimensionen stützen sich einerseits auf theoretische Überlegungen, andererseits auf empirische Befunde.

In der Testung selbst werden drei Darstellungsbereiche von Persönlichkeitsmerkmalen unterschieden: Verhaltensstile (VS), Motive (MO) und Selbstbild-Aspekte (SB). Diese drei Darstellungsbereiche werden anschließend über insgesamt 15 Skalen erfragt:

- Emotionale Erregbarkeit (VS 1),
- Fehlende Willenskontrolle (VS 2),
- Extravertierte Aktivität (VS 3),
- Zurückhaltung und Scheu im Sozialkontakt (VS 4),
- Bedürfnis nach Ich-Durchsetzung, Aggression und Opposition (MO 1),
- Bedürfnis nach Alleinsein und Selbstgenügsamkeit (MO 2),
- Schulischer Ehrgeiz (Wertschätzung für und Bemühung um Erfolg und Anerkennung in der Schule) (MO 3),
- Bereitschaft zu sozialem Engagement (MO 4),
- Neigung zu Gehorsam und Abhängigkeit gegenüber Erwachsenen (MO 5),
- Maskulinität der Einstellung (MO 6),
- Selbsterleben von allgemeiner (existenzieller) Angst (SB 1),
- Selbstüberzeugung (hinsichtlich Erfolg und Richtigkeit eigener Meinungen, Entscheidungen, Planungen und Vorhaben) (SB 2),
- Selbsterleben von Impulsivität (SB 3),
- Egozentrische Selbstgefälligkeit (SB 4) und
- Selbsterleben von Unterlegenheit gegenüber anderen (SB 5).

Diese 15 Darstellungsbereiche wiederum bestehen aus 12 Items, die über das Abfragen im Sinne eines *„Stimmt – stimmt nicht"* erhoben werden. Auf der Grundlage dieser 15 Primär-Dimensionen lassen sich 4 übergeordnete Sekundärfaktoren bestimmen: (1) Derb-draufgängerische Ich-Durchsetzung, (2) Emotionalität (Angst), (3) Selbstgenügsame soziale Isolierung und schließlich (4) Aktives Engagement (Seitz / Rausche 2004).

6.2.1.2 Aussageliste Selbstwertgefühl (ALS)

Schauder, T. (Herausgegeben von Petermann, F. / Jäger, R. S.) (2011 – 3 vollständig überarbeitete und neu normierte Auflage 2011): ALS Aussagenliste zum Selbstwertgefühl für Kinder und Jugendliche. Bern: Hogrefe.

Die Aussageliste zum Selbstwertgefühl für Kinder und Jugendliche (ALS) dient der differenzierten Erfassung des Selbstwertgefühls von Kindern und Jugendlichen.

Durch die Methode der Selbstverbalisation können Art (Qualität) und Ausmaß (Quantität) des Selbstwertgefühls in Abhängigkeit von verschiedenen Lebens- und Verhaltensbereichen (Schule, Freizeit, Familie, Heimgruppe) bestimmt werden. Zur ALS liegen zwei Versionen vor: Eine für in ihren Familien aufgewachsene Kinder (Version F) und eine für Heimkinder (Version H).

6.2.1.3 Angstfragebogen Schüler (AFS)

Wieczerkowski, W. / Nickel, H. / Janowski, A. / Fittkau, B. / Rauer, W. (1981[6]): AFS Angstfragebogen für Schüler. Bern: Hogrefe.

Der AFS ist ein mehrfaktorieller Fragebogen, der die ängstlichen und unlustvollen Erfahrungen von Schülern unter drei Aspekten erfasst:

- Prüfungsangst (PA),
- allgemeine (manifeste) Angst (MA) und
- Schulunlust (SU).

Ferner enthält der AFS eine Skala zur Erfassung der Tendenz von Schülern, sich angepasst und sozial erwünscht darzustellen (SE). Dem AFS ist darüber hinaus ein Heft mit den entsprechenden Einschätzskalen zur Fremdbeurteilung für den Lehrer beigefügt, anhand derer sich überprüfen lässt, inwieweit die Selbstdarstellung der Schüler im AFS mit der Einschätzung der Lehrer übereinstimmt.

6.2.1.4 Fragebogen zur Erhebung der Emotionsregulation (FEEL – KJ)

Grob, A. & Smolenski, C. (2005): Fragebogen zur Erhebung der Emotionsregulation bei Kindern und Jugendlichen (FEEL-KJ). Bern: Verlag Hans Huber.

Dieser Fragebogen liegt als Einzel- und Gruppentest für Kinder und Jugendliche im Alter von 10,0 bis 19,11 Jahren vor. Verwendung findet er in der Psychotherapie und in der Erziehungsberatung, wie auch innerhalb der schulpsychologischen Untersuchung und der klinisch-psychologischen und pädagogisch-psychologischen Praxis. Der Fragebogen erfasst in mehreren Dimensionen die individuellen Strategien zur Emotionsregulation – bezogen auf die Emotionen

- Angst,
- Trauer und
- Wut.

In diesen Emotionsfeldern werden zum einen adaptive Strategien erfasst wie

- Problemorientiertes Handeln,
- Zerstreuung,
- Stimmung anheben,
- Akzeptieren, Vergessen,
- Umbewerten und
- Kognitives Problemlösen.

Zum anderen kommen auch maladaptive Strategien zum Tragen wie etwa

- Aufgeben,
- Aggressives Verhalten,
- Rückzug,
- Selbstabwertung und
- Perseveration.

Über diesen adaptiven und maladaptiven Zugang hinaus werden Handlungsstrategien wie Ausdruck, Emotionskontrolle und soziale Unterstützung erfasst. Die Zusammenschau dieser drei Komponenten ergibt einen Eindruck vom Risiko der Ausgestaltung psychopathologischer Auffälligkeiten. Neben der Herausbildung potentieller Störungsbilder kann der FEEL-KJ auch die psychosozialen Kompetenzen von Kinder und Jugendlichen erfassen und kann damit zur Erstellung eines Ressourcenprofils verwendet werden. Die Bearbeitungsdauer beträgt je nach Alter (entsprechend umfangreicher werden die Fragen) zwischen 10 und 30 Minuten.

6.2.1.5 Lern- und Arbeitsverhaltensinventar (LAVI)

Keller, G. & Thiel, R.-D. (1998): Lern- und Arbeitsverhaltensinventar (LAVI). Handanweisung. Göttingen: Hogrefe.

Das Lern und Arbeitsverhaltensinventar von Keller / Thiel (1998) ist ein Einzel- und Gruppentest für Schüler der Klassen 5 bis 10 und findet seinen Einsatz in der Einzelfallhilfe schulpsychologischer Dienste und in der schulischen Förderarbeit mit ganzen Schulklassen wie auch Fördergruppen.

Es dient einer differentiellen Erfassung des Lern- und Arbeitsverhaltens und beschreibt die folgenden Skalen:

- *Arbeitshaltung,*
- *Stressbewältigung und*
- *grundlegende Lerntechniken.*

Die Bearbeitungszeit beträgt etwa 30 Minuten.

6.2.1.6 Testreihe zur Prüfung der Konzentrationsfähigkeit (TPK)

Büttner, G. / Kurth, E. (1999): Testreihe zur Prüfung der Konzentrationsfähigkeit (TPK): Manual. Göttingen: Hogrefe.

Der TPK steht als Einzel- und Gruppentest für Schüler der 2. bis 6. Klasse in der schulpsychologischen, der klinisch-psychologischen wie auch der sonderpädagogischen Praxis zur Verfügung. Mit der Testreihe können im Zeitfenster von etwa einer Schulstunde bei wechselnden Konzentrationsanforderungen folgende Leistungsmomente erfasst werden:

- Leistungsmenge
- Leistungsgüte und
- Stabilität

Die Bearbeitungsdauer beträgt etwa 45 Minuten.

Nachstehend beschreiben wir die beiden primär im quantitativen Bereich zu verortenden (projektiven) Verfahren

- **Familie in Tieren** (FiT☞ 6.2.1.7) und
- **Mann-Zeichen-Test** (MZT ☞ 6.2.1.8)

ausführlicher, da diese in der Praxis eine häufige Anwendung finden. Darüber hinaus lassen sich diese Verfahren durch den spielerischen Zugang (Zeichnen der Familie / Zeichnen eines Mannes) relativ unkompliziert und ohne großen organisatorischen Vorlauf durchführen.

6.2.1.7 Familie in Tieren (FiT)

Die **Familie in Tieren** nach Brem-Gräser (2011) ist eine projektive Untersuchungsmethode für Kinder, bei der der Proband seine Familienmitglieder als Tiere zeichnerisch darstellen soll. Die Methode zählt wie der Rorschach-Test (Bohm 1974) zu den projektiven Verfahren. Durch die zeichnerische Anwendung soll es dem Kind leichter fallen, sich rückschlussgebend zu äußern. Kinder können so Konflikte im familiären Zusammenhang darstellen, ohne sich dabei der Sprache bedienen oder sich mit der Thematik einer Exploration oder diagnostischen Betrachtung auseinandersetzen zu müssen.

Die Durchführung erfolgt in einer ruhigen Atmosphäre. Die Instruktion lautet, dass das Kind sich seine Familie in Tieren vorstellen und diese Tiere jetzt zeichnen soll.

Die Auswertung erfolgt in „*freier*" Interpretation nach tiefenpsychologisch oder systemisch orientierten Kriterien zu bestimmten Gesichtspunkten. Die Autorin selbst gibt hier eine Hilfestellung mit einem Katalog der Tiereigenschaften. Als weiteres Kriterium gilt die Anordnung, Größe und Art der Tiere auf dem Bild:

- Welche Familienmitglieder werden in der gleichen Ebene gezeichnet?
- Wer wendet sich wem zu und wer wendet sich von wem ab?
- Welche räumlichen Distanzen bestehen zwischen den Familienmitgliedern?
- Wie groß sind die Tiere dargestellt?
- Welche Übereinstimmungen bzw. Unterschiede gibt es hinsichtlich der Gattung der gezeichneten Tiere (zum Beispiel Haus- oder Wildtiere, Säugetiere, Insekten etc.)?

Anders als beim Rorschach-Test sind die Zeichnungen nicht zwingend a priori bedeutungslos. Sie werden vom Tester subjektiv bewertet. Einige Untersuchungen zeigen in diesem Zusammenhang, dass "Familie in Tieren" keine der gebräuchlichen Gütekriterien (Validität, Reliabilität und Objektivität) erfüllt, womit die Verwendung als Explorationshilfe durchaus als spekulativ beschrieben werden kann. Diese Gedanken führt auch die Autorin selber an, indem sie die eigenen Erkenntnisse gegenüber denen der psychologischen Diagnostik abgrenzt:

> *„(...) kritische Äußerungen hängen eng mit der jahrelang betonten engen Hinwendung zu messbaren, nachprüfbaren, den statistischen Testkriterien entsprechenden Methoden zusammen. So wurde vermerkt, die `Familie in Tieren` entspreche den testdiagnostischen Gütekriterien nicht genügend (...)"* (Brem-Gräser 2011, 8).

Ein deutliches Problemfeld des Verfahrens ist unter Anderem die willkürliche Interpretation: Wenn beispielsweise das Kind den Vater als Löwen malt, bleibt unklar, ob es die Rolle des Vaters positiv (zum Beispiel stark, beschützend) oder negativ (zum Beispiel aggressiv, dominant) empfindet. Außerdem bleibt oft unklar, ob die Zeichnung des Kindes die aktuelle Familiensituation darstellen soll oder die Wunschsituation, so wie sich das Kind die Familie wünscht. Von daher ist es wichtig, mit dem Kind die subjektive Bedeutung der gezeichneten Tiere zu besprechen.

Diese möglichen Problemstellen sind jedoch auch der Autorin bewusst, weshalb sie selber an verschiedenen Punkten Hinweise auf mögliche Ursachen und damit verbundene Vermeidungsmöglichkeiten von Fehldeutungen anführt (z.B. 7 und 81).

- **Zeichenbegabung**: Auch wenn in der Testanweisung auf die Unwichtigkeit des schönen Zeichnens hingewiesen wird, können die unterschiedlichen Begabungen im Zeichnen und die verschiedenen Vorlieben für das Malen als solches durchaus die Ausgestaltung der Malergebnisse beeinflussen und damit die Wahrnehmung durch den TL in die eine oder die andere Richtung prägen.

- **Zoologieunterricht – Besuch im Tiergarten**: Brem-Gräser (2011) stellt fest, dass es eher seltener vorkomme, dass sich Kinder von den Besuchen im Zoo oder auch den Erfahrungen im Umgang mit Tieren in ihrer Darstellung in die eine oder andere Richtung beeinflussen lassen (81). Unserer Einschätzung nach spielt dies jedoch eine durchaus zu berücksichtigende Rolle, da sich dadurch auch die mögliche Darstellungsvielfalt verändern kann und dem Kind weitere und damit differenziertere Formen der Tierauswahl zur Verfügung stehen.

- **Ähnlichkeiten mit einem Tier**: Manchmal lassen sich auch tatsächliche - entweder objektiv stimmige oder subjektiv empfundene - Ähnlichkeiten mit dem beschriebenen Familienmitglied feststellen, die Autorin führt *„Affengesicht, Habichtnase, Löwenmähne, Windhund“* (82) als Beispiel an. Wichtig ist in einem solchen Fall, die mit dem gezeigten Tier verbundenen Eigenschaften nicht unmittelbar als die primäre Aussage des Kindes stehen zu lassen, sondern diese durch andere Zugänge zu be- oder widerlegen.

- **Zufällige Spitz- oder Schimpfnamen**: Hier gelten die Anmerkungen wie im zuvor gezeigten Punkt (Ähnlichkeiten mit einem Tier).

- **Zugehörigkeit zu einem Tierkreiszeichen**: *„Auch die Zugehörigkeit zu einem Tierkreiszeichen kann als Grund für die Darstellungen angegeben werden (Widder, ...) Äußerliche Ähnlichkeiten mit einem Tier-, Spitz- und Schimpfnamen und Zugehörigkeit zu einem Tierkreisbild werden manchmal als treffend anerkannt, aber ebenso oft als unzutreffend abgelehnt und nicht gezeichnet (...)“* (ebd.)

- **Augenblickliche Zu- oder Abneigung**: In den Darstellungen der Kinder, also dem, von dem wir glauben, dass es von den Kindern ausgedrückt werden möchte, kann durchaus auch die aktuelle Sympathie oder Antipathie gegenüber einem Familienmitglied zum Ausdruck kommen. Vor diesem Hintergrund bietet es sich an (im Gegensatz zur Vermeidung von Wiederholungen in der Psychologischen Diagnostik), nach einigen Monaten die Fragestellung zu wiederholen (82).

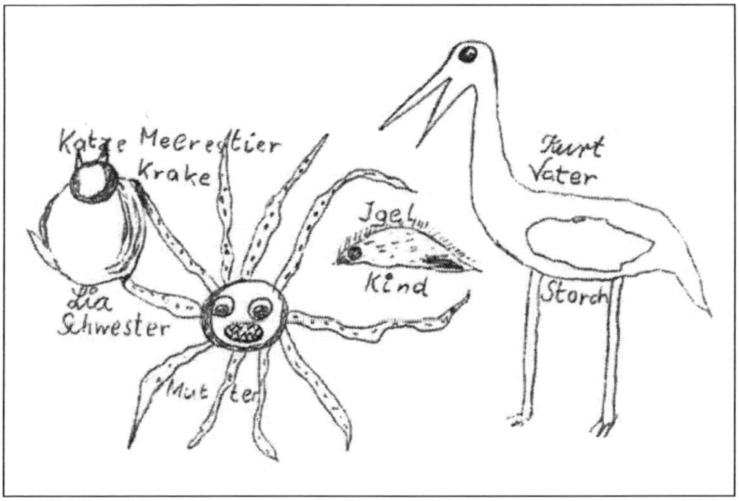

Abb. 37: Fall 17 – Beispiel aus Brem-Gräser (2011, Anhang).

Sehr hilfreich für die Anwendung des projektiven Verfahrens sind die insgesamt 29 Fallbeispiele, die sowohl mit Bildmaterial gezeigt, wie auch mit recht ausführlicher Analyse und Interpretation angeführt werden (97-144). Zunächst wird der Beratungsgrund folgendermaßen angeführt:

> *„Die dreizehnjährige Irma ist außerordentlich verspielt, verträumt und manchmal kleinkindhaft trotzig. Sie findet keinen Anschluss an Gleichaltrige, sondern spielt nur mit viel Jüngeren. Obwohl Irma eine gute Schülerin ist, bezweifelt die Lehrerin, ob sie für die Mittelschule geeignet ist und bittet um psychologischen Rat. Die Lehrerin steht auf dem Standpunkt, \`es fehlt ihr an Reife\`"* (126).

In den Ausführungen von Brem-Gräser (2011) lassen sich folgende Interpretationen finden:

- *„Wir vermuten, dass Irma von der Mutter noch wie ein Kleinkind umsorgt und behütet wird. (…)*
- *Die altersentsprechende Entfaltung der Eigenständigkeit ist aber in den \`Armen der Mutter\` nicht möglich, darum werden kleinkindhafte Praktiken beibehalten. (…).*

- *Nach der Zeichnung urteilend, wird es für die dreizehnjährige Irma höchste Zeit, dass sie ihren Lebensraum erweitert und sich aus ihrer `Nestbindung` löst.*
- *Ein Streben nach Eigenständigkeit äußert sich bereits in der Wahl verschiedener Tiere für die Familie; diese Ansätze müssten besonders von der Mutter gefördert und beachtet werden"* (127).

Die Autorin weist auch im Kontext der Interpretation der Bilder nochmal ausdrücklich auf die Bedeutung der Anamnese hin, auf deren Grundlage die Aussagen der Kinder erst

> *„in überzeugender Weise den diagnostischen und psychagogischen Wert"* (144)

aufzeigen. Insgesamt stellt für uns dieses Verfahren eine schlüssige Möglichkeit dar, die aktuellen und anamnestischen Hintergründe im Kontext Familie aus der Perspektive des Kindes selber erheben zu können. Dabei geht es nicht darum, den Kindern Dinge in den Mund zu legen, sondern anhand empirischer Erfahrungswerte der Autorin Rückschlüsse auf Befindlichkeiten und Zusammenhänge im Familienverbund machen zu können (29ff.). Da es sich um Interpretationen handelt, sind die Einsichten und gewonnen Erkenntnisse mit anderen psychologischen / testtheoretischen Daten abzugleichen und zu untermauern bzw. zu widerlegen (Mannhard 2010, 4).

Dies beschreibt auch Bundschuh (2010), der zur Abgrenzung der psychometrischen Verfahren gegenüber den projektiven Verfahren einige Unterschiede herausarbeitet:

- Während bei den psychometrischen Verfahren Leistungen und Verhaltensmuster gemessen und bewertet werden, werden bei den *„Verfahren projektiver Art Testergebnisse zumeist charakterisiert, beschrieben, signiert und interpretiert. (...) Bei den projektiven Methoden wird die Leistung zumeist nur nach qualitativen Gesichtspunkten charakterisiert"* (129).
- Während man bei den psychometrischen Verfahren von einer Muss-Leistung spricht (der Proband muss die vorgegebene Aufgabe lösen), sind die Aufgaben in einem projektiven Setting als Kann-Leistung zu beschreiben.
- Demzufolge spricht man *„im Zusammenhang mit psychometrischen Verfahren (...) vom `Zwangscharakter`, beim projektiven Verfahren von einem `Aufforderungscharakter`"* (ebd.).

Nachstehend warnt Bundschuh (2010) ausdrücklich vor einer fachlich nicht fundierten Anwendung projektiver Verfahren:

> „D*ie Handhabung der in Frage stehenden Testverfahren steht an sich nur Psychologen und Psychotherapeuten zu"* (130).

Im Zusammenhang mit der sonderpädagogischen Gutachtenerstellung und pädagogischen Diagnostik sieht Bundschuh (2010) Einsatzmöglichkeiten, wenn der Gutachter auf entsprechende Erfahrungen zurückgreifen kann. Auch nach unserer Einschätzung sollte die Anwendung dieser projektiven Verfahren wie „Familie in Tieren" oder dem „Mensch-Zeichen-Test" mit einem gewissen Erfahrungsschatz und Routine einhergehen. Wichtig ist uns in beiden Ansätzen der qualitative Charakter, den es schon per se immer mit anderen Erkenntnissen und Einsichten in Einklang zu bringen gilt (van der Kooij 2004, 55ff. und Schlee 2007, 178ff.).

6.2.1.8 Mann-Zeichen-Test (MZT)

Der „*Mann-Zeichen-Test*" (MZT) nach Hermann Ziler wird in der kinderpsychologischen Praxis recht häufig als diagnostisches Hilfsmittel verwendet und besonders bei Fragen der Schulreife gern als ergänzendes Untersuchungsverfahren eingesetzt (Schuster 2009, 128). Auch bei den Untersuchungen des Kinderarztes (U8 und U9) findet er seine Anwendung (Mannhard 2010, 1ff.).

In der vorliegenden Neufassung haben Brosat / Tötemeyer (2007) das Testverfahren von Ziler (1970) in der ursprünglichen Fassung von 1950 den heutigen gesellschaftlichen Lebensumständen angepasst, da sich die gesellschaftlichen Veränderungen der letzten 50 Jahre auch auf das Malverhalten der Kinder ausgewirkt haben. Hierzu wurden die Zeichnungen von 1.125 Kindern im Alter von 3 bis 14 Jahren ausgewertet, basierend auf dem Testauftrag:

> *„Male einen Menschen, so gut du kannst" (Brosat / Tötemeyer 2007, 9).*

Das jetzt überarbeitete Verfahren ist geeignet, im Rahmen einer Testbatterie erste Aussagen zu bestimmten Aspekten der Wahrnehmungsentwicklung eines Kindes zu treffen. Dies kann sowohl in einer Einzel- wie auch in einer Gruppensituation durchgeführt werden.

> *„In der quantitativen, detailstatistischen Auswertung werden die einzelnen Details einer Menschenzeichung anhand von 52 Bewertungskriterien erfasst, mit 1 Punkt (vorhanden) bzw. 0 Punkten (nicht vorhanden) bewertet und zu einer Gesamtpunktzahl addiert (Punktzahl)"* (10).

Im Gegensatz zu dem doch schon deutlichen Interpretationsspielraum im Verfahren „*Familie in Tieren*" (☞ Abschnitt 6.2.1.7) sind im MZT die vorhandenen Teile des Menschen doch recht eindeutig zu bestimmen (Kopf, Augen, Nase).

Nummer/ Punkt	Inhalt	Bemerkungen
1.	Kopf	
2.	Kopf, nicht größer als 1/2 und nicht kleiner als 1/6 des Rumpfes	ausmessen
3.	Kopfhaar, angedeutet	
4.	Kopfhaar, deutlich ausgezeichnet	Der Punkt zählt, wenn das Haar nicht nur gekritzelt, sondern die entsprechenden Stellen des Kopfes gezeichnetes Haar aufweisen. Kopfumrisse dürfen nicht durchschauen.
5.	Augen	
6.	Pupille	
7.	Augenbrauen	Zählt für Augenbrauen wie für Wimpern
8.	Nase, angedeutet	Strich oder Punkt
9.	Nase, plastisch	Entweder zwei Striche, bei denen der waagerechte kürzer als der senkrechte ist oder Dreieck
10.	Mund, angedeutet	Strich oder zusammenhanglose Striche
11.	Mund, plastisch	In Mundform, nicht nur ein Loch
12.	Lippen, deutlich gezeichnet	
13.	Kinn, deutlich erkennbar oder Bart	Bei En Face- Zeichnungen muss entsprechend Platz unter dem Mund sein und das Kinn muss spitzer zulaufen. Es zählen auch Andeutungen des Kinns durch einen Punkt, Strich oder Schattierungen.
14.	Ohren, angedeutet	
15.	Ohren, plastisch	Das Innere der Ohrmuschel ist angedeutet
16.	Hals, angedeutet	Siehe 18.
17.	Hals, plastisch	Hals ist durch zwei Striche in richtiger Verbindung zwischen Kopf und Rumpf dargestellt
18.	Hals, richtig verbunden	Als Andeutung des Halses genügt ein Strich, der jedoch korrekt mit Kopf und Rumpf verbunden sein muss. Ohne direkte Verbindung kann der Punkt 16 nicht gezählt werden. Es gibt keine Begrenzung des Halses zum Rumpf, es sei denn durch eine Kette oder einen Kragen. Begrenzungen zum Kopf können nur durch die Kopfumrisslinie dargestellt werden (wäre diese nicht vorhanden, könnte z.B. auch nicht wie unter 13. genannt ein Kinn oder Bart dargestellt werden). Die Verbindung zwischen Hals und Kopf sollte natürlich aussehen.
19.	Rumpf	Strich, kreisförmig oder quadratisch. Bei Kopffüßlern (siehe Mannhard 2009) kann ein lang gezogener offener Raum als Rumpf anerkannt werden, wenn er über dem Ende der Beine oder Füße durch einen Querstrich nach unten begrenzt ist.
20.	Rumpf, plastisch	Eindeutig länger als breit
21.	Schultern, deutlich erkennbar	
22.	Arme als Strich	
23.	Arme plastisch	
24.	Arme, richtig angesetzt	Der Arm darf nicht durch eine Linie vom Rumpf abgetrennt sein, es sei denn, es wäre ein Pullunder ohne Ärmel erkennbar.
25.	Ellbogen	Deutlicher Winkel, wenigstens an einem Arm
26.	Hände, angedeutet	Eine Hand ist auch dann angedeutet, wenn nur ein Kreis oder ein Kreis mit Fingern (angedeutet oder plastisch) gezeichnet wurde
27.	Hände, deutlich ausgezeichnet	Der Handteller ist deutlich von Arm und den plastisch dargestellten Fingern abgegrenzt
28.	Finger, angedeutet	Siehe 31.
29.	Finger, plastisch	
30.	Finger, richtige Zahl	
31.	Daumen, abgespreizt	
32.	Beine	Sind die Beine durch einen Rock oder Mantel komplett verdeckt, gibt es keinen Punkt. Steht der Mensch mit geschlossenen Beinen, gibt es einen Punkt, wenn sie schräg zusammen laufen und richtig an den Rumpf angesetzt sind. Der Punkt wird nicht erteilt, wenn die Beine direkt an Gürtel oder Taille angesetzt sind.
33.	Beine, plastisch	Siehe 32.
34.	Beine, richtig angesetzt	Siehe 32.
35.	Knie	Deutlicher Winkel, wenigstens an einem Bein
36.	Füße und/oder Schuhe, angedeutet	
37.	Füße und/oder Schuhe, plastisch	Fußform erforderlich. Nur Kreis o.ä. genügt nicht.
38.	Füße und/oder Schuhe, mit Ferse oder Absatz	Gewertet wird jede deutliche Erhebung an der Stelle, an der die Ferse oder der Absatz sein müssten. Wenn Füße und Schuhe nicht gezeichnet wurden, da lange Hosen oder Röcke sie verdecken, werden alternativ die Punkte der Hände vergeben.
39.	Gesicht, en face oder Gesichtsprofil	Alle Gesichtsteile wie Augen, Augenbrauen oder Wimpern, Nase und Mund müssen enthalten sein. Nicht erforderlich: Pupillen, Kinn und Ohren
40.	Gesicht, en face oder Gesichtsprofil, plastisch und komplett	Kinn oder Ohren dürfen fehlen. Bei Mischprofilen (vgl. Mannhard 2009) wird die doppelte Darstellung von Nase und Mund und eine mehrfache Darstellung der Augen positiv mit den entsprechenden Punkten bewertet.
41.	Kopfbedeckung, angedeutet	
42.	Kopfbedeckung mit Einzelheiten	
43.	Körperbekleidung, angedeutet	Der Punkt ist auch erfüllt, wenn Kleidung angedeutet, aber nicht transparent ist, aber deutliche Abgrenzungen zu Händen und Füßen enthält oder eine Trennlinie zwischen Oberkörper und Beine gezeichnet ist. Sind Muster oder Einzelheiten gezeichnet, werden auch Nr. 44 + 45 gewertet.
44.	Hose oder Rock	Deutlich gezeichnet mit Einzelheiten, nicht transparent
45.	Oberteil	Deutlich gezeichnet mit Einzelheiten
46.	Kragen oder Bündchen	Zwei Linien, deutlich gezeichnet
47.	Schmuck	
48.	Brille	
49.	Uhr	
50.	Accessoires	Luftballons, Blumen, Handtasche, Walkman, Revolver, Messer, Pfeil und Bogen, Zigarette usw.

Abb. 38: Bewertungskriterien MZA (**M**ann-**Z**eichen-**A**lter - Tabelle aus Mannhard 2010, 3)

Doch auch hier liegen einige subjektive Beurteilungskriterien vor (plastisch, deutlich, richtig), die schon Ziler (1970) *„mit Anmerkungen zur Bewertung einzelner Details“* (Brosat / Tötemeyer 2007, 10) bedachte. So bekommt das angedeutete Ohr einen Punkt während es für das plastische Ohr einen weiteren Punkt gibt *(„Erforderlich für diesen Punkt ist, dass innerhalb der Umrandung des Ohres ein Punkt, ein Kreis, eine fragezeichenartige Figur oder dergl. das Innere der Ohrmuschel andeutet“* [11]):

> *„Bei der Zählung der Punkte ist darauf zu achten, dass bei einer besseren Ausführung eines Körperteils die vorherigen Punkte für die schlechtere Ausführung mitgezählt werden“* (10).

Mannhard (2010) hat die Bewertungskriterien auf der Grundlage von Ziler (1970 und Brosat / Tötemeyer (2007) tabellarisch zusammengefasst (vgl. hierzu Abb. 38).

Anhand der vorliegenden Zeichnungen kann auf der Grundlage der vorstehenden Tabelle (Mannhard 2010, 3) eine Punktzahl von maximal 52 Punkten ermittelt werden, die dann ein Mann-Zeichen-Alter (MZA) ergibt:

MZA = (Punktzahl : 4) + 3

Ziler (1970) geht davon aus, das ein Kind ab dem vierten Lebensjahr pro Jahr vier neue Details entwickelt, deshalb werden für die ersten drei Lebensjahre nach der Division der Gesamtpunktzahl durch die Details die drei Jahre dazu addiert. Darüber hinaus lässt sich auch ein Mann-Zeichen-Quotient (MZQ) errechnen.

MZQ = (MZA : LA) x 100

Mit dem folgenden Beispiel aus Brosat / Tötemeyer (2007) lässt sich dieses Vorgehen recht konkret erfassen (ebd., 15):

> „Eine Zeichnung erhält 24 Punkte bei einem Lebensalter von 8 Jahren und 5 Monaten (dezimal 8,42 Jahre). Daraus ergibt sich folgende Rechnung:

(24 : 4) + 3 Jahre = 9 Jahre MZA

(9 MZA : 8,42 LA)x 100 = 107 MZQ“ (ebd.).

Abb. 39: Abbildungen aus Brosat / Tötemeyer (2007, Anhang Seite 36 und 37).

Die linke Abbildung zeigt einen der typischen „*Kopffüßler*“, die aus dem MZT bekannt sind. Das Kind (Junge) ist 4,92, das mit den vorliegenden Punkten errechnete MZA beträgt 5,25, bei einem MZQ von 107. Das Kind hat folgende Punkte erreicht: 1, 3, 5, 8, 10, 22, 28, 32, 36 ☞ zusammen 9 Punkte.

Betrachtet man sich die Tabelle (Abb. 38), lassen sich alle Punktwerte lediglich Andeutungen zuordnen, das heißt, dass die einzelnen Körperteile auf einer sehr fragmentarischen Ebene bewusst sind; plastische Darstellungen finden keine statt. Dem gegenüber bildet das Kind, das die rechte Abbildung gezeichnet hat, bereits sehr viele Details ab: Mit einem LA (Lebensalter) von 4,42 Jahren sogar jünger als der Junge, der den Kopffüßler gezeichnet hat, erreicht das Mädchen ein MZA von 8,25 bei einem MZQ von 187. Insgesamt lassen sich am Menschen des Mädchens 21 Punkte zählen (1, 3, 5, 7, 8, 9, 10, 14, 16, 17, 19, 22, 23, 26, 28, 29, 30, 32, 33, 36, 39), einige davon mit weiterführender Punktzahl:

- So können die Nummer 8 wie auch die Nummer 16 zunächst die Nase und den Hals in der Andeutung zählen, darauf aufbauend auch mit der Nummer 9 und der Nummer 17 die plastische Darstellung mit einem weiteren Punkt werten.
- Noch deutlicher wird die qualitative Steigerung der rechten Zeichnung bei den Punktwerten 28, 29, 30. Während zunächst die Andeutung der Finger die Nummer 28 bedient, erreicht der Zeichner mit der Nummer 29 (plastische Darstellung des Fingers) einen weiteren Punkt. Mit der Angabe der richtigen Fingerzahl kann ein dritter Punkt für eigentlich einen Aspekt notiert werden.

Betrachtet man diese Auswertung, lassen sich zum Einen deutliche Aussagen über die Selbstwahrnehmung des Kindes, über seine visuelle Wahrnehmungsentwicklung, sein Körperschema sowie sein Selbstwertgefühl treffen. Zum anderen sollte dieses projektive Verfahren nicht als Ersatz für einen Intelligenztest herangezogen werden. In diesem Zusammenhang äußert sich auch Schuster (2009) kritisch:

> *„Erfahrene Tester verwenden das Ergebnis auch nur dann für eine Diagnose, wenn sich der Testwert aus dem Zeichentest positiv von den anderen Intelligenztestwerten abhebt und damit einen Hinweis auf eine mögliche neurotische Leistungshemmung bei anderen Tests gibt. Es kann dann vermutet werden, dass das Kind in Wirklichkeit mehr leisten kann, als es ein traditioneller Intelligenztest zeigt. Ein großer Unterschied ist nämlich, dass das Kind beim MZT gar nicht merkt, dass es getestet wird, und frei von Leistungsängsten agieren kann“* (Schuster 2009, 127-128 in Mannhard 2010, 2).

6.2.2 Qualitative Zugänge am Beispiel des ELDIB

ELDIB ist die Abkürzung für *„Entwicklungstherapeutischer / Entwicklungspädagogischer Lernziel-Diagnose-Bogen“.* Es handelt sich um die Übersetzung eines amerikanischen Diagnoseverfahrens (*Developmental Teaching Objectives Rating Form* ☞ DTORF nach Mary M. Wood), das an das Bildungssystem der BRD angepasst wurde (Erich 2007, 45). Der ELDiB geht davon aus, dass das Kind in seiner (Normal-)Entwicklung von der Geburt bis zum 16. Lebensjahr fünf Entwicklungsstufen durchläuft und spiegelt die kindliche sozial-emotionale Entwicklung in systematisierter Form wider.

Verhaltensfähigkeiten, die für eine bestimmte Entwicklungsstufe typisch sind, stellen die Grundlage der nächsten Stufe dar. Entwicklungsbereiche des Verhaltens bzw. im ELDiB unterschiedene Teilkomponenten sind Verhalten, Kommunikation, Sozialisation und (Vor)Schulleistung / Kognition. Erich (2007) nennt fünf zentrale Funktionen des ELDiB:

- Der aktuelle Entwicklungsstand des Kindes kann eingeschätzt werden.
- Fördermaßnahmen können gezielt geplant oder ggf. angeglichen werden.
- Der Entwicklungsfortschritt kann fortlaufend evaluiert werden.
- Einschätzungsergebnisse helfen bei der Zuordnung von Schülern zu Gruppen.
- Die Einschätzung bietet Entscheidungshilfen bei der Zuweisung zu Einrichtungen der Sondererziehung bzw. zu Förderprogrammen (49f.).

Die Stufen I bis V aus dem Stufenmodell von Erich (2007 und weiterführend Wood et al. 1986, 13) sind dem Lebensalter folgendermaßen zugeordnet (vgl. hierzu auch die Darstellungen in Rittmeyer 2005a, 82ff.).

Normale Entwicklung	**Säugling/ Kleinkind**	**Vorschulkind**	**mittlere Kindheit**		**Adoleszenz**
Lebensalter	Geburt bis ca. 24 Monate	ca. Beginn 3. bis Ende 5. Lebensjahr	ca. Beginn 6. bis Ende 9. Lebensjahr	Beginn 10. bis Ende 12. Lebensjahr	ca. Beginn 13. bis Ende 16. Lebensjahr
Förderorte	Frühförderung	Kindergarten	Grundschule Klasse 1–3	Grundschule Klasse 4 und Orientierungsstufe	Sek. I ab Klasse 7
Sozial-emotionale Entwicklungsstufe	Stufe I	Stufe II	Stufe III	Stufe IV	Stufe V

Abb. 40: Normale Entwicklungsstufe, Alter, Förderort, Stufen der Entwicklungstherapie (Grafik aus Erich 2007, 48 nach Wood et al. 1986, 13).

Die Übersicht in Abbildung 41 zeigt, welche übergeordneten Richtziele auf den einzelnen Stufen in den jeweiligen Bereichen anzustreben sind.

Entwicklungsstufen/Altersbereiche	**Entwicklungsbereiche:** **Verhalten**	**Kommunikation**	**Sozialisation**	**(Vor)Schulleistung/ Kognition**
Stufe I	Stufenziel: Fähigkeiten, auf die Umwelt mit Freude zu reagieren *„Reagieren und jemandem vertrauen"*			
Sollte Ende des 2. Lebensjahres erworben sein.	den eigenen körperlichen Fähigkeiten vertrauen	Verwendung von Wörtern/Sprache, um Bedürfnisse zu befriedigen	einem Erwachsenen hinreichend vertrauen, um auf ihn zu reagieren	auf die Umgebung reagieren mit intentionalen Körperbewegungen und basalen mentalen Prozessen von Gedächtnis, Klassifikation sowie rezeptivem Vokabular
Stufe II	Stufenziel: Fähigkeiten, auf die Umwelt mit Erfolg zu reagieren *„Erfolgreich individuelle Fähigkeiten erwerben und einsetzen"*			
Sollte Ende des 5. Lebensjahres erworben sein.	erfolgreiche Teilnahme an Routineabläufen und Aktivitäten	Verwendung von Wörtern/Sprache, um andere in konstruktiver Weise zu beeinflussen	sich erfolgreich an Aktivitäten beteiligen	Teilnahme an Aktivitäten durch Selbsthilfe, motorische Koordination, Sprache und mentale Prozesse von Unterscheiden/Ordnen/ Zählen
Stufe III	Stufenziel: Fähigkeiten zur erfolgreichen Gruppenteilnahme erwerben *„Anwenden individueller Fähigkeiten in Gruppen mit Gleichaltrigen"*			
Sollte Ende des 9. Lebensjahres erworben sein.	Fähigkeiten für individuellen Erfolg als Mitglied einer Gruppe einsetzen	Verwendung von Wörtern/Sprache, um sich konstruktiv in Gruppen auszudrücken	Gruppenaktivitäten als befriedigend erleben	erfolgreiche Teilnahme an einer schulischen Gruppe durch Einsatz basaler Schulleistungsfähigkeiten, Sprachkonzepte und symbolische Repräsentation von Erfahrungen
Stufe IV	Stufenziel: Fähigkeiten, sich in Gruppenprozesse einzubringen *„Die eigene Gruppe wertschätzen und sich in Gruppenprozesse einbringen"*			
Sollte Ende des 12. Lebensjahres erworben sein.	durch individuelle Anstrengung zum Erfolg der Gruppe beitragen	Verwendung von Sprache, um Verständnis der eigenen Gefühle/ des eigenen Verhaltens bzw. Verständnis der Gefühle/des Verhaltens anderer auszudrücken	spontan und erfolgreich als Gruppenmitglied partizipieren	Schulleistungsfähigkeiten erfolgreich für soziale Gruppenerfahrungen einsetzen
Stufe V	Stufenziel: Fähigkeiten, individuelle und Gruppenkompetenzen in neuen Situationen anzuwenden *„Individuelle Fähigkeiten und Gruppenfähigkeiten generalisieren und transferieren"*			
Sollte Ende des 16. Lebensjahres erworben sein.	auf Lebenserfahrungen mit konstruktivem Verhalten reagieren	Verwendung von Sprache, um Beziehungen zu etablieren und zu bereichern	eigenständig positive Beziehungen zur Peer-Gruppe etablieren und pflegen	Schulleistungsfähigkeiten erfolgreich zur Bereicherung der eigenen Persönlichkeit nutzen

Abb. 41: Stufenmodell der sozial-emotionalen Entwicklung – Altersbereiche und Richtziele bezogen auf Entwicklungsstufen und Entwicklungsbereiche (Erich 2007, 47).

Mit dem ELDiB soll das sozial-emotionale Fähigkeitsniveau des Kindes und Jugendlichen erfasst werden. Zu diesem Zweck wird unter Bezug auf definierte Kriterien eingeschätzt, wie ein Item bei einem Kind oder Jugendlichen ausgeprägt ist. Hierbei wird zwischen Fähigkeiten unterschieden,

- die bereits beherrscht (durchgängig gezeigt) werden,
- die in Ansätzen oder unter bestimmten Bedingungen gezeigt werden und
- Verhaltensweisen, für die bereits Ansätze vorhanden sind, die aber erst noch erarbeitet werden müssen (vgl. hierzu die Erläuterungen in Abbildung 41).

Grundlage für die weitere Förderplanung sind diejenigen Verhaltensfähigkeiten, die das Kind bzw. der Jugendliche als nächstes wird erwerben können. In regelmäßigen Zeitabständen (etwa alle 12 bis 16 Wochen) soll erneut eingeschätzt werden, auf welchem Entwicklungsniveau sich das Kind / der Jugendliche befindet.

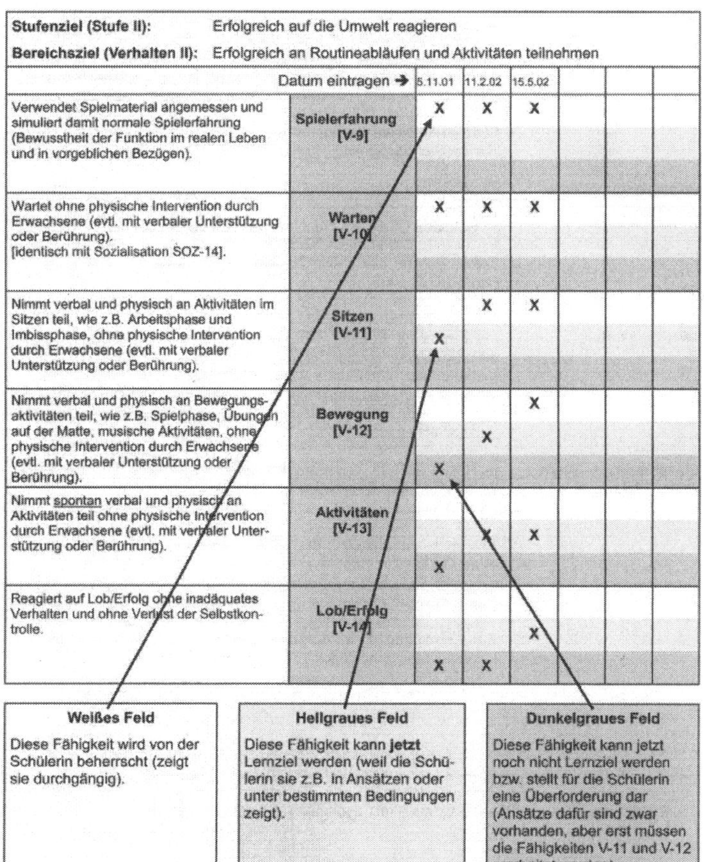

Diese Einschätzung wird durch die übersichtliche Gestaltung des Einschätzungsbogens erleichtert und ist in kurzer Zeit durchführbar (a. a. O., 49).

Abb. 42: Fallbeispiel *„Miriam"*: Auszug aus einer ELDIB-Einschätzung (Erich 2007, 55).

Das Alter des Kindes bestimmt, an welcher Stelle des Diagnosebogens mit der Einschätzung begonnen wird. Soll z. B. ein Kind im Grundschulalter eingeschätzt werden, so beginnt man mit der Stufe II (Beginn des 3. bis Ende des 5. Lebensjahres) und schreitet unter Umständen bis zum Ende der Stufe IV voran (Beginn 10. bis Ende 12. Lebensjahr). Der ELDiB existiert in fünf Versionen:

- ELDiB für pädagogische Fachkräfte,
- ELDiB für Gruppen bis maximal 15 Kindern,
- Kind-ELDiB zur Selbst-Einschätzung des Kindes,
- Eltern-ELDiB in „entwissenschaftlichter" Sprache für die Einschätzung der kindlichen Kompetenzen durch die Eltern oder Heimerzieher,
- ELDiB für Jugendliche, der in einer Sprache für ältere Jugendliche in Berufsbildungswerken formuliert wurde.

Wer den ELDiB durchführen will, sollte neben den Diagnosebögen auch eine Kurzanleitung, den Erläuterungs- und Beispielkatalog sowie das Manual zur Hand haben. Hilfreich ist es, die Einschätzung von zwei Personen durchführen zu lassen und durch eine Selbsteinschätzung des Kindes zu ergänzen.

6.3 Zur Prävention von Verhaltensstörungen

6.3.1 Zur Bedeutung der Prävention von Verhaltensstörungen

Die Bedeutung präventiver Strategien im Kontext von Verhaltensstörungen zeigen vor allem drei Gesichtspunkte ganz deutlich auf, die nachstehend erläutert werden:

a. Zunächst einmal ist das Problem der Verhaltensstörungen nicht nur qualitativ, sondern auch quantitativ erheblich. Die folgende Tabelle (Arnold 2004, 27) zeigt, wie hoch der Anteil der Kinder und Jugendlichen ist, die in einem Zeitraum von 6 bis 12 Monaten klinisch bedeutsame Verhaltensauffälligkeiten zeigen.

	Beschreibung	Erhebung durch
20,0 %	der Grundschüler stark verhaltensgestört	Thalmann 1971
2,3 % 6,3 %	der Grundschüler verhaltensgestört der Hauptschüler verhaltensgestört	Kluge u. a. 1975
22,4 % 15,2 % 9,1 % 8,6 % 5,6 % 2,7 %	der Schüler zeigen Unkonzentriertheit motorische Unruhe verbale Aggression mangelndes Selbstvertrauen physische Aggression Wutanfälle	Bach et al. 1986
40,0 % 20,0 %	der männlichen Grundschüler stark verhaltensgestört der weiblichen Grundschüler stark verhaltensgestört	Berg et al. 1998

Immer wieder wird im Kontext „Verhaltensstörungen“ die Frage gestellt, ob diese Störungen zugenommen haben. Arnold (2004) zufolge lässt sich eine Zunahme nach den Ergebnissen der Meta-Studie von Ihle / Esser (2002) aus dem Jahre 2002 allerdings nicht bestätigen. Auf diese Studie wird auch in neueren Publikationen, z. B. der von Gasteiger-Klicpera / Klicpera aus dem Jahre 2008, verwiesen. Zugenommen hat dagegen der Anteil der Schüler, die eine Förderschule mit dem Förderschwerpunkt soziale und emotionale Entwicklung besuchen. Er stieg von 1990 bis 2003 um 68,9 %.

b. Prävention ist weiterhin aus folgendem Grund wichtig: Es hat sich gezeigt, dass die Behandlung chronifizierter Störungen in der klinischen Praxis schwierig ist und eine relativ geringe Reichweite hat. Außerdem besteht im Bereich der Kinder- und Jugendlichenpsychotherapie schon jetzt eine massive Unterversorgung (Döpfner / Lehmkuhl sowie Weiss [nach Halweg / Heinrichs 2007, 185]).

c. Ein letzter Gesichtspunkt sind schließlich Kostenerwägungen. Wenn jemand z. B. durch aggressives Verhalten zum delinquenten Fall wird, so wirft dies bekanntermaßen auch erhebliche Kosten auf. Die Kosten, die ein Fall von Delinquenz durch Unterbringung und Unterhalt im Laufe eines Lebens verursacht, liegen bei 1,5 Millionen Euro (ebd., 183).

6.3.2 Risikofaktoren

Wenn von präventiven Strategien gesprochen wird, ist es für die Praxis durchaus bedeutsam, die entsprechenden Risikofaktoren zu kennen, die zu auffälligem Verhalten bis hin zu Verhaltensstörungen führen. Die Faktoren, die die Entwicklung gefährden, sind inzwischen präzise identifiziert. Sie lassen sich in biologische, soziale und psychische Faktoren unterteilen.

6.3.2.1 Biologische Risikofaktoren

Mit Hillenbrand et al. (2009, 9) sind folgende biologische Risikofaktoren zu benennen:

- Ein niedriges Geburtsgewicht (z. B. durch Frühgeburt) und ein schwieriges Temperament (unruhig, leicht irritierbar),
- unterdurchschnittliche Intelligenz und Regulationsstörungen in der Säuglingszeit,
- Alkohol-, Tabak- oder Drogenkonsum der Mutter während der Schwangerschaft,
- prä- und perinataler Stress (hohe psychische Belastung der Mutter während der Schwangerschaft) und schließlich
- genetische Faktoren und neuroendokrinologische Faktoren (Hormone, Neurotransmitter-Irregularitäten).

6.3.2.2 Soziale Risikofaktoren

Im Bereich der sozialen Risikofaktoren führen Hillenbrand et al. (2009, 9) folgende Punkte an:

- Inkonsequentes oder vorwiegend strafendes Erziehungsverhalten der Eltern,
- negative Eltern-Kind-Interaktionen mit Zwangscharakter,
- die Ablehnung durch Gleichaltrige,
- der Einfluss abweichender, aggressiver Gleichaltriger,
- ein geringer sozioökonomischer Status, ungünstiges Wohnungsumfeld und
- ein hoher Fernsehkonsum mit aggressiven Inhalten.

6.3.2.3 Risikofaktoren auf der psychischen Ebene

Weniger bekannt ist, welche psychischen Faktoren die Entwicklung gefährden. Von folgenden Faktoren kann jedoch gesichert angenommen werden, dass sie die Entwicklung des Kindes negativ beeinflussen werden:

- Eine unzureichende Impulskontrolle,
- ein unzureichender Umgang mit den eigenen Gefühlen (mangelnde Emotionsregulation),
- fehlende soziale Kompetenzen und fehlendes prosoziales Verhalten,
- früh auftretende Verhaltensprobleme,
- Sprachschwierigkeiten und
- eine unangemessene sozial-kognitive Informationsverarbeitung (Hillenbrand et al. 2009, 9).

Die aufgeführten Risikofaktoren sind hinsichtlich ihrer Wirkung wissenschaftlich erwiesen und plausibel, im Einzelnen jedoch nicht immer ganz trennscharf, das heißt es kann hier durchaus auch schon einmal zu Überschneidungen kommen: Biologische Faktoren korrelieren mit sozialen Bedingungen ebenso wie sich beispielsweise psychische Voraussetzungen mit sozialen Ereignissen überschneiden können. Vor diesem Hintergrund ist auch hier die Kombination qualitativer wie auch quantitativer Verfahren zur Einschätzung respektive Feststellung / Beschreibung von Verhaltensstörungen sinnvoll.

6.3.3 Erkenntnisse aus der Resilienzforschung

Risikofaktoren müssen jedoch nicht zwangsläufig zu Verhaltensproblemen oder gar psychischen Störungen führen, weil sie durch Schutzfaktoren abgefedert werden können. Im früheren Präventionsdenken fragte man vorrangig danach, was die Entwicklung gefährdet. Der Schwerpunkt der heutigen sogenannten Resilienzforschung ist dagegen, wie angesichts erheblicher Entwicklungsrisiken durch Unterstützung der Schutzfaktoren Entwicklung geschützt und unterstützt werden kann (Fingerle 2010, 35ff.).

6.3.3.1 Sozial-kognitive Informationsverarbeitung

Einer der zentralen Schutzfaktoren auf der psychischen Ebene ist der Faktor *„angemessene sozial-kognitive Informationsverarbeitung"*. Die sozial-kognitive Informationsverarbeitung entscheidet darüber, wie wir handlungsrelevante Informationen

- aufnehmen,
- interpretieren,
- bewerten und
- zur Weiterverarbeitung bereithalten.

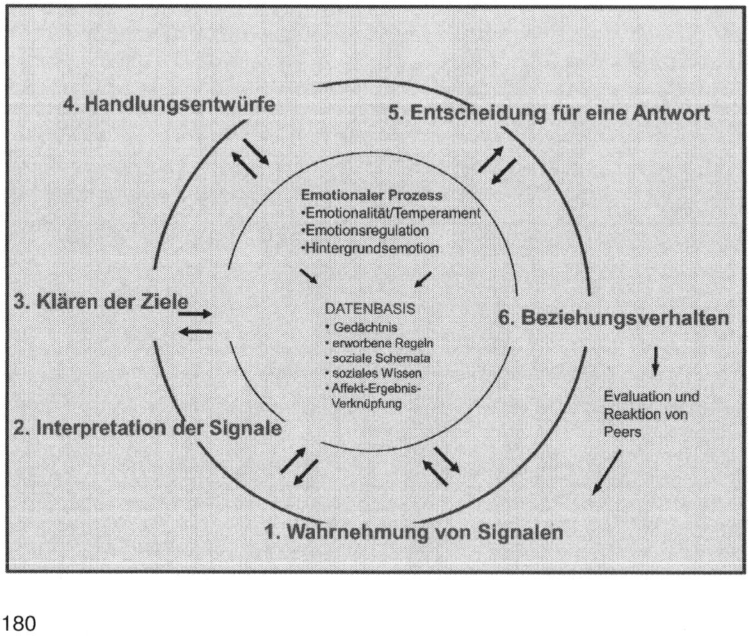

Abb. 43: Das von Crick und Dodge entwickelte und von Lemerise und Arsenio ergänzte Modell der sozial-kognitiven Informationsverarbeitung (Cierpka 2007, 205).

Die mit der sozial-kognitiven Informationsverarbeitung verbundenen Prozesse sind sehr kompliziert. Es wurden deshalb Modelle entwickelt, um diese Vorgänge verständlich abzubilden.

Ein zentrales Modell zur Darstellung der sozial-kognitiven Informationsverarbeitung ist das von Crick und Dodge aus den 90er Jahren. Es besteht aus sechs Stufen und wurde in den letzten Jahren von Lemerise und Arsenio weiterentwickelt, die noch stärker den Beitrag der Emotionen bei der sozial-kognitiven Informationsbearbeitung betonen (Cierpka 2007, 206).

6.3.3.2 Leonie und Steffen - ein Fallbeispiel

Leonie und Steffen sind gute Freunde und basteln miteinander. Leonie hat Steffen den Klebestift weggenommen und Steffen ist offensichtlich wütend. Das Problem besteht in dieser Situation darin, dass beide Kinder den Klebestift haben möchten. Nachstehend übertragen wir das Beispiel von Leonie und Steffen auf die konkreten Wahrnehmungstätigkeiten und Handlungsstrategien auf den Stufen 1 bis 6:

1. <u>Stufe: Wahrnehmung von Signalen:</u> Auf der ersten Stufe ist wichtig, ob Steffen alle Signale oder nur einen Teil wahrnimmt. Sieht er nur, dass Leonie mit dem Klebstift arbeitet oder nimmt er auch wahr, wie vertieft sie dabei ist. Oder: Fällt ihm auf, dass sie auch schon zweimal durch ihre Haare geguckt hat, ihn also gleichfalls gespannt beobachtet?

2. <u>Stufe: Interpretation der Signale:</u> Für das weitere Vorgehen ist wichtig, wie Steffen die Signale interpretiert. Wie könnten seine Deutungen aussehen? Er könnte z. B. denken, dass Leonie ihm den Stift weggenommen hat, um ihn zu ärgern, falls er schon entsprechende Erfahrungen mit Leonie gemacht hat. Natürlich könnte er – da es sich ja um seine Freundin handelt – auch denken, dass sie so vertieft in ihre Arbeit war, dass sie das Fragen vergessen hat.

3. <u>Stufe: Klären der Ziele:</u> Auf der dritten Stufe muss sich das Kind über seine Ziele klar werden:
   - Braucht es unbedingt diesen Stift zum Weiterbasteln?
   - Gibt es vielleicht noch einen anderen Stift?
   - Kann es vorübergehend ohne Stift weiterbasteln?

4. Stufe: Handlungsentwürfe: Auf der vierten Stufe werden die Kinder Handlungsalternativen durchspielen und die Konsequenzen der Handlungen in Gedanken vorwegnehmen.
    - Steffen könnte z. B. überlegen, was er Leonie dafür anbietet, dass sie ihm den Stift gibt.
    - Leonie könnte sich mit Unterstützung eines Erwachsenen in Steffen hineinversetzen und sich fragen: Was kann Steffen jetzt ohne Stift machen?
    - Oder sie könnte sich überlegen, was sie selbst tun würde, wenn sie den Klebestift wieder zurückgibt.

5. Stufe: Entscheidung für eine Antwort: Auf der fünften Stufe findet die Entscheidung für eine Antwort statt.

6. Stufe: Beziehungsverhalten: Welche Handlung letztendlich erfolgt, wird an der Reaktion des anderen überprüft und kann noch einmal die Ziele (Schritt 3) ändern, wenn die Antwort anders ausfällt als erwartet oder erhofft. Stellt Leonie fest, dass Steffen sich enttäuscht von ihr zurückzieht, so wird sie sich vielleicht fragen, ob sie nicht doch einen Kompromiss suchen sollte.

In sozialen Konflikten wird der dargestellte Kreislauf oft mehrmals durchlaufen. Dabei wird die Entscheidung insbesondere von Machtverhältnissen und aktuellen Gefühlen bestimmt. Hat ein Kind z. B. gerade in der Schule eine schlechte Benotung erfahren, dann kann seine Fähigkeit zur Emotionsregulation geschwächt sein. Wird es in einer solchen Reaktion von einem Ball getroffen, so wird es mehr dazu neigen, dies als Absicht denn als Zufall zu deuten und sich vielleicht sogar auf den vermeintlichen Angreifer stürzen und „ausrasten".

Vor dem Hintergrund von vergangenen positiven oder negativen Erfahrungen mit Gleichaltrigen wird die Wahrnehmung und Interpretation von Situationen emotional gefärbt. Steffen z. B. wird sich an einige Erfahrungen mit Leonie erinnern und diese durchgehen, um auf diese Weise eine Einstellung zu ihrem Handeln zu bekommen. Bisherige Erfahrungen mit Leonie und anderen Kindern haben sich als Beziehungsschemata verfestigt, die immer mit Emotionen verknüpft sind. Aufgrund dieser Gefühle reagiert er niedergeschlagen, gekränkt, ist wütend oder zieht sich beleidigt zurück. Oder er hat die Erfahrung gemacht, dass er gut zum Ziel kommt, wenn er nur lange genug bettelt (Affekt-Erlebnis-Verknüpfung).

Viele Studien haben gezeigt, dass Kinder mit einem problematischen und aggressiven Verhalten Abweichungen auf allen sechs Verarbeitungsstufen aufweisen.

- Sie zeigten eine stärkere selektive Aufmerksamkeit für aggressive Hinweisreize.
- Sie nahmen ihre Interaktionspartner aggressiver wahr und unterstellten ihnen häufiger feindselige Absichten.
- Sie entwarfen unsoziale, aggressive Ziele.
- Sie zeigten ein tendenziell eingeschränktes Handlungsrepertoire mit dem Schwerpunkt auf aggressivem und impulsivem Verhalten.
- Sie wählten eher Handlungen mit geringerer Selbstkontrolle und kurzfristiger Orientierung.
- Sie beurteilten Konsequenzen aggressiven Verhaltens eher positiv (Lemerise / Arsenio 2000, 107-118).

6.3.4 Präventionsmöglichkeiten

Würden alle Eltern evidenzbasierte Programme des Elterntrainings wahrnehmen, so könnte der Anteil von Kindern und Jugendlichen mit Verhaltensstörungen vermutlich erheblich reduziert werden. Wir alle wissen, dass eine solche Hoffnung unrealistisch ist. Den Befunden von Wadsworth / Achenbach zufolge trägt ein niedriger sozioökonomischer Status zu schwerer Psychopathologie bei, insbesondere auch bei aggressivem und delinquentem Verhalten. Sozial benachteiligte Familien tragen aber nicht nur ein besonderes Risiko, dass sich ihre Kinder problematisch entwickeln. Auch die Barrieren für einen Zugang zu effektiver psychosozialer Unterstützung sind bei ihnen besonders hoch (Hahlweg / Heinrichs 2007, 194 f.)

Angesichts dieser Hürden erscheint es uns wirksamer, ein Präventionsangebot auf Kinder und Jugendliche selbst zu fokussieren und dies in Einrichtungen anzubieten, in denen sie sich entweder ohnehin aufhalten, wie der Schule, oder in ergänzenden Angeboten der Sozialarbeit im Nachmittagsbereich. Soll ein solches Programm greifen, dann muss es die folgenden Anforderungen erfüllen:

- Das Programm muss bei Kindern die Risikofaktoren vermindern und / oder die Resilienzfaktoren stärken.
- Das Programm sollte auf Interventionszielen beruhen, die nachweislich in einem empirischen Zusammenhang mit der Verhinderung von Verhaltensstörungen stehen.
- Präventive Programme sollten bezüglich ihrer Wirksamkeit wissenschaftlich überprüft sein (☞ das ist nur möglich, wenn das Programm manualisiert ist).
- Präventionsprogramme müssen leicht zugänglich sein.

Ein Programm, das diesen Anforderungen entsprechen kann ist *„Lubo aus dem All“* für die Eingangsstufe und die Klassen 1 und 2 der Grundschule / Förderschule. Die empirische Forschung hat eindeutig nachgewiesen, dass die sozial-kognitive Informationsverarbeitung ein bedeutsamer Schutzfaktor ist. Das Programm *„Lubo aus dem All“* zur Förderung sozial-emotionaler Kompetenzen setzt deshalb an der Förderung der sozial-kognitiven Informationsverarbeitung an. Ziel ist die *„Ausbildung eines sozial angemessenen, stabilen Musters der sozial-kognitiven Informationsverarbeitung“* (Hillenbrand et al. 2009, 8).

Anders als das Programm „Faustlos“ (Cierpka 2011, 42ff.) ist es nicht auf die Prävention von gewalttätigem Verhalten beschränkt. Es geht ihm vielmehr darum, die

> *„Grundlagen für eine gelingende Förderung emotionaler und sozialer Kompetenzen“* (Hillenbrand et al. 2011, 8) zu legen.

Entwickelt wurde das Programm von einer Arbeitsgruppe Clemens Hillenbrand (2009) für den Gruppeneinsatz in Kindertagesstätten. Das Programm ist in der heute vorliegenden Form für den Einsatz in der Kindertagesstätte für Kinder vor dem Schuleintritt konzipiert. Eine zweite Version ist für Kinder in der 1. und 2. Klasse erarbeitet worden. Sie ist der im Folgenden vorgestellten Version sehr ähnlich und hat ein zusätzliches Arbeitsheft für Schüler.

„Lubo aus dem All“ wurde umfangreich wissenschaftlich evaluiert. Das Programm besteht aus insgesamt 34 Sitzungen à 40 Minuten mit fünf aufeinander folgenden Inhalten und Schwerpunkten:

- **Einführung** mit Kennenlernen der Rituale und Aufbau eines Gruppengefühls.
- Schwerpunkt 1: **Förderung der Aufmerksamkeit** und **Wahrnehmung von Personen** und **Situationen**: „Was ist passiert?“ (Stunde 4 bis 9).
- Schwerpunkt 2: **Wahrnehmung, Erkennen** und **Verstehen von Emotionen und Förderung** der **Emotionsregulation**: „Was fühle ich?“ (Stunde 10 bis 20).
- Schwerpunkt 3: **Emotionsregulation**: **Strategien** zum **angemessenen Umgang mit Gefühlen** und bei emotional belastenden Situationen: „Was kann ich tun?“ (Stunde 21 bis 25).
- Schwerpunkt 4**: Verhaltensregulation: Strategien** für ein angemessenes Verhalten in sozialen Situationen: „Was kann ich tun?“ (Stunde 25 bis 34).

Die 34 Stunden des Programms lassen sich in einem Zeitraum von 3-4 Monaten in den Rhythmus der Kindertagesstätte integrieren. Danach sollte das Gelernte dann in Alltagssituationen angewendet und damit transferiert werden. Zentralfigur des Programms ist der Außerirdische „Lubo“, der auch als Handpuppe beim Verlag erworben werden kann. Durch seine ungewöhnliche Herkunft ist das, was „Lubo“ berichtet, für die Schüler interessant.

Zugleich ähnelt Lubo in Frisur (stilisierte Igelfrisur) und Outfit (hochgeschobene Sonnenbrille sowie interessante Stiefel) aber auch den Kindern. Zusammen mit seinen sehr ähnlichen Erfahrungen und Problemen ermöglicht Lubo somit auch eine hinreichende Identifikation. Zum Programm gehören umfangreiche Materialien wie Emotionskarten, Regelkarten, Lösungskarten und ein Poster mit dem Problemkreislauf.

Abb. 44: Die beiden Programme für das Vorschulalter (Hillenbrand et al. 2008) und die Klassenstufen 1 bis 2 (Hillenbrand et al. 2010).

6.4 Zur Förderung von Kindern und Jugendlichen mit Verhaltensstörungen

Zunehmend sind Pädagogen in allen Schulformen mit Kindern und Jugendlichen konfrontiert, die Verhaltensschwierigkeiten und –störungen zeigen. Und zu Recht gilt diese Arbeit (denkt man beispielsweise an die Erfahrungen aus dem integrativen Setting) als besonders schwierig. Immer wieder tauchen, Wunderrezepten gleich, neue Ansätze der Förderung auf dem Markt auf. Aber sind sie wirklich überzeugend, sind sie wirksam oder tragen sie bisweilen nicht sogar zu Verwirrung und (weiterer) Verunsicherung bei?

Theoretisch gut begründet und in der Praxis wirksam ist dagegen das von Erich (2007) beschriebene Programm der Entwicklungstherapie / Entwicklungspädagogik, das auf amerikanischen Grundlagen aufbaut.

Erich (2007) nennt zwei große Komplexe möglicher Maßnahmen zur Vermeidung und Eindämmung von Verhaltensschwierigkeiten:

- Verhalten fördern durch **Unterrichtsstrukturierung** (6.4.1) und
- Verhalten fördern durch **Interventionsstrategien** (6.4.2).

6.4.1 Unterrichtsstrukturierung – Prävention

Kinder mit auffälligen Verhaltensmustern befinden sich meist in problematischen Lebenssituationen. Belastungen der Lebensumstände, Krisen und innere Konflikte ziehen bei ihnen Energien ab, die sonst der Handlungs- und Konzentrationsfähigkeit zugutekommen könnten. Generell gilt, dass bei belasteten Lebensumständen die Toleranz gegenüber Unvorhersehbarem und Unüberschaubarem abnimmt.

Bei Kindern mit Verhaltensschwierigkeiten besteht deshalb ein ausgeprägtes Bedürfnis nach geordneten Umgebungsbedingungen. Und der Erwerb angemessener Verhaltensweisen hängt bei ihnen entscheidend davon ab, ob sie

> *„eine äußere Umgebung vorfinden, die ihnen Verlässlichkeit, Sicherheit und Orientierung bietet“* (Erich 2007, 81).

Bereits bei der Planung des Unterrichts können Bedingungen geschaffen werden, die Schüler beim Erwerb von Verhaltensfähigkeiten unterstützen und der Entwicklung von Verhaltensschwierigkeiten entgegenwirken.

Als sehr hilfreich und unterstützend haben sich sogenannte *„Anker“* erwiesen. Als Anker können Routineabläufe, Rituale und wiederkehrende Organisationsformen dienen,

> *„an denen sich Verlässlichkeit und Berechenbarkeit der äußeren Umgebung im wahrsten Sinne des Wortes `festmachen` lassen“* (a.a.O., 83).

Erich (2007) unterscheidet vier verschiedene Formen von `Ankern` (a.a.O., 84ff.).

6.4.1.1 Anker in den zeitlichen Abläufen

Tagesplan: Für Kinder ist es generell ein wichtiges Bedürfnis, die Abfolge eines Geschehens zu kennen. Noch mehr gilt dies für Kinder in belasteten Lebenssituationen, die ein erhöhtes Risiko haben, Verhaltensschwierigkeiten zu entwickeln. Weicht der Tagesplan von der gewohnten Routine ab, so bedarf dies nicht nur der Erwähnung, sondern auch der Erklärung. Haben Kinder die Ursache von Abweichungen im Tagesablauf verstanden, so verringert dies das Risiko von Orientierungsverlust und daraus resultierendem Problemverhalten.

Der Tagesplan bzw. zeitliche Ablauf kann auf vielfältige Weise, z. B. durch Piktogramme und Wortkarten, visualisiert werden und sollte nach Möglichkeit zu jedem Stundenbeginn angesprochen werden.

Regelmäßig wiederkehrende Aktivitäten: Kinder brauchen Rituale. Richtig dosiert und platziert, führen sie nicht zu Langeweile, sondern machen den Alltag berechenbar („Wir machen dies und jenes immer so."). Im Unterricht sollten deshalb ritualisierte Aktivitäten ihren festen und verlässlichen Platz haben, z. B. der Erzählkreis, die Lobrunde, die Freiarbeitsphase, die Spielphase, das Frühstück oder der Imbiss. Rituale sind für Kinder in belasteten Lebensumständen eine Art „Geländer", das sie auf ihrem Weg über den schmalen Grat eines Unterrichtstages, unabhängig von der Person und dem Handeln des Lehrers, stützt und leitet.

Systematischer Tätigkeitswechsel: Zu lange Frontalphasen überfordern Schüler. Notwendig ist vielmehr ein ausgewogener Wechsel von kognitiven, motorischen und kreativen Aneignungsweisen. Als angemessen hat es sich erwiesen, hoch strukturierten Phasen (Einzelaufgaben, Zuhören, Unterrichtsgespräch am Platz, Arbeit unter Anleitung) offene(re) Phasen folgen zu lassen (z. B. musische Aktivitäten, freies Spiel, sportliche Aktivitäten).

Generell ist zu beachten, dass zu Verhaltensschwierigkeiten tendierende Schüler verkürzte Aufmerksamkeitsspannen haben und bei der Freiarbeit einer Begrenzung der Wahlmöglichkeiten und Hinweisen zur Reihenfolge bedürfen.

Wegen des gesteigerten Bedürfnisses nach äußerer Orientierung ist es bei Schülern in belasteten Lebenssituationen erforderlich, den Wechsel von einer zur nächsten Unterrichtsphase rechtzeitig und deutlich, wie o.g. wurde, anzukündigen.

6.4.1.2 Anker in der räumlichen Zuordnung von Aktivitäten

Für Kinder, die Gefahr laufen, Verhaltensschwierigkeiten zu entwickeln, bedeutet es Halt und Orientierung, dass alles zuverlässig an seinem Platz zu finden ist. Es hat sich bewährt, den Gruppenraum in vier Bereiche aufzuteilen: Arbeiten, Kreativität, Lesen/Spielen und Imbiss. Ein Beispiel für eine solche Raumstruktur zeigt die folgende Abbildung (a.a.O., 91).

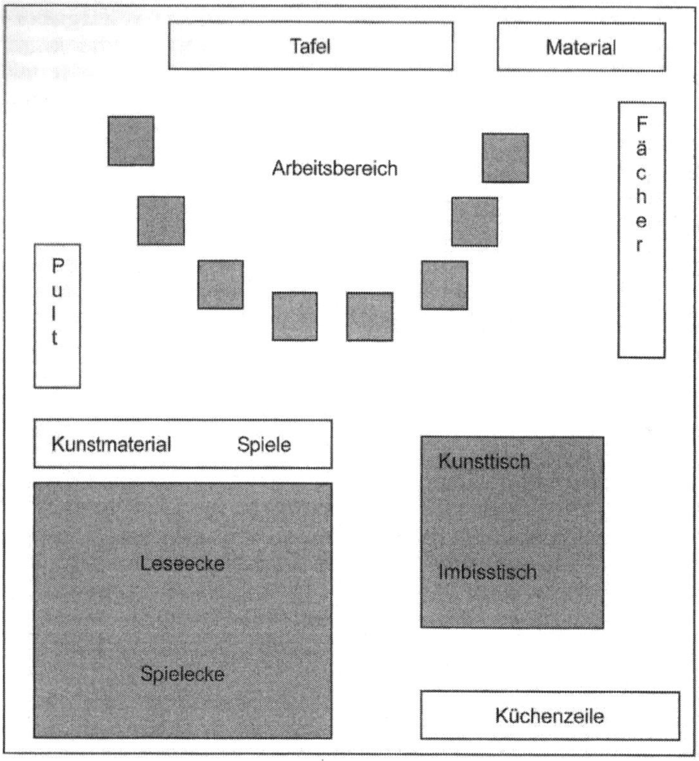

Abb. 45: Beispiel einer klaren und strukturierten Raumplanung (Erich 2007, 91).

6.4.1.3 Anker in der Strukturierung personaler Bezüge

Rollenverhalten an die jeweilige Entwicklungsstufe anpassen: Kinder mit Verhaltensschwierigkeiten befinden sich nicht auf dem sozial-emotionalen Entwicklungsniveau, das ihrem Lebensalter entspricht. Sie fühlen sich nur dann sicher, wenn das Rollenverhalten der Erwachsenen an ihre jeweilige Entwicklungsstufe angepasst ist.

Eindeutige Formulierung von Verhaltenserwartungen: Für Verhaltenserwartungen gilt:

- Sagen, was als nächstes zu tun ist,
- sagen, wie es zu tun ist und
- die Verhaltenserwartungen in eindeutigen, einfachen Worten ausdrücken.

Eindeutige Rollenverteilung im Teamunterricht: Gerade im Team-Teaching gilt es für Schüler mit Verhaltensstörungen mangelnde Orientierungslinien zu vermeiden. Vielmehr ist den Schülern zu verdeutlichen, wer in den verschiedenen Phasen des Unterrichts Leitungsfunktionen übernimmt und wer für welche Schülergruppen unterstützend zur Verfügung steht. Alle diese Dinge sind selbstredend nicht während des Unterrichts / zu Beginn einer Stunde zu klären, sondern im Vorfeld abzustimmen und zu kommunizieren.

> *„Je besser die beteiligten Lehrkräfte auf einander eingespielt sind, desto wirksamer können sie soziale Orientierung und damit wiederum das Gefühl von Sicherheit vermitteln"* (a.a.O., 93).

6.4.1.4 Anker in der Strukturierung von Unterrichtsthemen /-materialien

Nicht zuletzt stellen geeignete Themen einen „Anker" im Unterricht, mit von Verhaltensschwierigkeiten bedrohten Kindern, dar. Die Themen sind daraufhin auszusuchen, ob sie motivieren und ob Schüler bestimmte Verhaltensfähigkeiten daran üben können.

Auch angesichts des Lehrplanes der Regelschule ist es möglich, einige Male in der Woche Themen auszuwählen, in denen soziale, emotionale oder kommunikative Aspekte im Mittelpunkt stehen.

- Beispiele für Entwicklungsstufe II (2 bis 6 Jahre) ☞ Piraten, Zaubern, Geisterstunde, Dinosaurier, bei den Indianern, Detektive, Unsere Stadt.
- Beispiele für Entwicklungsstufe III (6 bis 9 Jahre) ☞ Wir kochen ein Festessen, Papier selbstgemacht, Menschen im Weltraum, Wir sind Fußballstars, Ich und du, Wir drehen einen Film, Fitness.

6.4.2 Verhalten fördern durch Interventionsstrategien

Wie dargestellt wurde, kann der Entstehung von Verhaltensschwierigkeiten mitunter durch spezifische Unterrichtsstrukturierung im präventiven Sinne entgegengewirkt werden. Eine weitere Möglichkeit stellen spezifische Interventionsstrategien dar:

> *„Der Einsatz von Interventionsstrategien basiert auf einem Verständnis von Unterricht, das die Förderung von Kindern als Vermittlung von Kenntnissen und Fertigkeiten und als erzieherisches Handeln begreift.*
>
> *Eine Klasse ist ein komplexes soziales Gefüge, in der das Erlernen kognitiver und praktischer Kompetenzen mit der Entfaltung sozialer und emotionaler Fähigkeiten einhergeht – unabhängig davon, ob Kinder mit Verhaltensschwierigkeiten am Unterricht teilnehmen oder nicht“* (Erich 2007, 105).

Erich (2007 und 2003) und Bergson / Luckfiel (1999) beschreiben folgende Interventionsstrategien als zielführend[20]:

- **Lob / positives Feedback** (☞ 6.4.2.1),
- **Spiegelung (Reflexion)** (☞ 6.4.2.2),
- **Interpretation** (☞ 6.4.2.3),
- Verbale Interaktion zwischen Erwachsenen,
- **Motivation durch Materialien** (☞ 6.4.2.4),
- Kontrolle über Materialien durch den Erwachsenen,
- **Strukturierung** (☞ 6.4.2.5),
- **Umlenkung und Umgestaltung** (☞ 6.4.2.6),
- **Regeln und Rituale** (☞ 6.4.2.7),
- **Physische Nähe** (☞ 6.4.2.8),
- **Physische Intervention** (ebd.),
- Konfrontation durch den Erwachsenen,
- Entfernung aus dem Raum (Time-out) und
- Entfernung aus der Gruppe (Verbleib im Raum).

Die angeführten Interventionsstrategien werden den meisten Lesern aus der Literatur und / oder aus der praktischen Arbeit (zumindest) in ihrer Grobstruktur bekannt sein. Sie sollen dennoch an dieser Stelle thematisiert werden, weil wir sie unter dem Aspekt des förderdiagnostischen Zugangs darstellen wollen.

[20] Die hervorgehobenen Strategien werden nachfolgend näher beschrieben (☞ Abschnitt 6.4.2.1 – Abschnitt 6.4.2.8).

6.4.2.1 Lob und positives Feedback

Erich (2007) beschreibt das Loben im Rahmen professioneller Erziehungssituationen und die Rückmeldungen durch positives Feedback folgendermaßen:

> „Konstruktive Verhaltensweisen, Verhaltensfortschritt, Unterrichtsbeiträge und Leistungen werden positiv rückgemeldet und gezielt anerkannt" (a.a.O., 107).

Oft werden im Unterricht Lernfortschritte nicht angemessen wertgeschätzt, sodass für Schüler, die aus dem familiären Kontext heraus ohnehin mit negativen Erlebnissen konfrontiert sind, gar kein Anreiz zu einem weiteren Voranschreiten besteht. Im Sinne eines förderdiagnostischen Zugangs geht es nun darum, nicht nur Verhaltensauffälligkeiten festzustellen oder zu beschreiben, sondern auch im alltäglichen Unterricht wiederkehrende Momente zu etablieren, die unter präventiven Gesichtspunkten weiteren Auffälligkeiten entgegenwirken.

Natürlich wird es Schülern, die sich sehr häufig mit einer primär negativen Zuschreibung auseinandersetzen müssen, zunächst schwer fallen, Lob und Anerkennung zu akzeptieren. Dies steht in Diskrepanz zu ihren bisherigen Erfahrungen – sie erwarten in der Regel nicht gelobt zu werden, sondern sind es gewohnt, ihre Bestätigung durch Tadel und negative Zuschreibungsprozesse zu gewinnen.

Dieses Loben darf natürlich nicht in einem unangemessenen und übernatürlichen, emotionalisierten Ausmaß praktiziert werden, es muss in einer angemessenen Relation zum täglichen Unterrichtsgeschehen stehen. Hierfür bieten sich gewisse wiederkehrende Situationen und unterrichtliche Gelenkstellen an, die auch für die Schüler eine verlässliche Größe im ganz normalen Tagesgeschehen darstellen. So können sich am Ende einer Arbeitsphase (Freiarbeit / Wochenplan / Stationenarbeit) alle Schüler in einem bestimmten Bereich der Klasse treffen und man spricht in dieser Phase über das Arbeiten als solches, aber auch über die Ergebnisse der einzelnen Schüler (☞ Abschnitt 6.4.2.4).

Innerhalb dieses sozial sehr dichten Settings haben in der Regeln nur wenige Schüler ein Gefühl der Beklemmung oder fühlen sich emotional überfordert wenn sie gelobt werden. Das positive Feedback sollte in diesen Situationen in Form von Ich- / Du-Botschaften formuliert werden: *„Du hast heute klasse gearbeitet", „dein Ergebnis ist heute gut" oder „deine Zusammenarbeit in der Gruppe hat heute prima funktioniert*" (☞ persönliche Ansprache).
Insbesondere Kinder mit Verhaltensstörungen profitieren auch von den Ankerpunkten (s.o.), die durch die positiven Impulse eines Lobs gesetzt werden und

finden darin wesentliche Orientierungshilfen und Handlungsalternativen. Nicht selten lassen sich durch positive Impulse auch Auswirkungen auf das eigentliche unterrichtliche Handeln und Wirken ausmachen, was das emotionale und soziale Erleben dieser Schüler positiv verstärkt.

Dennoch gilt es auch die Schattenseiten des Lobens zu bedenken, denn nicht immer ist es sinnvoll und nicht in jeder Situation passend, daher in Stichpunkten die möglichen Knackpunkte:

- *„Effektiver Einsatz von Lob als Interventionsstrategie bedingt, dass Lehrer die individuellen Entwicklungs- und Lernprofile kennen, weil sie nur auf dieser Grundlage entscheiden können,*

    - *welche Form der positiven Rückmeldung*
    - *bei welchem Kind*
    - *und für welche Verhaltensweise*

  geeignet ist“ (a.a.O., 108). Das heißt, der Lehrer hat immer die individuellen Dispositionen der Schüler im Blick zu halten, um gegebenenfalls in der einen oder der anderen Situation fallspezifisch loben zu können.

- Neben dieser fallspezifischen Betrachtung sollte die quantitative Ebene Berücksichtigung finden: Nicht übertrieben häufig und emotionalisiert lobend den Schülern begegnen (ebd.). Klare und prägnante Rückmeldungen mit positiver Botschaft sind da wesentlich zielführender.

- Schließlich sollte man als Lehrer auch die individuell-emotionale Beziehung im Blick haben, in der man zu dem Schüler steht: Ist eine Beziehung emotional belastet erscheint Lob nicht authentisch und kann durchaus kontraproduktive Ausmaße annehmen.

  „Wie und wann auch immer gelobt wird, alle positiven Rückmeldungen folgen einer gemeinsamen Leitlinie: Glaubwürdigkeit. Adäquat ausgedrücktes, glaubwürdiges Lob schafft Vertrauen – in den Erwachsenen und, unentbehrlich für alle Kinder, in die eigenen Fähigkeiten“ (a.a.O., 109).

6.2.2.2 Spiegelung (Reflexion)

Erich (2007) definiert Spiegelung wie folgt:

> *„An ein Kind oder an eine Gruppe werden durch beschreibende, nicht-wertende Aussagen positives Verhalten oder konstruktive Verhaltensanteile zurückgegeben“* (a.a.O., 110).

Spiegeln bezieht sich somit ausschließlich auf konkretes, konstruktives Verhalten eines Kindes oder einer Gruppe. Kinder mit Verhaltensschwierigkeiten erhalten fast durchgängig negatives Feedback auf ihr Verhalten. Um Verhaltensfortschritte zu machen, sind sie deshalb dringend auf positives Feedback angewiesen. Lob (*„Gut gemacht“*) ist dafür zu unspezifisch. Es vermittelt zwar Bestätigung, ohne dabei jedoch die Verhaltensanforderung weiter zu präzisieren.

Weiter sind zwei Aspekte anzuführen, die das Lob als Form des Feedbacks ungeeignet erscheinen lassen. Da ist zunächst einmal zu berücksichtigen, dass Kinder mit Verhaltensschwierigkeiten in der Regel negatives Feedback erwarten und daher wertendes und allgemein gehaltenes Lob wahrscheinlich nicht glauben können oder zurückweisen.

Hinzukommt, dass Kinder erst ab Entwicklungsstufe II des entwicklungstherapeutischen Modells nach Wood et al. (1986), d. h. bei regelhafter Entwicklung gegen Ende des Vorschulalters, die Fähigkeit haben, Lob anzunehmen und angemessen darauf zu reagieren (☞ Abschnitt 6.2.2). Die verbale, spiegelnde Rückmeldung sagt dem Kind, dass es auf dem rechten Weg ist und dass sein Verhalten geschätzt wird. Gütekriterien für Spiegelsätze sind:

- Nicht-wertende Beschreibung des Verhaltens,
- Erinnern an Fortschritt und das
- Benennen der Verhaltensanforderung.

6.4.2.3 Interpretation

Interpretation erläutert Erich (2007) wie folgt:

> *„Ähnlich wie bei der Spiegelung in einer nicht-wertenden Formulierung Rückmeldung geben. Dabei wird die Verbindung zwischen dem Verhalten eines Schülers und den zugrunde liegenden Gefühlen und Motivationen hergestellt“* (a.a.O., 114).

Wie beim Spiegeln werden auch bei der Interpretation nicht-wertende Formulierungen eingesetzt. Bei der Interpretation wird ein Zusammenhang zwischen Verhalten und zugrunde liegenden Gefühlen hergestellt *(„Wenn eine Sache besonders interessant ist, fällt es schwer, damit aufzuhören“)*. Interpretation ist dann angebracht, wenn der Lehrer nicht sicher sein kann, die Gefühle des Schülers in einer bestimmten Situation richtig eingeschätzt zu haben.

6.4.2.4 Motivation durch Materialien (und Lernumgebung)

Diesen Ansatz kennt wohl jeder auch aus seiner persönlichen Bewertung von Arbeit und Freizeit, von Wohnen und Büroausstattung: Ansprechende Umgebungen und attraktive Materialien laden zu konstruktiver Mitarbeit und einem überdurchschnittlichen Engagement ein, wohingegen weniger attraktive Settings abstoßend und nicht motivierend wirken. Wenn es also gelingt, in der Gestaltung der Klasse und der Lernumgebung eine einladende und freundliche, inhaltlich und medial positiv besetzte Atmosphäre zu schaffen, dann wird es auch gelingen, die Schüler zu Mitarbeit und Eigenengagement zu bewegen.

> *„Kinder haben (...) ein feines Gespür dafür, ob ihre materielle Umgebung hoch- oder minderwertig ausgestattet ist und ziehen daraus Rückschlüsse über die Einschätzung und Bewertung ihrer Fähigkeiten. (...) Ansprechende, `schöne` Materialien stimulieren nicht nur ihre Arbeits- und Lernmotivation, sie signalisieren grundsätzliche Wertschätzung und vermitteln dazu die Botschaft: `Ich traue dir zu, dass du die Sachen pfleglich behandelst`“* (a.a.O., 118).

Natürlich kann dies nicht bedeuten, alle räumlichen und medialen Strukturen nur mit den teuersten sachlichen Ausstattungen zu versehen. Oft sind es schon die kleinen Dinge, die die positive Aufmerksamkeit der Schüler auf sich ziehen:

- Gepflegte Bücher und ansprechende Arbeitsblätter,
- nicht gerade der älteste PC der Schule,
- Tische und Bänke, die ein harmonisches Bild im Klassenverband ergeben,
- Vorhänge und Pflanzen in der Klasse, das eine oder andere Bild mit persönlicher Couleur,
- Materialien für den Wochenplan oder die Freiarbeit, die einen hohen Aufforderungscharakter mit sich bringen und ästhetisch wertvoll gestaltet sind.

Eine Atmosphäre des Wohlfühlens und das Bereitstellen von Materialien sollte auch als Prozess betrachtet werden: Zum einen als Prozess, der unter zeitlichen Gesichtspunkten einfach eine gewisse Zeit der Umsetzung beanspruchen wird, zum anderen als Prozess, der die Schüler in die Herstellung von Medien und die Gestaltung der Klassen einzubeziehen weiß (Kretschmann 2011, 121ff.). Erst die emotionale Einbeziehung führt zu einer Wertschätzung der Umgebung und einer Veränderung der eigenen Perspektive und trägt letztendlich zur Stabilisierung emotional instabilen Verhaltens unter präventiven Gesichtspunkten bei.

6.4.2.5 Strukturierung

Ein Aspekt, der allen Schülern zu Gute kommen dürfte, ist der methodische Grundsatz der Strukturierung:

> *„Die Umgebung des Schülers enthält klare und überschaubare Strukturen und Organisationsformen. Die Vorhersagbarkeit der Situation wird sichergestellt. Aktivitäten werden in klarer Form eingeleitet bzw. Schritt für Schritt erklärt, ebenso werden die damit verbundenen Verhaltenserwartungen in einfacher Form artikuliert“* (a.a.O., 120).

Sowohl unter zeitlichen Gesichtspunkten wie auch im Bereich der räumlichen, medialen und sachlichen Strukturierung ist es insgesamt bedeutsam den Schülern konkrete Hilfestellungen anzubieten:

> *„Äußere Strukturen helfen dem Kind, sich innerlich zu organisieren“* (ebd.).

Im Besonderen ist dies notwendig bei den Schülern, die unstrukturiert vorgehen und nach Orientierungspunkten suchen. Orientierungspunkte können sein

- die verlässliche Sortierung der Materialien in einem Regal,
- die vorhersehbare zeitliche Gliederung des Tagesablaufes,
- die klare Abstimmung im Team, wer wann welche Unterrichtsanteile übernimmt oder
- die stringente unterrichtliche Planungsarbeit, die die Schüler mit ihren inhaltlichen Überlegungen mitzunehmen weiß.

Dies alles scheinen selbstverständliche und ganz grundsätzliche Dinge der Unterrichtsplanung und Tagesgestaltung zu sein.

Dennoch erscheint es uns wichtig, bewusster diese Strukturmerkmale auch im Sinne von Redundanzen aufzugreifen und daran zu erinnern. Hierbei geht es uns nicht darum, zu einer pedantischen Haltung anzuhalten, die keine Freiräume nach links und rechts offen halten kann, sondern vielmehr darum, diese Strukturen als didaktisches wie auch methodisches Prinzip bei der Gestaltung von Unterricht zu beachten und zu pflegen, zu stärken und auszugestalten.

6.4.2.6 Umlenkung und Umgestaltung

Was ist unter diesen beiden Begriffen zu verstehen? Erich (2007) schreibt hierzu:

> „***Umlenkung****:* Aufmerksamkeit und Konzentration des Schülers werden durch verbale oder physische Unterstützung auf die Aufgabe zurückgelenkt.
>
> ***Umgestaltung***: Eine Aufgabe wird so verändert, dass der Schüler sie auch bewältigen kann“ (a.a.O., 21).

Beim rechtzeitigen Umlenken / Umgestalten werden geringfügige Veränderungen im Verhalten rechtzeitig bemerkt und decodiert, die nachlassende Konzentration, beginnende Frustration oder aufsteigende Versagensängste signalisieren. Durch Techniken der Umlenkung/der Umgestaltung wird das Kind in der Aktivität gehalten, bevor es zur Verweigerung, fortgesetztem Stören / Provozieren anderer Schüler, Ausweichen durch Beschädigung von Material u. ä. kommt.

Erich (2007) gibt in ihrem Buch insgesamt sechs Beispiele für Umlenkung und Umgestaltung, die das Gemeinte konkret veranschaulichen. Zum besseren Verständnis zeigen wir im Sinne eines Überblicks ein Beispiel für eine häufige Situation aus dem Schulalltag und wie in diesem Falle die Umlenkung aussehen würde.

Beispiel:
Mirco kann Anforderungen selbständig bewältigen, wenn er genau weiß, was er zu tun hat. Er hat die ersten Sätze für einen Aufsatz zu Papier gebracht. Jetzt schiebt er das Heft beiseite und legt den Kopf auf die verschränkten Arme.

Umlenkung: Die Lehrkraft tritt zu Mirco heran, liest die ersten Sätze und überlegt dann gemeinsam mit ihm, wie seine Geschichte weitergehen könnte.

6.4.2.7 Regeln und Rituale

Ähnlich wie bei der Strukturierung ist auch in der Ausgestaltung eines Regelwerks und einer Ritualisierung auf Ausgewogenheit zu achten. Klare und einfache Regeln bieten Halt und helfen positives Verhalten zu verstärken, respektive unerwünschte Verhaltensmuster zu mindern. Abbildung 47 zeigt die Hausordnung der Rosenberg-Schule in Bernkastel-Kues, die in Verbindung mit Symbolen aus der Unterstützten Kommunikation (UK) in fünf zentralen Aspekten die wesentlichen Regeln für ein gemeinsames Miteinander zusammenfasst.

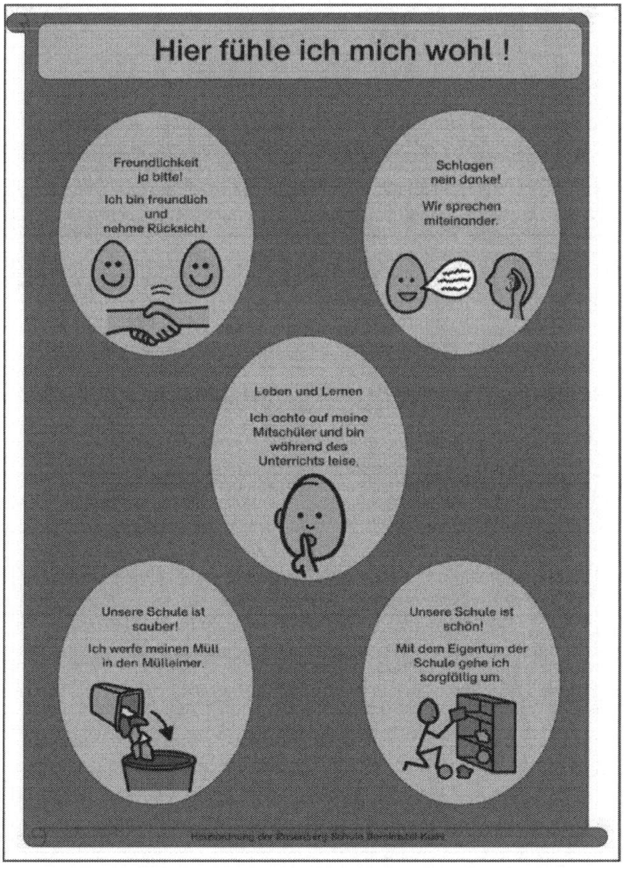

Abb. 46: Beispiel der Hausordnung der Rosenberg-Schule ☞ mehr unter www.Rosenberg-Schule.de

Rituale dienen als täglich und zeitlich wiederkehrende Elemente im pädagogischen und unterrichtlichen Alltag dazu, den Schülern Halt und Struktur zu geben. Hier ist jedoch darauf zu achten, dass Rituale auch durchaus negative Nuancen haben können, man spricht hier auch von schlechten Ritualen, die lediglich um ihrer selbst willen und zur Aufrechterhaltung bestehender hierarchischer Ordnungen umgesetzt werden. Diese schlechten Rituale sind für die Schüler oft ohne innere Zusammenhänge und wirken aufgesetzt und künstlich. Sinnhafte Rituale, deren Hintergrund für die Schüler nachvollziehbar ist, dienen der Herstellung von Struktur und Regelmäßigkeit, bieten demnach Halt und Stabilität in der sozial-emotionalen Wahrnehmung der Gesamtsituation (☞ Abschnitt 6.4.2.3).

6.4.2.8 Physische Nähe / Physische Intervention

Neben den bisher gezeigten Ordnungshilfen und Prozessen einer inhaltlichen und methodischen Strukturbildung spielt auch die Lehrerpersönlichkeit eine bedeutsame Rolle. Sowohl die physische Nähe wie etwa die einfache Präsenz, der Blickkontakt, das Aufeinander-zu-Gehen oder auch die unmittelbare Begleitung können diesen Prozess der Annäherung verstärken wie auch die eigentliche Intervention in konkreten Krisensituationen. Es geht also hier um das sogenannte „Präsenz zeigen“ was im dienstrechtlichen Kontext (Aufsicht) mit den Begriffen unmittelbar, aktiv und direkt umschrieben wird.

Insgesamt ist bei allen Interventionsstrategien im Kontext Förderdiagnostik – sowohl unter qualitativen wie auch quantitativen Gesichtspunkten – der Prozesscharakter von größter Bedeutsamkeit (☞ Abschnitt 7.1 und 7.2). Nach der Diagnose und der Erstellung und Durchführung des Förderplans ist immer wieder der Blick zurück zu richten und vor dem nächsten Schritt zu überprüfen:

- Befinden wir uns auf einem guten Weg?
- Haben wir alle Komponenten des aktuellen Systems Schüler-Familie-Schule berücksichtigt?
- Was gilt es im Hinblick auf die Zielformulierung zu verändern?
- Wie können wir unsere internen schulischen Förderaspekte auf die außerschulischen Lebenswelten projizieren und umgekehrt?

Diese Auflistung ist nicht vollständig; es sind nur einige der Fragen, die im diagnostischen Prozess im Umgang mit Verhaltensstörungen aufzugreifen sind, sie haben jedoch einen herausgehobenen Stellenwert.

6.4.3 Das Konfliktgespräch LSCI („Life Space Crisis Intervention“)

Das LSCI ist eine Art emotionale Erste Hilfe. Es ist eine Form der Gesprächsführung in einer Konfliktsituation, die dem Kind Gelegenheit gibt, sich zu beruhigen. Kinder mit gestörter sozialer Entwicklung können häufig äußere Erwartungen nur schwer mit persönlichen Anliegen in Einklang bringen. Daraus resultierende Konflikte schwelen latent weiter, erzeugen Ängste und Stress. Scheinbar geringfügige Anlässe können genügen, um Stress- und Angstgefühle zu aktualisieren und das Kind dazu antreiben, die eigenen Bedürfnisse in oft extremer Form zu verteidigen.

In solchen Situationen ist für Erwachsene die Versuchung groß, auf das Schülerverhalten ebenfalls extrem zu reagieren, z. B. *„gehörig die Meinung zu sagen“* und eventuell *„Strafen folgen zu lassen“* (a.a.O., 132ff.). Um den Kreislauf aus Konflikt, Verunsicherung und Krise zu durchbrechen, kann das LSCI eingesetzt werden, z. B. in einem Teil der Pause für ein Konfliktgespräch. Die LSCI ist ein Verfahren für Konfliktgespräche,

> *„das neben unmittelbaren Lösungen für eine aktuell gegebene Situation auch eine Interventionsstrategie für die pädagogische Arbeit mit verhaltensschwierigen Kindern bietet“* (a.a.O., 145).

Wichtig ist, dass sich das Gespräch unmittelbar an einen Vorfall anschließt:

> *„Zu dem Zeitpunkt besitzt der Konflikt für das Kind noch gedankliche und emotionale Aktualität und Relevanz, die einer Intervention einen günstigen Ansatzpunkt bieten“ (a.a.O., 139).*

Dabei sind 6 Schritte unerlässlich:

Schritt 1: Strukturieren der Situation: Die Situation muss so strukturiert werden, dass das Kind über das Ereignis sprechen kann. Auf Fragen zum Konflikt oder auf Schuldzuweisungen sollte verzichtet werden. Der Erwachsene sollte vielmehr das Kind beobachten, seine verbalen und nonverbalen Signale aufnehmen und dem Kind vermitteln, dass er seine emotionale Situation erkennt.

> *„Ruhe und Sachlichkeit in der Ansprache sowie eine sparsame eigene Körpersprache sollen dem Kind signalisieren: ich sehe, dass du sehr wütend / unsicher / traurig / verängstigt bist. Das ist jetzt eine schwierige Situation für dich. Du hast Zeit, es geht nicht um „gut“ oder „böse“, sondern um Lösungen“* (a.a.O., 139).

Schritt 2: Eröffnung des Gesprächs: Hier kommt es darauf an, dass ein Kind überhaupt anfängt zu sprechen. Die Lehrkraft sollte das Kind ermutigen, seine Version zu erzählen und so genau wie möglich zu beschreiben, wie der Vorfall aus seiner Sicht abgelaufen ist. Die Rolle des Erwachsenen ist dabei die eines aktiven Zuhörers. Die Lehrkraft sollte darauf verzichten, ihre eigene Wahrnehmung als Korrektiv des Kindes einzubringen oder dessen Wahrnehmung in Frage zu stellen. Durch die Rekonstruktion des Vorfalls kann sich das Kind emotional weiter „sortieren". Die Lehrkraft wiederum erhält durch aktives Zuhören die Gelegenheit, sich Aspekte der inneren Realität des Kindes zu erschließen.

Schritt 3: Den zentralen Problempunkt finden: Bei diesem Schritt kommt es darauf an, die Gefühle und Ängste des Schülers, die mit dem Verhalten und Vorfall gekoppelt sind, genauer zu bestimmen. Dabei ist das gezeigte Verhalten als ein „Umweg" oder als eine „Sackgasse" zu begreifen. Es ist wenig tauglich, seine Bedürfnisse zu erfüllen, aber der gegenwärtig einzige Weg, der sich dem Kind aufgrund seiner „inneren Landkarte" anbietet.

Schritt 4: Eine Lösung entwickeln: Bei diesem Schritt kommt es darauf an, dass das Kind eine erfolgreichere und befriedigendere Umgehensweise mit seinen zentralen Anliegen oder Problemen findet. In der Metapher der Landkarte ausgedrückt kommt es darauf an, Stück für Stück neue, tauglichere Routen zu erschließen, um zur Erfüllung persönlich wichtiger Bedürfnisse zu gelangen.

Schritt 5: Den Erfolg der Lösung planen: Bei diesem Schritt werden der erwartete Erfolg, aber auch mögliche Schwierigkeiten der gefundenen Lösung antizipiert und verbalisiert. Gut eingeübt werden kann die gefundene Lösung mit einem Rollenspiel.

Schritt 6: die Rückkehr in die Gruppe vorbereiten: Ziel dieses Schrittes ist es, eine ruhige Rückkehr des Schülers in die Gruppe zu ermöglichen. Dabei ist zu antizipieren, welche Reaktionen beim Schüler selbst und seinen Mitschülern auftreten, wer über die gefundene Lösung zu informieren ist und welche Verhaltensweisen in einer spezifischen Situation geeignet sind oder – als Reaktion auf das Verhalten der Mitschüler – geeignet sein könnten.

Die hier zum LSCI gegebenen Hinweise sind nur eine Einführung, zur Vertiefung empfehlen wir die Ausführungen in Erich (2007, 132 bis 146) sowie die Internetseite unter www.LSCI.org.

Förderplanung und Entwicklungsdokumentation

7 Zur Gestaltung von Förderplänen – Strukturen und Beispiele[21]

Das Erstellen von Förderplänen ist der Ort, an dem förderdiagnostische Prozesse und Entwicklungen begleitend verschriftlicht werden (Eggert 2003b, 488ff. und Trost 2003, 508ff.). In diesem Kapitel stellen wir in einem Überblick die theoretischen Grundlagen und Inhaltsbereiche einer alltagstauglichen sonderpädagogischen Förderplanung vor (☞ Abschnitt 7.1). Mit Blick auf die Komplexität der Erstellung und Fortschreibung eines Förderplans im FSP geistige Entwicklung, zeigen wir aufbauend auf diesem allgemeinen Ansatz exemplarisch Handlungsmöglichkeiten auf (☞ Abschnitt 7.2), die dann als Orientierungspunkte für das Vorgehen in anderen Förderschwerpunkten (Lernen, Sprache, usw.) dienen können.

7.1 Theoretische Grundlagen und Inhaltsbereiche

> *„Förderplanung, die systematisierte Planung von Förder- und Hilfsangeboten, bietet einen Weg zur Verbesserung der individuellen Lern- und Lebensmöglichkeiten (...) und leistet einen Beitrag zur Sicherung der Qualität professioneller Erziehungs- und Unterstützungsprozesse" (Trost 2007, 117).*

Während der Beginn der Förderplanung *„im Zuge der Entwicklung einer Förderdiagnostik"* (Sander 2007, 16) in Deutschland seit etwa Mitte der 1970er Jahre im Kontext sonderpädagogischer Förderung – oft ist diese Entwicklung als Kontrapunkt zur klassischen quantitativen Diagnostik zu interpretieren (Kleber 1978) – zu beschreiben ist, gehört das Erstellen individueller Förderpläne heute zum täglichen Handeln sowohl in der Sonder- wie auch beginnend in der Regelpädagogik (zumindest wenn man von den ministeriellen Vorgaben ausgeht). Das Verständnis von Förderplanung divergiert durchaus im Hinblick auf Anwendung, Frequenz, Inhalt sowie Methode innerhalb der verschiedenen Anwendungsgebiete.

---

[21] Dieses Kapitel ist eine Überarbeitung des Beitrags *„Förderplanung vom Kinde aus – zur Notwendigkeit und Bedeutung einer individualpädagogischen Förderplanarbeit im Förderschwerpunkt geistige Entwicklung" in der Zeitschrift Praxis Info G* (Schäfer 2010, 33-53).

Dennoch lassen sich innerhalb der sonderpädagogischen Fachrichtungen gewisse Übereinstimmungen in den Bereichen der Methoden wie auch der zu Grunde gelegten Qualitätsmerkmale beschreiben (Arnold / Kretschmann 2002, 266ff. und Rittmeyer 2005a, 8ff.).

Was den methodischen Bereich anbelangt, verweist Trost (2003, 508) auf den Beitrag von Sander (2007), der

> *„bei einer Durchsicht der Fachliteratur, sowohl theoretisch-förderdiagnostischer als auch praktisch-schulpädagogischer Herkunft, (...) im Wesentlichen übereinstimmende Vorstellungen hinsichtlich dessen gefunden (hat), was in einen Förderplan aufgenommen werden sollte“* (Trost 2003, 508).

Diese Vorstellungen legen einen relativ klaren Ablauf dar, der sich alleine aus der pädagogischen Fragestellung heraus ergibt. Für den Lehrer, der einen schülerorientierten Unterricht zu gestalten gewohnt ist, sollte dies eigentlich auch kein neues Vorgehen sein.

Prozessabfolge

- Zunächst wird die **aktuelle Situation** beschrieben *(„Beschreibung der pädagogischen Ist-Situation“*, 508), mit den Stärken / Schwächen eines Schülers, hier gilt es weder Fähigkeiten zu mindern noch zu beschönigen. Es sollte sich um eine sachliche Wiedergabe handeln.
- Darauf aufbauend werden **die konkreten Förderziele** benannt *(„Definition der angestrebten Förderziele“*, ebd.).
- Um diese Ziele zu erreichen, müssen **unterrichtliche Maßnahmen** initiiert werden *(„Zusammenstellung der beabsichtigten Fördermaßnahmen“* ebd.) und schließlich
- gilt es im Sinne einer mittelfristigen bis längerfristigen Planungsphase **die vorgesehenen Zeitfenster** zu bestimmen *(„Angabe des vorgesehenen Zeitraums“*, ebd.).

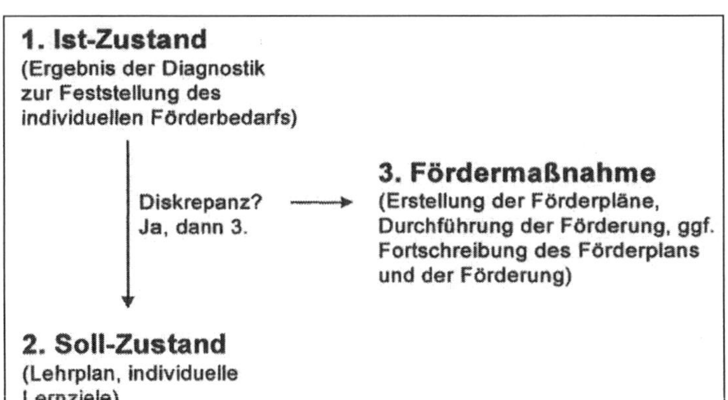

Abb. 47: Grobstruktur einer Förderplanung (Abb. 5 aus Mutzeck / Melzer 2007, 210).

Diese methodischen Merkmale lassen sich in der Mehrzahl der Förderplanungen finden, lediglich innerhalb der Begrifflichkeiten divergieren die daraus entstehenden Förderplanraster (vgl. auch Arnold / Kretschmann 2002, 269). Abb. 48 zeigt bezugnehmend auf die oberen Darstellungen noch einmal die Grobstruktur von Förderplanung auf. Ergänzend zu Punkt 3 (Fördermaßnahme) stünde die Konkretisierung in Bezug auf die unterrichtlichen und pädagogischen Maßnahmen sowie die Beschreibung des Zeitfensters an.

Eine genaue / konkrete zeitliche Beschreibung ist von daher von großer Bedeutung um in einem gemeinsamen Planungsprozess sowohl die Durchführung als auch die gemeinsame Reflektion und Evaluation terminieren zu können. Wenn Trost (2003) und Mutzeck / Melzer (2007) von ökonomischen und praktikablen Modellen sprechen, meinen sie damit unter anderem, die Umsetzung im Kontext des täglichen Unterrichts berücksichtigen zu müssen. Wir halten eine Terminierung von mindestens sechs Monaten, besser sogar auf Schuljahreslänge bezogen mit 12 Monaten für sinnvoll und praktikabel. Sollten sich Veränderungen innerhalb eines spezifischen Förderbedarfs und Entwicklungsfeldes ergeben, gilt es den dynamischen Bezugsrahmen der Förderplanung zu nutzen: Handschriftlich können hier entweder bisherige Zielstellung nachgesteuert oder gänzlich neue Ziele entworfen werden (Trost 2003, 523ff.).

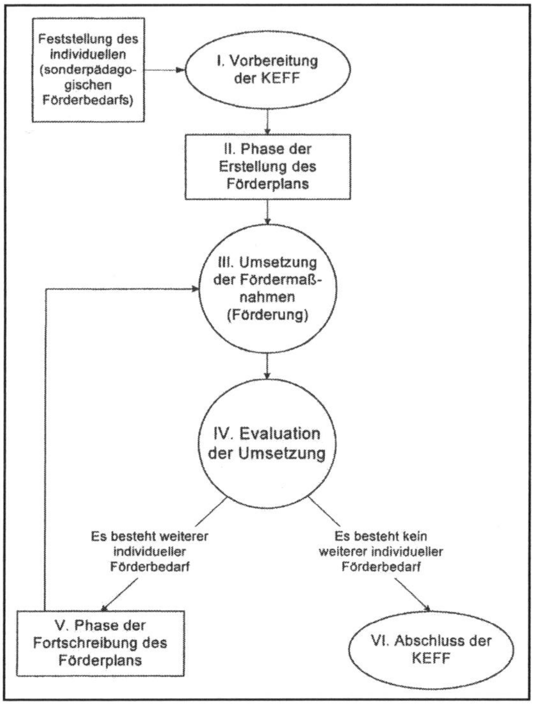

Abb. 48: Struktur der Kooperativen Erstellung und Fortschreibung individueller Förderpläne (KEFF) (Mutzeck / Melzer 2007, 215).

Mutzeck / Melzer (2007) haben in ihrem Entwurf zur *„kooperative(n) Erstellung und Fortschreibung individueller Förderpläne“* (214) (KEFF) ein Strukturmodell entwickelt, das auch im Hinblick auf die pädagogische Diagnostik an Regelschulen (Stichwort Inklusion) zielführend sein sollte: Auf der Grundlage der Feststellung des individuellen / sonderpädagogischen Förderbedarfs erfolgen nach der Phase der Vorbereitung (I) und der Erstellung des Förderplans (II) die umsetzenden Fördermaßnahmen (III). Die Evaluation führt dann im kooperativen Austausch zur Entscheidung, ob weiterhin individueller Förderbedarf besteht (Phase V: Fortschreibung des Förderplans mit gegebenenfalls Anpassung und Modifikation der Zielakzentuierung) oder ob kein weiterer Förderbedarf besteht (Phase VI: Abschluss des KEFF).

Entscheidend ist in diesem Strukturmodell der zirkuläre Ansatz von Förderplanung, der nach der Entscheidungsfindung zur Fortschreibung (Phase V) wieder in die Phase III zurückgeht, um die Umsetzung der Fördermaßnahmen neu zu beleuchten (Verlagerung der Ziele, Modifikation, Verschiebung der Akzentuierung) (a.a.O., 215). Diesen zirkulären Charakter zeigen wir auch mit der Darstellung von Nußbeck (2008) für die spezifische Förderplanung im FSP geistige Entwicklung auf (243).

Einen ähnlichen Entwurf, der die innersystemische Dynamik sonderpädagogischer Diagnostik zu berücksichtigen weiß, legen auch Bundschuh et al. (2007) in ihrer *„Konzeptualisierung einer Praxisnahen und Kompetenzorientierten Förderplanung“* (430ff.) vor:

> *„Der Schüler entwickelt sich ständig mit eigener Dynamik weiter. Die Förderpläne müssen sich deshalb in regelmäßigen Abständen flexibel anpassen, um der neuen Ausgangssituation gerecht zu werden“* (432).

Förderpläne sind demnach nicht als *„Manifeste für die Ewigkeit“* (Arnold / Kretschmann 2002, 266) zu betrachten, sondern vielmehr als Angebote mit *„begrenzter Haltbarkeit“* (ebd.).

Während Bundschuh et al. (2007) im Sinne einer kooperativen Entwicklung neben dem Team auch den Schüler und die Eltern im Prozess integriert sehen, betonen Arnold / Kretschmann (2002) in ihrem Ansatz die Aspekte Verlauf (Verlaufsdiagnostik), Prozesshaftigkeit und Evaluation (Prozessevaluation) (ebd. und Mutzeck / Melzer 2007).

Dies bedeutet, im Prozess der Durchführung gilt es immer wieder einen Blick auf den aktuellen Stand der Entwicklung zu werfen, um spezifische Veränderung in einen modifizierten Planungsverlauf einbinden zu können. Hilfreich in der Darstellung (Abb. 50) ist auch der grafische Hinweis, sowohl in der Planungsphase wie auch in der Evaluationsphase den Dialog mit Schüler und Eltern zu pflegen (Bundschuh et al. 2007, 435ff.).

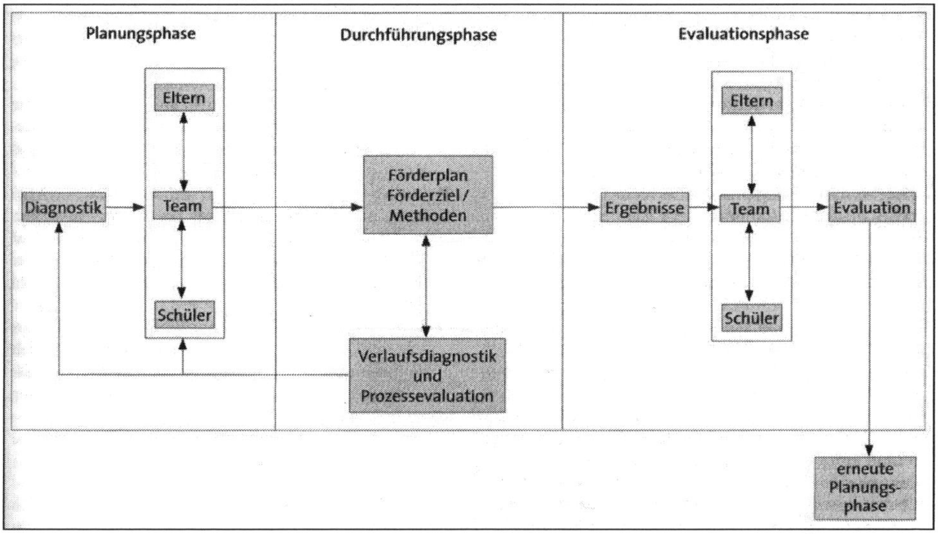

Abb. 49: Phasen der Förderplanung (Bundschuh et al. 2007, 433).

Gegenüber dieser gesamtstrukturellen Darstellungsebene beschreibt Trost (2007) eine feingliedrige Rasterung, indem er *„Initiative, Bestandsaufnahme, Analyse, Planung, Problematisierung, Konkretion, Umsetzung und Evaluation"* (118) als einen Planungsverlauf in acht Schritten aufzeigt. Bedeutsam finden wir in diesem Zusammenhang die Planungsaspekte *Initiative* (1) und *Problematisierung* (2), die in der Form in der Prozessbeschreibung nur selten (u.a. bei Eggert 1997) angerissen werden.

- Die Initiativkraft dürfte in diesem schulischen Setting von der Klassenleitung ausgehen, deren Hauptaufgabe es dann zunächst ist, alle beteiligten Kollegen, Therapeuten, Eltern und externe Experten im Erziehungskontext des Schülers zu einem gemeinsamen Austausch zusammenzuführen (a.a.O., 118). Hier gilt es natürlich unter gesamtschulischen Gesichtspunkten ein ökonomisches Zeitmanagement zu etablieren, das die Belastungsmomente der verschiedenen Berufsgruppen zu berücksichtigen weiß.

- *„Die Identifikation von Hindernissen und Unterstützungsfaktoren ist erforderlich, weil nur in seltenen Fällen davon ausgegangen werden kann, dass umfassende Einigkeit unter allen Beteiligten besteht oder dass sich die vereinbarten Perspektiven ohne weitere Probleme realisieren lassen"* (ebd.). Dies bedeutet also, einen offenen Austausch im Team zu entwickeln, der die unterschiedlichen Kompetenzen und Interessenslagen berücksichtigt, jedoch klar einen originär schülerorienteren Zuschnitt der Förderplanung im Blick hält (Schäfer 2009c, 26ff. und Willmann 2012).

Ein Gedanke, der bei der Erstellung und Fortschreibung von Förderplänen unbedingt Berücksichtigung finden muss, ist der der Vermeidung scheinbarer Automatismen und vermeintlicher Planbarkeit pädagogischer Prozesse (Bundschuh et al. 2007, 431): *„Erziehung ist keinesfalls völlig planbar, dennoch braucht sie Planung“* (Trost 2003, 509). Diesen Aspekt gilt es sowohl für den Lehrer und das Team in einer Klasse zu berücksichtigen wie auch mit den Eltern und Erziehungsberechtigten im Förderplangespräch zu kommunizieren (Schlee 2008, 126 und Speck 2005, 163ff.).

Während es sich in den bisherigen Darstellungen um das methodische und organisatorische Vorgehen handelte, sind in der Förderplanung auch bestimmte Qualitätskriterien einzubinden (Jogschies 2008, 138ff.), denn

> *„wie erzieherisches Handeln benötigt auch Förderplanung ein theoretisches oder konzeptionelles Selbstverständnis, eine Grundlage, von der aus sie sich definiert“* (Trost 2003, 510).

In der aktuellen Literatur (u.a. Schäfer 2008 und 2010, 45ff; ISB 1997, 67ff.; Sander 2007, 20ff.; Mutzeck / Melzer 2007, 214ff und Bundschuh et al. 2007, 430ff.) lassen sich verschiedene Qualitätskriterien finden, die zusammengefasst bei Trost (2003) in folgender Zusammenstellung zu finden sind (511)[22] und in unserem Zusammenhang mit dem Anspruch für den Unterricht innerhalb aller Förderschwerpunkte zu Grunde gelegt werden können:

- **Kompetenzorientierung:** *„Es wird versucht, mit allen Beteiligten – bei den Kindern, ebenso wie bei ihren pädagogischen Bezugspersonen – vorhandene und verfügbare Ressourcen aufzuspüren, die sie für eine Veränderung der aktuellen Lebenssituation nutzen können.*

  Der Blick ist also nicht auf die Defizite der Kinder oder das Urteilsvermögen ihrer Bezugspersonen gerichtet, sondern auf deren gemeinsame Entwicklungsmöglichkeiten“ (Kornmann 2007, 46). Im Hinblick auf die kritisch-konstruktive Einschätzung zur Förderdiagnostik von Schlee (2008, 124ff.), bleibt es dabei auch eine bedeutsame Aufgabe, bei aller positiven Zuwendung, die tatsächlichen Förderbedürfnisse und Beeinträchtigungen nicht aus den Augen zu verlieren.

  Um den Schüler und dessen pädagogisches Umfeld nicht aus den Augen zu verlieren (Rödler 1999, 178ff.), brauchen wir einen systemorientierten Blick auf unsere Schüler.

---

[22] Trost (2003) beschreibt Kriterien, die zwar für den Unterricht im FSP geistige Entwicklung entworfen wurden, die aber in der Anwendung ohne Einschränkungen auf andere (sonder-) pädagogische Handlungsfelder übertragen werden können (511).

- **Selbstbestimmung und Eigenverantwortlichkeit:** *„Über die Formulierung konkreter Ziele hinaus muss sich Förderplanung an dem grundlegenden Prinzip der Förderung von Selbstbestimmung in sozialer Integration und von Eigenverantwortlichkeit* (...) (von Menschen mit Beeinträchtigungen) *orientieren"* (Trost 2003, 516).[23]

  Wie in vielen theoretischen Ansätzen darf es hierbei nicht zu einer Polarisierung kommen; Selbstbestimmung darf nicht als ein Handeln verstanden werden, das ohne soziale Bezüge im Raum steht *(also gemäß dem Motto: Wenn jeder an sich denkt, ist an Alle gedacht)*, sondern muss als ein Handeln verstanden werden, dass grundsätzlich die Autonomie des Anderen zu respektieren weiß; Selbstbestimmung steht grundsätzlich in einem sozialen Kontext[24]. Die Qualität der Förderplanung erschließt sich daraus, in welchem Maß die Zielformulierungen und pädagogischen Implikationen diese kategoriale Zielfindung im Blick haben.

- **Einbezug der Perspektive von Menschen mit Beeinträchtigungen:** Im Sinne einer systemischen Förderplanarbeit geschieht die Planung *„nicht für (...) sondern mit"* (Trost 2003, 518) den Menschen mit Beeinträchtigungen. *„Die Person, um die es geht, ist zentral beteiligt. Es wird nicht über sie gesprochen, sondern – soweit irgend möglich – mit ihr gemeinsam reflektiert und geplant; die Selbstartikulation der eigenen Sicht steht im Zentrum. Wenn sie sich selbst nicht äußern kann, sollte sie zumindest bei gemeinsamen Überlegungen anwesend sein"* (Boban / Hinz 2000, 135 zitiert in Trost 2003, 518).

- **Ökosystemische Betrachtungsweise:** *„Im Mittelpunkt ökosystemischer Betrachtungen steht der Mensch als in ein System von sozialen, materiellen und institutionellen Bezügen eingebettetes Subjekt" (Trost 2003, 520).* Alleine der Gesichtspunkt der **Subjekt**orientierung entspricht schon im Besonderen den o.a. Punkten der Kompetenzorientierung und dem Prinzip der Selbstbestimmung (Stöppler / Wachsmuth 2010, 15ff.).

  Vor dem Hintergrund des Zusammenhangs zwischen individueller Entwicklung und der unmittelbaren Integration der Einzelnen in die soziale Gesamtheit gilt es in der Förderplanung selbst, alle am Erziehungs- und Bildungsprozess beteiligten Personen und Einrichtungen in die Förderplanung aktiv einzubinden (Eggert 1997, 16ff. und Kautter 1998, 81ff.).

- **Individualisierung:** Nach Einschätzung Eggerts (1997*) „gibt (es) keine Patentrezepte! Es gibt nur individuelle Lösungen für individuelle Probleme"* (309).

---

[23] Bedeutsam ist nach Trost (2003) *„die Unterscheidung zwischen Selbstbestimmung und Selbstständigkeit. Auch eine Person, die in hohem Maße auf die Unterstützung durch andere angewiesen ist, also unselbstständig ist, kann sehr wohl auf die Art und Weise der Hilfeleistung Einfluss nehmen und damit selbstbestimmt handeln"* (517).

[24] Vgl. hierzu die Ausführungen in Buber (1978, 26ff.; 1984, 199ff.; 1995, 11ff.;) und Speck (1996, 49ff. und 1997, 172ff.).

Dies bedeutet

- o *den Schüler vor dem Hintergrund seiner individuellen biografischen Entwicklung und innerhalb seines aktuellen Bezugsystems zu betrachten und*
- o *in diesem Zusammenhang individuelle Kompetenzen zu beschreiben sowie zugleich hieraus individuelle Förderbedürfnisse abzuleiten,*

die dann zu einer individuell zugeschnittenen Förderplanung führen und im Sinne einer prozessbezogenen Begleitung gemeinsam mit dem Schüler in regelmäßigen Abständen reflektiert werden (ebd.).

Der Grundsatz der Individualisierung darf jedoch nicht zu einer isolierten Betrachtung der persönlichen Entwicklung des Schülers führen, in der der soziale Kontext außer Acht gelassen wird.

> *„Individualisierung darf (...) (nämlich) nicht so verstanden werden, als würde es darum gehen, eine lediglich auf das Individuum zentrierte Förderung zu konzipieren, die letztlich mehr oder weniger isolierenden Charakter hätte und für jeden Menschen mit Behinderung eine Art Sonderstellung intendiere“* (Sander 2007, 15).

Eine gute Möglichkeit diesem isolierenden Charakter von Individualisierung entgegenzuwirken, ist die Synchronisation von Förderplanung und Unterrichtsplanung, also das *`inklusive Nebeneinander`* von individueller Förderung und gemeinsamem Arbeiten im Gesamtunterricht (Krawitz 1998, 126ff. und Willmann 2012).

- **Kooperative Zusammenarbeit und Planung:** Wenn wir oben den Aspekt einer ökosystemischen Betrachtungsweise angesprochen haben, impliziert dies natürlich in erster Linie die Kooperation mit den Eltern. Von großem Vorteil sind in diesem Fall alleine schon verlässliche strukturelle Ankerpunkte, wie etwa ein verbindlicher Schulelternsprechtag und fest installierte und rhythmisierte Förderplangespräche. Vor diesem Hintergrund können sich Eltern ernstgenommen fühlen in ihren Fragen und in ihrer individuell schwierigen Lebenslage (Speck 2005, 301ff.). Es muss jedoch auch klar formuliert werden, dass die Kooperation mit den Eltern nicht aus der Verpflichtung durch den Lehrplan oder den Richtlinien für die spezifische Schulform heraus erwächst:

  Das Team wünscht den Austausch mit den Eltern und Erziehungsberechtigten im Interesse des Schülers (Hildeschmidt 1998, 182ff.). Dass dieser Austausch und die Kommunikation nicht immer einfach sind, beschreibt Speck (2005) in seiner Darstellung *„Der Beratungsvorgang als ökologische Kommunikation“* (310).

  > *„Partnerschaft als kreative Qualität wird wesentlich vom offenen Gespräch abhängen, vom gegenseitig vertrauensvollen Zuhören und von der Bereitschaft, sich ansprechen und bewegen zu lassen – jenseits vorgefasster Meinungen, fertiger Programme. Die Entscheidungen, die für ein Kind zustande kommen, sollten aus solchen interpersonalen Verständigungen hervorgehen“ (314).*

Im Sinne einer professionellen Beratung und eines ernstgemeinten, offenen Austauschs mit den Eltern, sollten sich Lehrer unbedingt der möglichen Kommunikationsschwierigkeiten bewusst sein, um nicht durch Unwissenheit in Bezug auf potentielle Kommunikationsstörungen entstehende Spannungen mit den Eltern auf Kosten einer schülerorientierten Pädagogik auszutragen[25].

- **Struktur, Praktikabilität und Ökonomie:** Diese Aspekte, die Trost (2003) zu den qualitativen Standards der Förderplanung zählt, implizieren einen gewissen Spagat zwischen der pädagogischen und institutionellen Notwendigkeit auf der einen Seite und den Möglichkeiten und oft widrigen Bedingungen des schulischen Alltags auf der anderen Seite. Zunächst ist festzustellen:

  > *„Förderplanung stellt sich gegen eine gewisse Beliebigkeit und Naturwüchsigkeit des pädagogischen Handelns und trägt durch die Formulierung mittel- und längerfristiger Zielperspektiven zu Verbindlichkeit und Überprüfbarkeit bei“* (524).

  Auf der anderen Seite ist es dringend notwendig, dass in diesem komplexen pädagogischen Planungsprozess auch die Praktikabilität und ökonomische Handhabung im unterrichtlichen Alltag gewährleistet bleiben:

  > *„Erfahrungsgemäß muss deshalb mit einem Förderplan als Arbeitsinstrument gearbeitet werden, der sich durch seine Überschaubarkeit auszeichnet. Zudem sollte eine Fokussierung auf einige wenige Förderziele stattfinden“* (ebd.).

Konkrete Umsetzungsmöglichkeiten im Hinblick auf die notwendigen Strukturen bei gleichzeitiger Wahrung einer alltagstauglichen Praktikabilität und ökonomischen Handhabung zeigen wir nachfolgend für den Unterricht im FSP geistige Entwicklung auf (☞ Abschnitt 7.2).

---

[25] Eine erste Hilfestellung bietet hier der Ansatz von Schultz von Thun (1981) „Miteinander reden – Störungen und Klärungen“, der in dieser Publikation mit seinem Vier-Ohren-Modell die verschiedenen Formen der Wahrnehmung im Kommunikationsprozess beschreibt und im Hinblick auf eine weitestgehend ungestörte Kommunikation alternative Kommunikations- und Handlungsansätze vorstellt.

7.2 Konkretisierung von Förderplanarbeit für den FSP geistige Entwicklung

Im Folgenden stellen wir zur Konkretisierung das diagnostische Handlungsfeld der Förderplanung mit dem Fokus auf die Geistigbehindertenpädagogik vor (Schäfer 2010)[26]. Zum einen stellt Förderplanung in diesem komplexen Handlungsfeld für alle Beteiligten eine große organisatorische und pädagogische Herausforderung dar, zum anderen lassen sich durch den exemplarischen Charakter konkrete Rückschlüsse auf die Förderplanung in einem anderen Setting ziehen (z. B. für den FSP Lernen, Sprache, Motorik). Dieses Setting kann sich dann sowohl im herkömmlichen Umfeld der Förderschule als auch in einem integrativen Umfeld an der Regelschule befinden (☞ Abschnitt 1.4).

7.2.1 Zur aktuellen Situation der Förderplanung

Erziehung und Unterricht im Förderschwerpunkt geistige Entwicklung gehen mit ihren offenen Lehrplänen und individualpädagogischen Richtlinien und Handreichungen dezidiert auf die besonderen Bedürfnisse aller Schüler ein. Dementsprechend können Lehrer, Eltern und die weiterhin an der Erziehung und Bildung beteiligten Personen (SPFH[27], Erziehungsbeistandschaften, Wohngruppen, o.ä.) in dialogischer Zusammenarbeit Förderplanungen und intendierte Entwicklungsverläufe differenziert und ganz nah am Schüler ausgestalten. Diese Ausgestaltung findet in der Regel im Rahmen der Förderplanung statt, die durch die Lehrpläne und Richtlinien der Länder weitestgehend verbindlich vorgeschrieben wird. Oft wird jedoch nur festgestellt, dass Förderpläne zu erstellen sind:

> *„Richtlinien und Lehrplan sind verbindlich, da auf ihrer Grundlage sowohl schulinterne Curricula als auch individuelle Förderpläne zu erarbeiten sind. Für alle Beteiligten, auch für die Eltern, stellen sie ein Instrument zur Qualitätssicherung dar“ (Rheinland-Pfalz, Richtlinien 2001, 1).*

---

[26] Die Darstellung 7.2 basiert auf einer Überarbeitung und Aktualisierung des Positionsartikels zur Förderplanung im FSP geistige Entwicklung: *„Förderplanung vom Kinde aus – zur Notwendigkeit und Bedeutung einer individualpädagogischen Förderplanarbeit im FSP geistige Entwicklung“* (Schäfer (2010).

[27] **S**ozial**p**ädagogische **F**amilien**h**ilfe (Sozialgesetzbuch VIII § 31 im Kinder- und Jugendhilfegesetz KJHG. Vgl. hierzu auch die Hilfen zur Erziehung SGB VIII § 27).

Dass das Erstellen von Förderplänen ministeriell geregelt wurde (KMK 1998), ist im Hinblick auf die Vermeidung beliebiger Unterrichtsgestaltung und objektorientierter Pädagogik zugunsten einer subjektorientierten Gestaltung von Schule und einer schülerorientierten Planungsarbeit begrüßenswert.

Und auch in den Wissenschaften nimmt man sich dieser Thematik an, wenn

- Eggert (1997) etwa die Erarbeitung *„Individueller Entwicklungspläne“* (IEP) ausgehend von den Stärken der Schüler fordert,
- die *„Persönliche Zukunftsplanung“* Übergänge in die Schule hinein bzw. aus der Schule heraus sensibel gestalten möchte (Trost 2007, 118f.)
- und schließlich Nußbeck (2008) ganz dezidiert die prozessdiagnostischen Momente in der Förderplanarbeit grafisch herausarbeitet (Abb. 50).

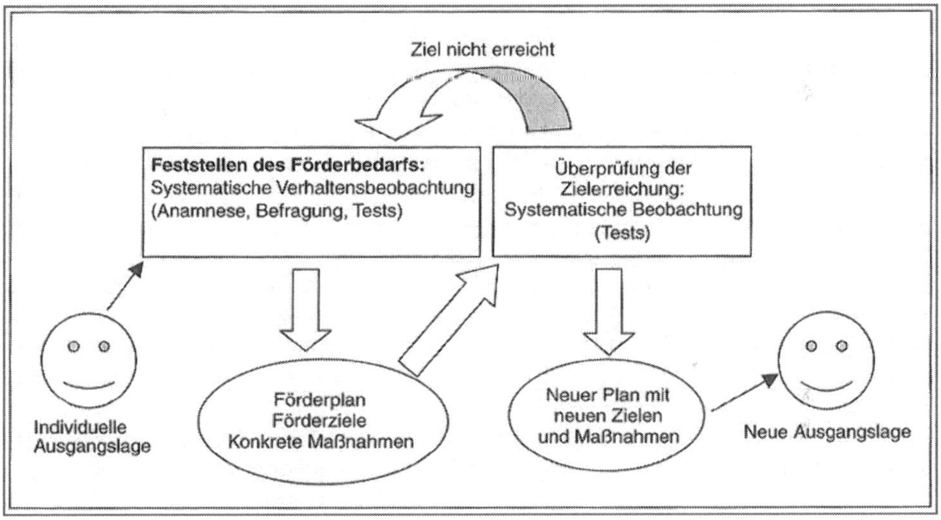

Abb. 50: Diagnostik im Förderprozess (Abb. 4 aus Nußbeck 2008, 243)

Und dennoch gilt es nach einer Zeit der scheinbaren Etablierung kritische Fragen zu zu lassen, deren Beantwortung der eigenen Umsetzung qualitativer Diagnostik als Handreichung und Wegweiser dienen kann (Trost 2007,117), um nicht allzu schnell in einen Alltagstrott zu verfallen und durch Routinen oder Erledigungsmentalitäten die Bedürfnisse des Schülers aus den Augen zu verlieren (Fischer 2008, 209ff.).

7.2.2 Stoffverteilungspläne, schulinterne Curricula und individuelle Förderpläne

Im Zusammenhang mit der individuellen Förderplanung werden auch immer wieder die Gedanken mit aufgegriffen, aktuelle sachunterrichtliche Vorhaben im Sinne einer Stoffverteilung oder eines schulinternen Curriculums in diese Form der Verlaufsdiagnostik mit einzubinden. Schließlich soll ja beschrieben, dokumentiert und evaluiert werden, was die Schüler wann und wie lernen.

Dies führt dann nicht selten zur klassischen Frage der Geistigbehindertenpädagogik (Mühl 1979, 105ff.), was denn für unsere Schüler wichtig und bedeutsam ist – also welche Inhalte im Unterricht angeboten werden sollen (Schäfer 2009b, 8ff.; Speck 2005, 179ff. und Stichling 2007, 76ff.). Für unser Empfinden sind dies zunächst zwei verschiedene Dinge, nämlich einmal

- die didaktische Ebene *(mit ihren Fragen des Inhaltes)* (☞ Abschnitt 7.2.2.1)
- und die individuelle Förderebene *(mit ihrem Anspruch der individuellen Förderung) (☞ Abschnitt 7.2.2.2).*

Diese Ebenen stehen zwar miteinander in Verbindung und sind auch unter professionellen Gesichtspunkten von Schulentwicklung und Unterrichtsgestaltung zu verzahnen. Formal erscheint uns jedoch eine Trennung im Hinblick auf Strukturierung und Reduktion zielführend zu sein.

7.2.2.1 Zum Zusammenhang von Unterrichtsplanung und inhaltlicher Ebene

Betrachten wir die **inhaltliche Ebene**, die die Grundlage der Vorhabenplanung[28] darstellt. In der Auswahl der Unterrichtsinhalte für unsere Schüler ist das Bedeutsame die Balance zwischen dem, was im Sinne einer direkten Lebensweltorientierung gegenwärtig, zukünftig und exemplarisch unverzichtbar zu sein scheint und dem, was im Verlauf eines Schuljahres ein Höhepunkt für die Schüler / die Klasse / die Schulgemeinschaft sein kann.

[28] An der Schule mit dem FSP geistige Entwicklung findet sich im Hinblick auf die Einbindung des Sachunterrichts innerhalb des Gesamtunterrichts eine begriffliche Durchmischung: Während die einen von Projekten sprechen, mildern die anderen ihr Vorgehen in den projektorientierten Unterricht ab. Vor dem Hintergrund der Fähigkeiten der Schüler sprechen wir hier vom Vorhaben, dass zwar die Schülerorientierung und –beteiligung zu berücksichtigen weiß, jedoch den Schülern in Bewältigung der Aufgaben unter die Arme greift (Schäfer 2009a, 4ff.).

Entsprechend diesem Verständnis gibt es dann keine unbedeutenden Inhalte, wenn es zu einem inhaltlichen Gleichgewicht im langfristigen Planungsprozess kommt.

Derzeit lassen sich in den fachdidaktischen Beiträgen Positionen ausmachen, die in Anlehnung an die Diskussion um die Bildungsstandards (Wember / Prändl 2009) eine starre Regelung der inhaltlichen Verteilung wünschen. Es soll also klar geregelt werden, was Schüler im FSP geistige Entwicklung können sollen. Mit Blick auf die Heterogenität der Schüler (Holtz / Nassal 1999, 90ff.) ist jedoch zu dieser Forderung festzustellen, dass dies nicht funktionieren kann[29]. Möglichkeiten sehen wir allenfalls im sogenannten *„Themenspender“* (Schurad et al. 2006) oder in den Ideensammlungen der offenen Lehrpläne (Rheinland-Pfalz, 2001 und Bayern, 2003).

Wenn selbst die Grundschulen ihre Lehrpläne in Erwartungshorizonte umgestellt haben[30], dann müssen wir erst recht an der Schule mit dem Förderschwerpunkt geistige Entwicklung an der inhaltlichen Offenheit des Lehrplans festhalten. Dass dies nicht zu einer beliebigen Unterrichtsgestaltung führen darf, versteht sich von selbst. Hier kann sich jedoch die Geistigbehindertenpädagogik an den Didaktikern der Regelpädagogik orientieren.

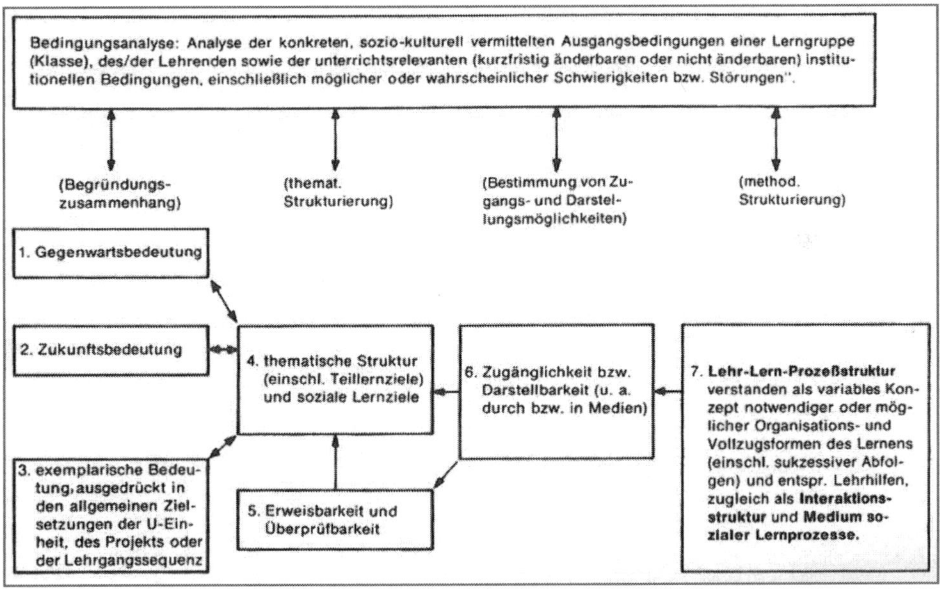

Abb. 51: (Vorläufiges) Perspektivenschema zur Unterrichtsplanung (Klafki 1995, 272).

---

[29] Vgl. zu diesen Ausführungen weiter Musenberg (2008), Pitsch / Thümmel (2011), Stöppler / Wachsmuth (2010) und Fischer (2008).

[30] Zumindest ist dies die aktuelle Regelung in Rheinland-Pfalz.

Zum Überblick führen wir Klafkis (1995) *„(vorläufiges) Perspektivenschema zur Unterrichtsplanung"* (272) an. Eher selten wird wahrgenommen, dass es sich dabei um einen didaktischen Entwurf handelt, der sowohl der einzelnen Unterrichtseinheit, einem Projekt wie auch einer Lehrgangssequenz zu Grunde gelegt werden kann – es geht also nicht nur um den Planungshintergrund einer einzelnen Stunde (ebd. und Klafki 1999, 13ff.).

Schon die ersten drei Fragen des Begründungszusammenhangs reichen aus, um eine Sache als didaktisch gültig beschreiben zu können, nämlich die Frage nach der

1. **Gegenwartsbedeutung** *(„wie bedeutsam / wichtig ist der Lerngegenstand für den Schüler / die Schülergruppe?")*,
2. **Zukunftsbedeutung** *(„wie bedeutsam / wichtig ist der Lerngegenstand für die zukünftige Entwicklung und das spätere Leben des Schüles / der Schülergruppe?")* und schließlich
3. **exemplarischen Bedeutung** *(„Was kann der Schüler / die Lerngruppe beispielhaft an diesem Lerngegenstand im Hinblick auf andere Sachen erschließen?")*.

Dieses Planungsschema mit seinen Fragen kann also dazu dienen, didaktisch gültige Inhalte festzulegen. Zu ergänzen ist dies durch Wagenscheins exemplarische Themenwahl (1997, 27f.). Insbesondere Wagenscheins Gedanke, *„der Stofffülle durch exemplarisches Lernen zu begegnen"* (ebd.), sollte in den aktuellen Arbeitsplandiskussionen und den Erarbeitungsprozessen schulinterner Curricula mehr an Bedeutung erfahren (Rittmeyer 2008, 620 und Schäfer 2009b, 9).

7.2.2.2 Die individuelle Förderebene

Gegenüber dieser inhaltlichen Ebene und den Diskussionen darüber, was Schüler im Förderschwerpunkt geistige Entwicklung lernen und können sollen, steht **die individuelle Förderebene**. Diese Ebene findet ihre Arbeitsgrundlage für den Lehrer im Förderplan. Hier werden in einer Ausgangslage die Dinge beschrieben, die es im Verlauf der nächste Monate zu fördern gilt: Individuell und im Idealfall in einem systemtheoretischen Kontext wird der Förderbedarf beschrieben, um auf dieser Grundlage Angebote und Förderziele zu formulieren[31].

---

[31] Demgegenüber stellen das Halbjahreszeugnis und das Jahreszeugnis gewissermaßen eine Evaluation / Beurteilung der inhaltlichen Planungszusammenhänge und Lernzuwächse u. a. im sachunterrichtlichen Kontext seitens der Schüler dar.

Förderplanung zielt damit zunächst nicht auf den Vorhabenunterricht ab[32], sondern auf die Beobachtung und Begleitung spezifischer Förderaspekte beim einzelnen Schüler.

Diese Aspekte können liegen

- im Bereich des sozial-emotionalen Erlebens *(„Steigerung der Frustrationstoleranz" oder „das Akzeptieren von Misserfolgen"),*
- in der Wahrnehmung *(„Auge-Hand-Koordination", „auditive Wahrnehmungsübungen" oder „sensorische Angebote"),*
- in der (unterstützten) Kommunikation *(„Anbahnung einer Gesprächshaltung", „Ausbau des Gebärdenkanons" oder „der erste Umgang mit dem Talker"),*
- in der lebenspraktischen Erziehung und Bildung *(„Selbstversorgung", „Toilettengang", „Umgang mit Besteck"* als originäre Kulturtechnik oder auch die *„Orientierung in Raum [Klasse – Schule] und Zeit [Tagesstrukturen – Wochenverlauf]"),*
- in der Motorik und Koordination („Raumwahrnehmung", „Bewegungsabläufe", „Veränderungen in der Lagerung zulassen") oder in
- basalen Bereichen („Förderpflege", „sensorische oder haptische Erfahrungen zulassen") (Straßmeier 1997, 48ff.).

Natürlich sind auch hier Redundanzen möglich und notwendig, schließlich gilt es zu überlegen, wo und wie die angedachten Förderziele unterrichtlich umgesetzt werden können. Und mit dem Anspruch einer ganzheitlichen Didaktik liegt die Verbindung von Vorhabengestaltung und Förderziel nahe *(Förderziel: Kommunikationsförderung ☞ Gesprächsverhalten in größeren Gruppen / Klassengespräch; Umsetzung: Gesprächskreise im Vorhabenunterricht / Präsentation vor Publikum / usw.).*

Bei allem Anspruch an Unterricht und eine professionelle Auffassung von Schule innerhalb des Förderschwerpunktes geistige Entwicklung – der unbedingt notwendig ist (Fischer 2008) – darf die Arbeit am Förderplan jedoch nicht zu einer reinen Bürotätigkeit werden. Auf zwei bis vier Seiten sollten zwei bis drei Schwerpunkte[33] konkret formuliert werden, die es im Austausch mit den Eltern für ein Jahr zu verfolgen gilt (☞ Abschnitt 7.1).

---

[32] Was Fischer (2008) in seiner aktuellen Darstellung zur Bildung im Förderschwerpunkt geistige Entwicklung mit dem Erschließen von Wirklichkeit meint (209ff.), benannte Speck (1970) in den Anfängen der schulischen Geistigbehindertenpädagogik mit *„Ausbildung von Lebensfertigkeiten"* (84), Bach (1968) schrieb ebenfalls in dieser Zeit über diese Erziehungsaufgaben (30ff.) und führte in seiner Darstellung *„Praktische Bildung für Geistigbehinderte"* (1980, 6) folgende Lern- und Lebensbereiche auf: *„Selbsterleben, Wohnen / Familie, Freizeit, Schule, Öffentlichkeit, Natur und Arbeitswelt"* (10).

[33] Hierzu stellen wir weiter unten konkrete Beispiele vor *(„Zur thematisch-inhaltlichen Ausgestaltung")*.

7.2.3 Förderplanung als Fortschreibung der Eingangsdiagnostik

Grundsätzlich dient die Erstellung und Fortschreibung des Förderplans der Weiterführung der Schuleingangsdiagnostik. Wird sonderpädagogischer Förderbedarf im Rahmen der Gutachtenerstellung festgestellt, werden Schüler auf dieser Rechtsgrundlage[34] entweder in der Förderschule oder einer anderen Schule, mit dem entsprechenden sonderpädagogischen Bildungsgang eingeschult.

Wie alleine schon die Namen der Schulen mit dem Förderschwerpunkt geistige Entwicklung divergieren[35], so unterschiedlich sind auch die Modelle integrativer Beschulung in den verschiedenen Bundesländern organisiert und ministeriell geregelt. Entsprechend der Kultushoheit der Länder finden sich auch in jedem Bundesland eigene Lehrpläne und Richtlinien für den Unterricht an Schulen mit dem Förderschwerpunkt geistige Entwicklung. Alleine auf der Grundlage der KMK-Empfehlungen zur sonderpädagogischen Förderung (1998) wurde in allen Richtlinien, die seit der Veröffentlichung der Empfehlungen erschienen sind, die Forderung nach der Erstellung und Fortschreibung von Förderplänen aufgegriffen:

> *„Die Feststellung des Sonderpädagogischen Förderbedarfs findet in der Verantwortung von Schule und Schulaufsicht statt, die entweder selbst über sonderpädagogische Kompetenz verfügen oder fachkundige Beratung hinzuziehen. Die Lernausgangslage und Lernentwicklung bei Kindern und Jugendlichen mit einer geistigen Behinderung werden durch eine begleitende Diagnostik geklärt. Der auf den sonderpädagogischen Förderbedarf bezogene* ***individuelle Förderplan*** *wird in interdisziplinärer Zusammenarbeit erstellt und fortgeschrieben"* (KMK 1998, 7).

Dies bedeutet, dass im Eingangsbereich der Unterstufe[36] die Ergebnisse der Eingangsdiagnostik aufgegriffen werden müssen, um an den Vorerfahrungen anknüpfen und die begonnene vorschulische Förderung fortführen zu können.

---

[34] Formal-rechtlich sind der Verlauf der Gutachtenerstellung, sowie die Zuweisung durch die Schulaufsicht ein Verwaltungsakt, gegen den die Eltern juristisch Widerspruch einlegen können.

[35] Rheinland-Pfalz bietet die *„Schule mit dem Förderschwerpunkt ganzheitliche Entwicklung"* an, in Hessen finden wir noch die *„Schulen für Praktisch Bildbare"* und unter anderem Bayern orientiert sich an den KMK-Empfehlungen (1998) und benennt seine Schulen mit dem *„Förderschwerpunkt geistige Entwicklung"*.

[36] Wir beziehen die folgende Darstellung auf die Schule mit dem FSP geistige Entwicklung. Die Einschätzungen sind natürlich im Sinne einer Forderung in den inklusiven Unterrichtsablauf zu übertragen.

Doch bereits in der Durchführung der Eingangsdiagnostik und in der Abwicklung der Gutachtenerstellung scheiden sich in der Geistigbehindertenpädagogik die Geister[37], was zu einer oft diffusen Vorstellung darüber führt, wozu das Gutachten dient und welche weitere Verwendung es finden soll.

Im Überblick stellen wir nun vier formale Stolpersteine vor, die das Gutachten in der Praxis oft als formal notwendiges Übel verkommen lassen, statt es unter sowohl qualitativen wie auch quantitativen Gesichtspunkten als pädagogisch hilfreiche Quelle im Hinblick auf die eigene Förderplanung zu nutzen:

1. Während man in den Anfängen der Geistigbehindertenpädagogik[38] den standardisierten Test und die gewonnenen Daten zur sogenannten „Intelligenz" als Basis der Schulzuweisung nahm[39], entwickelte sich im Zuge des Paradigmenwechsels in den 1990er Jahren – *zumindest in der wissenschaftlichen Betrachtung* – die Förderdiagnostik, die nicht mehr die Defizite des Kindes in den Mittelpunkt stellte, sondern mit Blick auf das System Kind-Umfeld das Ziel der individuellen Förderung verfolgte. In der Praxis gab es natürlich keine plötzliche Trendwende, erst allmählich etablierten sich innerhalb der Gutachten qualitative Methoden (Beobachtungen, informelle Verfahren, u.a.) und die Skepsis davor, keine standardisierten Testverfahren zu verwenden, verschwindet erst langsam.

   Dies alles verlief jedoch eher schleppend und begünstigte in den Köpfen der Schulpraxis nicht sonderlich den Zugang zum Gutachten, sodass nicht selten ausformulierte Förderplanungen des Gutachters weiterhin in der Entwicklung des Förderplans unberücksichtigt bleiben.

2. Im Hinblick auf den qualitativen Charakter der Förderplanung sollte natürlich auch die Schuleingangsdiagnostik beschreibende, förderdiagnostische Ansätze ergänzend zu den quantitativen und numerischen Ergebnissen in den Mittelpunkt der Erhebung stellen, um auf diesen Darstellungen aufbauend Förderziele ableiten und konkrete unterrichtliche Angebote entwickeln zu können (Trost 2007, 117f.).

3. Erschwerend in diesem Prozess sind die aktuellen Entwicklungen zu Internet-Plattformen (das Gutachten wird in eine Online-Maske eingeschrieben), die die Qualität der Gutachten insgesamt nicht sonderlich positiv beeinflussen dürfte (☞ Abschnitt 1.3.2).

---

[37] Obwohl auch hier wiederum die Ministerien der Länder Handreichungen zur Gutachtenerstellung herausgaben.

[38] Vgl. hierzu grundlegend Bundschuh (1996, 33ff.) und Eggert (2003a, 16ff.) sowie vertiefend für den Bereich der Geistigbehindertenpädagogik in den 1960er und 1970er Jahren Vetter (1972, 60ff.), Eggert (1979, 392ff.) und Speck (1970) *„Die Höhe des IQ gilt nach wie vor als die wichtigste Markierungseinheit. Insbesondere verlangt die Schulverwaltung in jedem Falle die Feststellung der `geistigen Schwäche` oder der `schwachen Begabung`"(Speck 1970,* 157).

[39] Nußbeck (2008) führt hier als Beispiel die Verwaltungsvorschriften von Nordrhein-Westfalen an, die noch 1995 ganz formal auf der Grundlage des IQ und der Lage der Standartabweichungen die Zuweisung von Lernbehinderung und geistiger Behinderung vornahmen (241).

4. Schließlich sehen sich auch die Gutachter immer wieder solchen Situationen ausgesetzt, in denen die Zuweisung des Kindes nicht gemäß der Empfehlung des Förderschullehrers – also dem abschließenden Fördervorschlag des Gutachtens – vorgenommen wird, sondern ausschließlich dem Wunsch der Eltern ohne Beachtung der schulpädagogischen Belange nachgegangen wird.

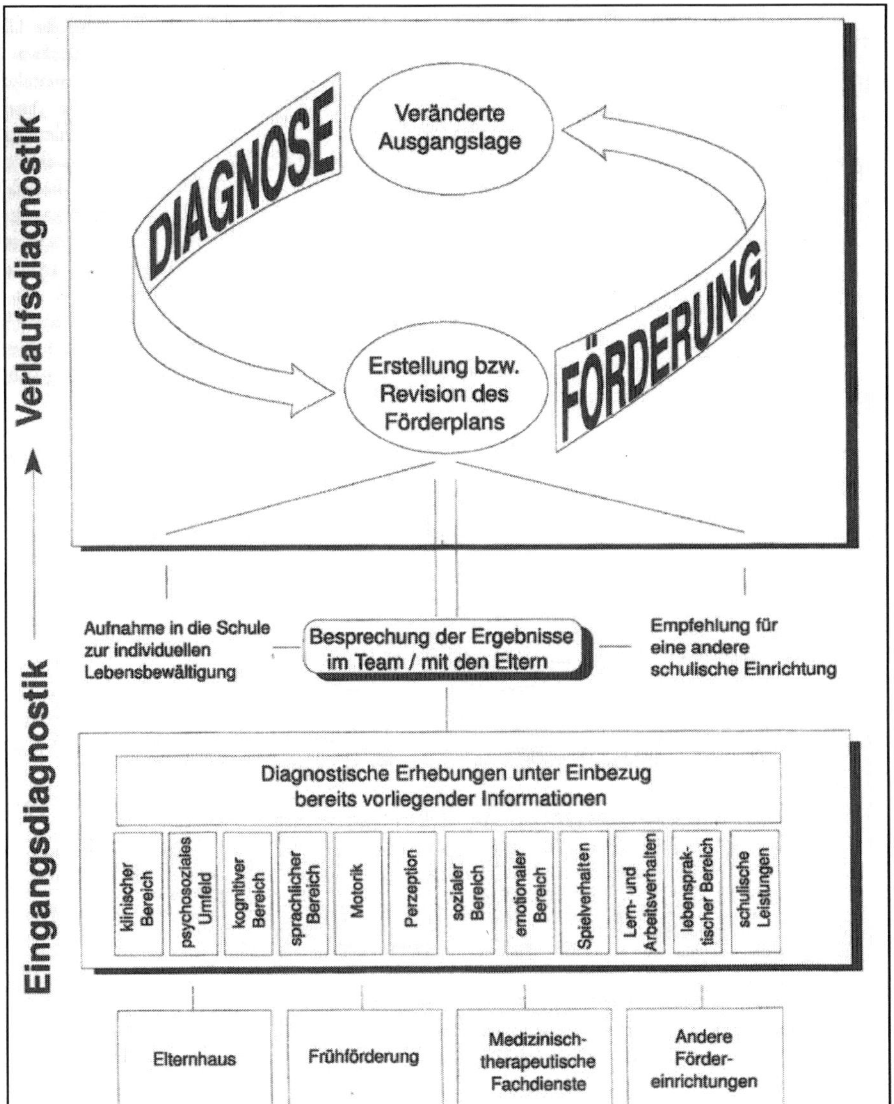

Abb. 52: Der Prozesscharakter in der Förderplanung und der Zusammenhang zwischen Eingangsdiagnostik und Verlaufsdiagnostik (ISB 1997, 72).

Abb. 52 zeigt noch einmal vereinfacht den verzahnten Charakter von Eingangsdiagnostik und Verlaufsdiagnostik. Mit der Gutachtenerstellung liefern Elternhaus, Frühförderung, medizinisch-therapeutische Fachdienste und andere Fördereinrichtungen neben der Förderplanung der Kindertagesstätten seriöse Daten, die qualitativ in die Diagnostik einzubinden sind (Mand 2003, 46ff.). Die o. g. Stolpersteine tragen nicht unwesentlich dazu bei, dass dem Einschulungsgutachten im Rahmen der Förderplanarbeit eine derzeit oftmals unzureichende Bedeutung beigemessen wird und demzufolge wesentliche Informationen aus der vorschulischen Entwicklung schlichtweg versanden.

Primäres Anliegen eines professionellen Verständnisses von Verlaufsdiagnostik – *in Abkehr zur Statusdiagnostik* – sollte es sein, sowohl das Einschulungsgutachten als auch die Einsichten aus den Gesprächen mit den KITAs und den Eltern als Ausgangspunkt für die Entwicklung des Förderplans zu verstehen.

7.3 Ausgestaltung und Organisation der Förderplanung

7.3.1 Effizienz und Tauglichkeit im Alltag – Überlegungen aus der Praxis

Wenn wir die Bedeutung der Schule mit dem Förderschwerpunkt geistige Entwicklung unter dem Gesichtspunkt der Schulzeitplanung[40] für die Schüler begreifen, muss es im ureigenen Interesse einer Schule liegen, die Förderplanung nicht punktuell auf die einzelne Klasse zu beziehen, sondern ein klassen- und schließlich stufenübergreifendes Förderplankonzept zu entwickeln. Folgende Momente halten wir im Hinblick auf Effizienz und Alltagstauglichkeit einer solchen Planung für wesentlich:

- **Begriffliche und formale Synchronisierung:** Zum gemeinsamen Austausch über Inhalte erweist es sich in der Regel als sachdienlich, die zu verwendenden Begriffe in der Förderplanung gesamtschulisch abzustimmen.

  Sonst sprechen die Einen vom *Ist-Zustand* während die Anderen die *Ausgangslage* beschreiben. Daraus werden dann *Förderziele* oder *Entwicklungspunkte* erstellt, die dann im Sinne einer Überprüfung *evaluiert* oder *analysiert* werden.

[40] Elisabeth Pauly (1997) beschreibt *„Schulzeitplanung als Aufgabe der Unterrichtsplanung und Unterrichtsdokumentation an der Schule für Geistigbehinderte. (...) 12 bis 18 Jahre Schulzeit sind ein langer Zeitraum im Leben unserer Schüler – sie sind zu gestaltende Lern- und Lebenszeit! Dieser lange Lebensabschnitt sollte in seiner inhaltlichen Planung und Gestaltung nicht nur dem `Zufall` überlassen sein und durch Dokumentation auch im Rückblick nachvollziehbar werden“* 159).

Irgendwo mittendrin finden sich dann noch die unterrichtlichen, didaktischen, methodischen und pädagogischen Angebote. Unabhängig davon für welche Begriffe sich ein Kollegium entscheidet, erscheinen uns folgende Aspekte bedeutsam:

- Für die ganze Schule sollte ein gemeinsames **Formblatt** und **Raster** entworfen werden; dies kann als Prozess verstanden werden, der nicht innerhalb eines Studientages beendet sein muss. Gute Entwicklungen brauchen Zeit. Die Entwicklung einer Förderplankonzeption sollte unter keinen Umständen statisch begriffen werden, sondern in ihrem dynamischen Charakter immer wieder den Möglichkeiten der inhaltlichen und methodischen Überarbeitung unterzogen werden können.
- Ziel der Rasterung ist die Herstellung von **Übersicht**; in der Praxis selbst dürften sich mehr als vier Spalten als nicht praktikabel erweisen *(① Ausgangslage, ② Förderziel, ③ pädagogisch-unterrichtliches Angebot, ④ Anmerkungen).*
- Begriffe implizieren Inhalte: Die **Beschriftung der Spalten** sollte gut überlegt werden. So weckt beispielsweise die Bezeichnung „Ist-Zustand" das Fernziel „Soll-Zustand", was wiederum eine gewisse Normierung und Messung an Regelverläufen zur Folge haben dürfte *(„so soll es später sein").* Ein Vorgehen, das gerade im Förderschwerpunkt geistige Entwicklung pädagogisches Wirken ad absurdum führen würde.

- **Zeitliche Strukturierung:** Der Schulalltag ist schnelllebig und das Klassenteam sollte sich auch in der Förderplanung konkrete Zeitfenster zu Nutze machen, innerhalb derer der Förderplan des vorausgegangenen Schuljahres fortgeschrieben und damit der aktuelle Plan für das kommende Schuljahr erstellt werden kann. Natürlich könnte sich ein Team / eine Schule gewissermaßen auf den Ferienrhythmus verständigen (also etwa alle 7 bis 10 Wochen). Betrachtet man sich jedoch die oftmals sehr weitläufig angelegten Lernwege vieler Schüler, so erscheint die Erstellung eines Förderplans pro Schuljahr angemessen und auch tatsächlich umsetzbar.

  Dieser ist dann im Einzelfall natürlich zu ergänzen – etwa nach dem ersten Halbjahr als neuer Ausdruck oder auch im laufenden Schuljahr als handschriftliche Notiz. Der Förderplan lebt von seiner dynamischen Handhabung und Umsetzung; selbstverständlich sind hier handschriftliche Notizen erwünscht, die situative Beobachtungen festhalten und damit die individuellen Entwicklungsverläufe praxisorientiert dokumentieren können.

- **Übergaben:** In der Regel besuchen die Schüler derzeit drei Jahre eine Stufe und bringen damit jeweils drei Förderpläne aus drei Schulbesuchsjahren mit in die nächste Stufe. Damit der verlaufsdiagnostische Prozess in einem weichen Übergang fortgeführt werden kann, sollten die Gedanken, Erfahrungen, Überlegungen und auch Ideen und Wünsche der abgebenden Klasse in einem persönlichen Übergabe-Gespräch mit der aufnehmenden Klasse weitergegeben werden.

Manchmal sind es die kleinen Anekdoten und Erfahrungen der letzten Jahre, die das Verstehen individueller Verhaltensmuster und Lernwege eines Schülers erleichtern. Manchmal gibt es aber auch Dinge, die man im Zusammenhang mit persönlichen Beobachtungen in der Familie vielleicht nicht so gerne in den Förderplan aufnimmt, die aber auf der informellen Ebene für die Weitergabe wichtig sind. Und schließlich nehmen solche Gespräche – neben den wichtigen Momenten kollegialen Austauschs über Pädagogik, Didaktik oder Methodik – Berührungsängste, die möglicherweise im Zusammenhang mit neuen Schülern offen oder unterschwellig vorhanden sind.

- **Das Elterngespräch:** *„Die Eltern werden von Anfang an über die Gestaltung des Unterrichts informiert, bei der Erstellung von individuellen Förderplänen beteiligt und in das Schulleben aktiv einbezogen"* (Lehrplan Rheinland-Pfalz 2001, 27). Unter dem Gesichtspunkt der o. a. Entwicklung eines Förderplankonzeptes durch das ganze Kollegium findet jede Schule ihre eigenen Wege. Hier halten wir es im Hinblick auf die Zusammenarbeit mit den Eltern für bedeutsam, klare und zeitliche Strukturen transparent abzubilden, die für die Eltern verlässliche Anhaltspunkte in der schulischen Begleitung ihrer Kinder darstellen.

  Während zu Beginn des neuen Schuljahres den Eltern der Stundenplan und die Vorhabenplanung der nächsten Monate an die Hand gegeben werden – *im Idealfall sollte die Planung des gesamten Schuljahres vorgestellt werden können* (Jung 2004, 136ff.) – beginnt das Klassenteam nun mit der Erstellung *(bei Neueinschulungen)* bzw. mit der Fortschreibung *(bei Schülern der Klasse sowie bei Schülern, die aus der vorhergehenden Stufe wechselten)* der Förderpläne. Die Erfahrungen aus dem Schulalltag zeigen, dass die Förderpläne spätestens nach den Herbstferien gemeinsam geschrieben und vom gesamten Team gegengelesen sind, um sie den Eltern im Gespräch zu erläutern. Im Rahmen dieses Austausches sind dann auch die Wünsche, Fragen und Anregungen der Eltern in die Planung mit aufzunehmen.

  Die Gespräche mit den Eltern sollten dann einzeln und jeweils nach Schulschluss geführt werden – bei acht bis neun Schülern sind damit jedoch entsprechend viele Nachmittage gefüllt. Da nach unserer Ansicht auch alle Kollegen des Teams an diesen Gesprächen im Sinne eines Austauschs und der Wertschätzung des Elterninteresses beteiligt sein sollten, bietet sich die Durchführung an einem Freitagnachmittag an: Wir haben gute Erfahrungen mit einer Gesprächsdauer von ca. 45 Minuten gemacht; im Einzelfall kann das Gespräch kürzer (wenn beispielsweise schon viele Dinge geklärt sind), oder aber auch länger sein. Bei potentiell schwierigen und intensiveren Gesprächen sollte man einen Zeit-Puffer nach hinten einplanen, um die Wartezeiten der im Anschluss eingeladenen Eltern nicht unnötig zu verlängern und die Eltern damit über Gebühr zu strapazieren.

- **Aushändigen der Förderpläne:** Um einvernehmlich mit den Eltern arbeiten zu können halten wir es für selbstverständlich, dass den Eltern nach dem persönlichen Gespräch eine Kopie des aktuellen Förderplans ausgehändigt wird.

Auch in diesem Zusammenhang halten wir daher die Entwicklung eines für die Schule verbindlichen Förderplankonzeptes für notwendig, um den Eltern eine professionelle Dokumentation der diagnostischen Arbeit anbieten zu können. Als Folge dieses Aushändigens können die Eltern natürlich auch diese Förderpläne bei Amtsangelegenheiten vorlegen (Amt für soziale Angelegenheiten/ Versorgungsämter ☞ Beantragung des sogenannten „Behindertenausweis", o.ä.).

Wichtig bleibt hier zu erwähnen, dass den Eltern im Gespräch auch der dynamische Charakter des Förderplans erläutert werden sollte: Durchaus können sich die Planungen auch im Verlauf des Schuljahres in eine andere Richtung bewegen, die sich am letztlich nicht vorhersehbaren Entwicklungsverlauf eines Schülers orientiert. Die Überlegungen sind also keine statisch festgeklopften und für den Verlauf eines Schuljahres unveränderbaren Lern- und Entwicklungsfelder, sondern müssen in einem dynamischen Prozess dem kontinuierlichen Hinterfragen standhalten.

- **Handreichung (schulintern):** Es ist zweckmäßig, die genannten Punkte in einer überschaubaren und zugleich Details abdeckenden Handreichung zusammenzuführen. Im Interesse einer transparenten Zusammenarbeit mit den Eltern ist es wichtig, dem Elternbeirat der Schule diese Handreichung vorzustellen und die Eltern über das gesamtschulische Förderplankonzept zu informieren. Dadurch entsteht ein hohes Maß an Verbindlichkeit im Hinblick auf die konzeptionelle Umsetzung innerhalb des Kollegiums[41], die gezielte Wahrnehmung der individuellen Förderplanung als spezifisches sonderpädagogisches Merkmal sowie auf die verbindliche Teilnahme durch die Eltern.

7.3.2 Zur inhaltlich-thematischen Ausgestaltung

Als Antwort auf die Frage, was Schüler im Förderschwerpunkt geistige Entwicklung lernen sollen, haben wir in der bisherigen Darstellung auf die beiden Ebenen des Inhaltes *(im Sinne von Vorhaben und sachunterrichtlichen Schwerpunkten)* und der Förderplanung *(als individuelle und schülerorientierte Planungsebene)* verwiesen. In diesem Abschnitt geht es nun um die thematisch-inhaltliche Ausgestaltung der Förderplanung selber, um Zielformulierungen und um die Erhebung der individuellen Bedürfnisse des Schülers im Kontext seiner aktuellen Lebensbezüge (Familie, Schule, Freundeskreis, usw.).

Die Orientierung an den individuellen Bedürfnissen des Schülers kann keiner engen curricularen Rasterung folgen, sondern beginnt bei der Betrachtung der Person.

---

[41] Zuvor sollte natürlich das Förderplankonzept seitens einer stufenübergreifenden Arbeitsgruppe entwickelt und im Rahmen pädagogischer Konferenzen dem Kollegium vorgestellt werden. Erst wenn alle Kollegen ihre Gedanken und Ideen in weiten Zügen aufgenommen sehen, lässt sich eine solche Entwicklung als ein gesamtschulisches Konzept beschreiben.

Dieser Betrachtung geht die Durchsicht des Gutachtens als Grundlage unseres diagnostischen Vorgehens voraus und bietet eine erste Orientierung[42].

Nachstehend stellen wir die Gesichtspunkte *Reduktion* (1), *der Auswahl und Bestimmung von Förderschwerpunkten* (2), der *Notwendigkeit der Konkretisierung* (3) und Fortschreibung (4), sowie der *Darstellung pädagogisch-unterrichtlicher Angebote* (5) in Anlehnung an Beispiele aus der Praxis konkret vor.

7.3.2.1 Reduktion in der Förderplanung

Wirkliche Reduktion bedeutet in der konkreten Planung meist mehr Arbeit, weil ein gemeinsamer Austausch im Team über die lebensbedeutsamen Förderschwerpunkte bezogen auf ein bestimmtes Zeitfenster (z.B. ein Schuljahr) notwendig ist. Mehr Arbeit ist dies zunächst auch deshalb, weil schon in der Akzentuierung der Förderung sowohl die Notwendigkeit selbst, wie auch die konkreten Möglichkeiten der Umsetzung zu erörtern sind: Es gilt zu klären, was für die aktuelle und zukünftige Entwicklung eines Schülers bedeutsam ist und welches zentrale Anliegen im Bezug auf den Förderbedarf im aktuellen Schuljahr umgesetzt werden soll.

Je nach Förderbedarf kann dies durchaus mal ein einziger Schwerpunkt sein, der in seiner Dimension so komplex ist, dass die Aufschlüsselung der pädagogischen Dichte in deren Teilbereiche alle Aufmerksamkeit und Zeit binden wird. Hierunter fallen insbesondere solche Förderschwerpunkte wie

- *umfassende Verhaltensauffälligkeiten* (im Sinne auto- oder fremdaggressiven Verhaltens, die das gesamte Lernen und Arbeiten eines Schülers beeinflussen),
- damit mitunter einhergehende *massive Kommunikationsstörungen (die das Lernen und das Einlassen auf Unterricht ebenso nachhaltig prägen) oder auch*
- *umfangreiche Formen der (Mehrfach-)Beeinträchtigungen* (die basaler Angebote und eines intensiven Aufbaus von Beziehung bedürfen).

[42] Mitunter lassen sich Äußerungen vernehmen, „man wolle *„erst mal den Schüler kennenlernen"* und *„ihm unvoreingenommen begegnen"* - das Gutachten würde schon Stimmungsbilder erzeugen. Wir gehen jedoch von einer so professionellen pädagogischen Haltung aus, dass auch das Lesen des Gutachtens eine unvoreingenommene Begegnung zulassen kann. Spätestens jedoch beim Übergang von der Unterstufe in die Mittelstufe ist der Schüler schon drei Jahre im System Schule, damit allen Lehrern bekannt / biografisch geprägt. Wirkliche Unvoreingenommenheit kann damit nicht mehr bestehen.

Andere Bedarfe wiederum wirken überschaubar und scheinen gut in den täglichen Unterricht integrierbar zu sein, sodass je nach Umfang durchaus drei bis vier Inhalte beschrieben werden können. Beispielhaft zeigen wir nachstehend solche Förderschwerpunkte und deren Ableitung in drei Förderziele auf. Beginnen wir bei unseren Beispielen mit dem Lern- und Entwicklungsfeld der *„Lebenspraktischen Erziehung*", lässt sich dieses Feld wiederum in Unterbereiche gliedern, z.B. Selbstversorgung, Zahnpflege, Essen und Trinken.

Für diesen Förderbereich liegen in unserem Fallbeispiel jedoch schon so viele Grundlagen vor, dass es sich hier lediglich um ein Üben und Festigen innerhalb der entsprechenden Situationen handeln sollte. Dennoch ist es wichtig – *etwa im ersten Schulbesuchsjahr* – solche Dinge anzuführen, um sie dann im Hinblick auf die Formulierung weiterführender Zielsetzungen in den nächsten Jahren im Sinne eines Ist-Standes abfragen zu können.

Gegenüber dieser *äußeren Reduktion* von drei Förderschwerpunkten beschreiben wir mit der *inneren Reduktion* die inhaltiche Konzentration innerhalb eines Schwerpunktes. So führen wir beispielsweise im Bereich „Deutsch" das eigentliche Schreiben lernen nur in der Spalte *„Ergebnisse/Anmerkungen"* an, reduzieren also diesen Bereich auf das Lesen im weiteren Sinne mit den Zielen der Festigung und des Aufbaus der GPK[43] im Bereich der Vokale (Gemischt-Antiqua). Weder die äußere noch die innere Reduktion bedeuten Stillstand oder unzureichende Förderung, schließlich können jederzeit Ergänzungen und Fortschreibungen aufgegriffen werden. Bedeutsam ist jedoch zunächst die intensive Umsetzung einiger bedeutsamer Ziele statt des rudimentären Abarbeitens vieler Anliegen (weiterführend hierzu Brügelmann 2005, 262ff. und 302ff.).

7.3.2.2 Zur Auswahl und Bestimmung der Förderschwerpunkte

In der Bestimmung der Förderschwerpunkte sollte insbesondere die Dynamik in der kindlichen Entwicklung berücksichtigt werden. Während zunächst auf den Erfahrungen aus dem Elementarbereich *(Kindergarten, Frühförderung)* im Sinne eines Ernstnehmens der Gutachtenerstellung aufgebaut werden sollte[44], können sich sowohl zu Beginn der Schulzeit *(Systemwechsel)* als auch nach einigen Jahren *(individueller Entwicklungsverlauf)* die Förderschwerpunkte deutlich verschieben.

---

[43] Graphem-Phonem-Korrespondenzen.

[44] Vgl. zur Kooperation von Elementarbereich und Schule die Ausführungen von Krieg (2010, 276ff.).

Hilfreich ist hier die durchgehende Reflexion der pädagogischen und unterrichtlichen Praxis im Hinblick auf die kindlichen Bedürfnisse, Interessen und Kompetenzen.

Vor dem Hintergrund der Heterogenität der Schüler innerhalb des FSP geistige Entwicklung sollte man sich hinsichtlich einer schulzeitbegleitenden Förderplanarbeit dessen bewusst sein, dass die Entwicklungen der Schüler mit unterschiedlicher Intensität in einem unterschiedlichen Tempo sowie mit unterschiedlichen Fortschritten und vielleicht auch Rückschritten erfolgen (Pauly 1997).

Dementsprechend wird bei einem Schüler der Bereich der lebenspraktischen Erziehung *(Selbstversorgung, Zahnpflege sowie Essen und Trinken)* schneller als abgeschlossen zu beschreiben sein, während sich in einem anderen Fall dieser Aspekt über die gesamte Schulzeit hinweg erstrecken kann. Während damit andere Inhalte hinzukommen können *(z. B. verstärkt Deutsch und Mathematik),* ist beim Verbleib beim Förderschwerpunkt „Lebenspraktische Erziehung" die Förderung fortzuführen und bedarfsorientiert auszudifferenzieren: Analyse der Teilschritte beim Toilettengang *(Hose öffnen, Hose herunterziehen, usw.)* oder bei der Zahnpflege *(Zahnputzbecher mit Wasser füllen, Zahnpasta auftragen, Kauflächen putzen, Außenflächen und dann Innenflächen putzen usw.).*

Mit dem Fernziel der Hinführung zu einem selbstständigen Erwachsenenleben folgen den grundlegenden Förderschwerpunkten – *wenn diesbezügliche Kompetenzen beherrscht werden* – solche Inhalte, die man sowohl als zentrale Merkmale in den aktuellen Diskussionen zur Werkstufenarbeit ausmachen (Gößl 2008, 2ff. und Kragl 2008, 9ff.), als auch mit dem Lernfeld *„Sachunterricht an der SFG"* (Schurad 2006) und *„Sachunterricht bei geistiger Behinderung"* (Rittmeyer 2005b, 241ff.) beschreiben kann: *„Wohnen", „Liebe, Partnerschaft, Sexualität", „Arbeit", „Geld und Einkaufen" und „Mobilität"* sind nur einige Bereiche im Leben unserer Schüler, die im Hinblick auf ihre Bedeutsamkeit in die Förderplanung mit aufgenommen werden können. Gemäß den o. g. Überlegungen zur inneren und äußeren Reduktion sollten auch hier die zunächst wesentlichen Lern- und Entwicklungsfelder aufgegriffen werden[45].

---

[45] Schurad (2006[2]) beschreibt den Sachunterricht als Basiscurriculum und nennt insgesamt 16 Bereiche (62), denen man mit Blick auf aktuelle und zukünftige Bedeutsamkeiten eine je unterschiedliche Gewichtung bemessen kann: So zeigt etwa der erste Sachbereich *„Verkehr – Orientierung"* eine größere Lebensnähe und unmittelbarere Bedeutsamkeit auf als der zehnte *(Gemeinschaftskunde – Politik)* und elfte Sachbereich *(Religion – Glaube)*. Und dennoch bleibt im Einzelfall zu prüfen, was für den einzelnen Schüler ein ganz individuelles Förderanliegen sein kann.

7.3.2.3 Konkretisierung der Förderziele

Ledl (1994) beschreibt in seiner *„Handreichung zur gezielten Beobachtung und Förderung von Kindern (...) mit sonderpädagogischem Förderbedarf“* als Grundlage jeder Förderplanarbeit die

> *„gründliche Förderdiagnose. Der Förderplan muss Beobachtungs- und Förderkriterien in operationalisierter Form aufzählen, damit in einem dritten Schritt die objektive Kontrolle der Fördererergebnisse möglich wird“* (220).

Operationalisieren (messbar machen) meint das Herunterbrechen eines Leitziels oder auch übergeordneten Förderanliegens *(z.B. „Kommunikation“)* auf konkrete und objektiv fassbare Teilaspekte *(z.B. „in der Kommunikation Blickkontakt mit dem Kommunikationspartner aufbauen / halten“)*. Erst die detaillierte und konkrete Beschreibung operationalisierter Förderziele[46] führt zu einer entsprechenden pädagogisch-unterrichtlichen Umsetzung.

7.3.2.4 Fortschreibung der Förderziele

Jeweils unterschiedlich gestaltet sich auch die unterrichtliche Umsetzung der Förderanliegen: Je nach Art des Förderschwerpunktes lassen sich manche Ziele schneller erreichen, andere Anliegen bedürfen mehr Zeit. Dies führt dazu, dass auch immer wieder Förderschwerpunkte und Ziele aus dem Vorjahr aufgegriffen werden (☞ Abschnitt 7.2.1). Im Sinne einer Verlaufsdiagnostik gilt es dann, das Erreichen der ursprünglichen Zielstellung zu überprüfen und daran anknüpfend

- entweder neue Ziele und Maßnahmen zu formulieren *(„Ziel wurde erreicht“)* oder
- die ursprüngliche Beobachtung, Zielformulierung und Maßnahmengestaltung zu überdenken *(„Ziel wurde nicht erreicht ☞ Fortschreibung“)* (Nußbeck 2008, 243f.).

Diese Überlegungen sind neben der Erörterung im Team grundsätzlich mit den Eltern zu kommunizieren, denn sehr schnell kann der Eindruck entstehen, die *„Förderung trete auf der Stelle“* oder *„die Schule unterfordere das Kind“*.

---

[46] Je einfacher und unmittelbarer die Ziele beschrieben werden (z.B. „Nutzung / Dosierung Toilettenpapier“), desto klarer und deutlicher erfolgen auch die Rückmeldungen innerhalb der Umsetzung („Schüler benutzt Toilettenpapier, Dossierung ist noch zu beobachten“).

Der gemeinsame Austausch mit den Eltern über die Fortschreibung der Planung und weitere Förderbedürfnisse bietet Erklärungen an und räumt darüber hinaus die Möglichkeit ein, Eindrücke der Eltern in die Planung zielgerichtet einbinden zu können (Hecker 2004, 144ff. und Stöppler / Wachsmuth 2010, 68ff.).

7.3.2.5 Darstellung pädagogisch-unterrichtlicher Angebote

Wie die Konkretisierung der Förderziele ist auch die Darstellung der pädagogischen und unterrichtlichen Angebote im Hinblick auf die Umsetzbarkeit eines Förderschwerpunktes von entscheidender Bedeutung: Alleine das Erkennen eines Bedarfs und das Herleiten eines damit verbundenen Förderziels bedeuten noch nicht, dass im konkreten Unterricht und im pädagogischen Alltag angemessene Möglichkeiten der Umsetzung gefunden werden können.

7.3.3 Bestimmungsmerkmale für andere pädagogische Handlungsfelder

Im Zuge aktueller Entwicklungen in der schulischen Geistigbehindertenpädagogik kann gerade die Arbeit mit dem Förderplan dazu dienen, sich auf das Wesentliche zu konzentrieren – schließlich geht es doch um die bedarfsorientierte Förderung des einzelnen Schülers. Leider bleibt das bei den zahlreichen – *und bestimmt notwendigen* – Innovationen, die derzeit in der SFG ihre Umsetzung finden *(Schülerfirmen, Umgestaltung der Werkstufenarbeit, Wohnen im Hinblick auf Individualisierung, veränderte Arbeitswelten, usw.)* oft außen vor.

Es ist ein schwieriger Spagat, den die Schulen mit dem FSP geistige Entwicklung derzeit zu leisten haben. Dabei ist das Hauptaugenmerk fraglos auf die bedarfsorientierte Förderung des einzelnen Schülers im System Schüler-Umfeld zu legen. In Verbindung mit einer schülerorientierten Vorhabenplanung (Schäfer 2009b) und einer Förderplanung, die sich an den individuellen Bedürfnissen des Schülers ausrichtet, bietet die Schule mit dem Förderschwerpunkt geistige Entwicklung einen individualpädagogischen Rahmen, der den langfristig angelegten Förderbedarfen und Entwicklungsverläufen dieser besonderen Schülerschaft gerecht werden kann.

8 Entwicklungsdokumentation und Lernstandserhebung mit dem Portfolio

Nach dieser spezifischen Darstellung von Förderplanung innerhalb des Förderschwerpunktes geistige Entwicklung erscheint es uns naheliegend das Arbeiten mit dem Portfolio aufzugreifen und in seiner Passung für den Bereich der sonderpädagogischen Förderung zu beschreiben. Schließlich impliziert der Ansatz der Förderplanung einen in der Regel linearen Ansatz (Feststellung des Förderbedarfs ☞ Förderung durch den Lehrer), der durch das zirkuläre Verständnis im Arbeiten mit dem Portfolio aufgebrochen und erweitert werden kann (Ellmin / Ellmin 2010, 17 und Häcker 2009a, 15ff.).

Hierzu stellen wir zunächst die allgemeinen theoretischen Grundlagen und praktischen Umsetzungsmöglichkeiten der Portfolioarbeit in der Regelpädagogik im Überblick dar und spannen darauf aufbauend den Bogen zu sonderpädagogischen Einsatzmöglichkeiten.

8.1 Portfolio-Arbeit im Überblick – eine Hinführung mit Definitionsversuch

> *„Das Portfolio ermöglicht eine direkte und nicht symbolisch vermittelte Leistungsvorlage (`direkte Leistungsvorlage` Vierlinger 1999 sowie 2009, 40ff.). (…) Unter Berücksichtigung insbesondere US-amerikanischer Erfahrungen und Studien wurden im deutschsprachigen Raum seit Ende der neunziger Jahre pädagogisch und didaktisch begründete Portfoliokonzeptionen entwickelt, deren Ansatz über die ursprüngliche Funktion von Portfolio als Sammelmappe hinausgeht“* (Bohl 2006, 660).

> *„Arbeit mit dem Portfolio zielt darauf, dass Schüler selbstständiger, aktiver und engagierter lernen. Das Portfolio ist ein pädagogisches Instrument, mit dem Schüler ihre Lernfortschritte sehen können, mit dem ihr Selbstvertrauen gestärkt wird und mit dem sie unterschiedliche Seiten von sich wahrnehmen und größere Verantwortung für ihr Lernen übernehmen können“* (Ellmin / Ellmin 2010, 16).

Beschäftigt man sich näher mit dem Portfolio, wird man feststellen, dass es *das* Portfolio als solches nicht gibt, eine nahezu unüberschaubare Bandbreite an Ansätzen und Begriffen lassen sich in Literatur und insbesondere Internet finden[47].

Einen Überblick über die häufigsten Methoden bietet die Grafik von Häcker (2009b) in einer ungeordneten Auswahl (33).

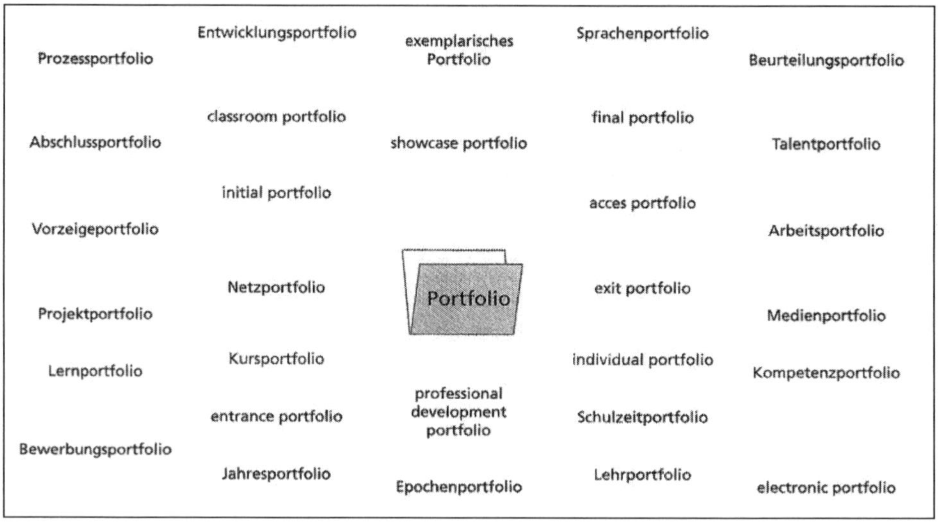

Abb. 53: Portfolio-Begriffe (ungeordnete Auswahl nach Häcker 2009b, 33).

Häcker (2009b) stellt damit zugleich fest, dass sich die Arbeit mit dem Portfolio auch nicht ganz einfach definieren lassen kann, da sich die Theorie zur Portfolioarbeit aus der Praxis heraus entwickelt hat und damit vielfältige Zugänge, Perspektiven und wissenschaftliche Einflüsse festzustellen sind (36ff. sowie Winter 2007, 34ff.). Häcker (2009b) schlägt mit diesem pluralen Verständnis und einer Annäherung in drei Schritten[48] folgende Definition von Paulson et al. (1991) vor:

> *„Ein Portfolio ist eine zielgerichtete Sammlung von Arbeiten, welche die individuellen Bemühungen, Fortschritte und Leistungen der / des Lernenden auf einem oder mehreren Gebieten zeigt.*

---

[47] Alleine der Suchbegriff Portfolio ergibt bei Google ein Ergebnis von 310.000.000 Seiten.

[48] 1. Analogien mit Portfolios aus anderen Bereichen, 2. Metaphern im Zusammenhang mit dem Portfolio und 3. Enge und weite Fassungen des Begriffes (vgl. Häcker 2009, 36).

> *Die Sammlung muss die Beteiligung des / der Lernenden an der Auswahl der Inhalte, der Kriterien für die Auswahl, der Festlegung der Beurteilungskriterien sowie Hinweise auf die Selbstreflexion der / des Lernenden einschließen"* (Paulson et al. 1991, 60 zitiert nach Häcker 2009b, 36).

Zur Präzisierung und mit dem Wissen um die Problematik einer punktuellen Beschreibung von Portfolios stellt Häcker (2009b) ein Modell zur Charakterisierung von Portfolioarbeit vor, in dem die Dimensionen Zweck, *Inhalte und Entscheidung* einerseits und die beiden grundlegenden Aspekte Prozess- vs. Produktorientierung sehr deutlich herausgestellt werden können (weiterführend hierzu Endres et al. 2008, 8ff. und Wiedenhorn 2006, 17ff.).

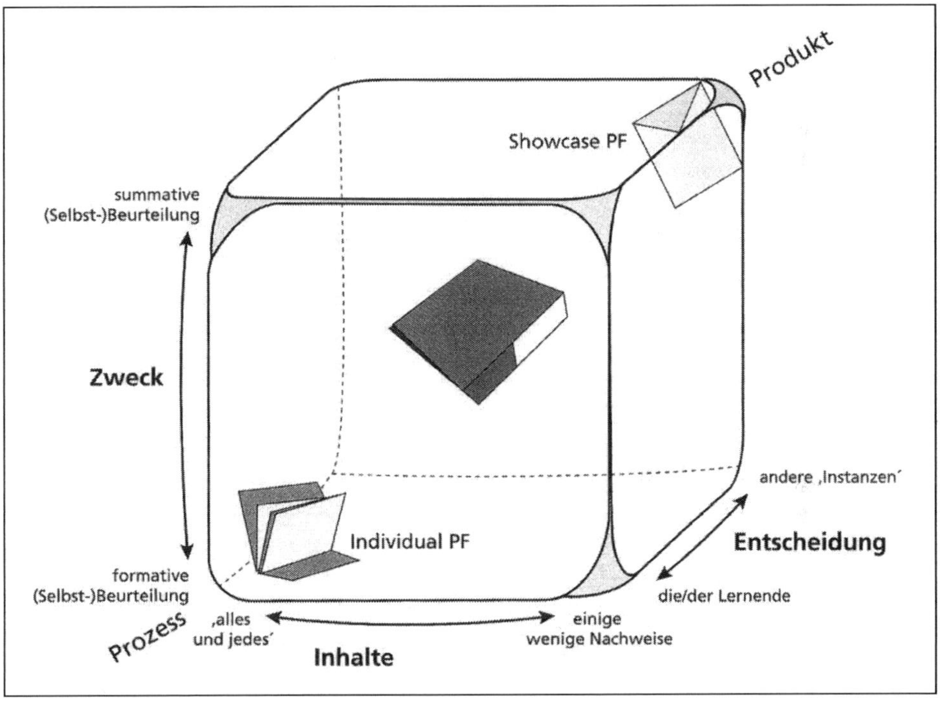

Abb. 54: Dimensionen zur Charakterisierung von Portfolioarbeit (Häcker 2009b, 38 und ergänzend Häcker 2005, 15).

Analog zu unserem Verständnis einer Synthese von qualitativen und quantitativen Verfahren innerhalb diagnostischer Prozesse erscheint uns auch in der Beurteilung und Einschätzung von Leistungen ein gesundes Mittelmaß

> *„zwischen summativer und formativer Evaluation notwendig"* (Ellmin/Ellmin 2010, 17).

Dies bedeutet, auch im sonderpädagogischen Setting nicht nur (dort wo sie vergeben werden) mit Noten und nummerischen Darstellungen zu arbeiten, sondern den Schülern in der qualitativen Betrachtung ihrer Lernfortschritte Leistungen zu verdeutlichen und damit Eltern und einstellenden Betrieben einen breiter gefächerten und differenzierten Überblick über den aktuellen Lernstand zu geben.

Insgesamt lässt sich damit der Prozess des Portfolios folgendermaßen beschrieben:

> *„Ein Portfolio ist eine dynamische, zielgerichtete und systematische Sammlung von Arbeiten, die Bemühungen, Fortschritte und Leistungen des Lernenden in einem oder mehreren Lernbereichen darstellt und reflektiert“* (Melograno 1994, 52 zitiert nach Wiedenhorn 2006, 10).

8.1.1 Prinzipien der Portfolio-Arbeit

Wenn wir das Portfolio als eine Bereicherung unseres didaktisch-methodischen wie auch verlaufsdiagnostischen Gestaltungsrahmens verstehen, müssen wir auch an dieser Stelle anmerken, dass sowohl die Verwendungsarten wie auch Umsetzungsprinzipien die Ausgestaltung und inhaltliche Akzentuierung eines Portfolios prägen. Zur theoretischen Annäherung erscheint es daher zielführend zu sein, zentrale Merkmale und generalisierte Muster der Portfolioarbeit zu benennen.

> *„Wenn das Portfolio-Konzept in den Klassenzimmern nicht zu didaktischen Fehlzündungen führen soll, die zwar einen methodischen Trend bedienen, aber keine wirkliche Verbesserung von Unterricht bewirken, müssen seine didaktischen Prinzipien allen Beteiligten klar sein. Sie bilden die Basis der Portfolio-Arbeit und bestimmen gleichzeitig, welche grundlegenden Ziele damit verfolgt werden“* (Wiedenhorn 2006, 11).

Folgende Prinzipien sind in der praktischen Umsetzung und konkreten Ausgestaltung von Unterricht bedeutsam (ebd.):

- **Partizipation:** Schon in der Auswahl der Themen werden die Schüler unmittelbar in den Prozess der Unterrichtsgestaltung integriert. Ähnlich wie in Projektphasen und Vorhaben brechen die Hierarchien in der Klassenstruktur (Lehrer – Schüler) auf. Durch die neue Form der Beteiligung entsteht natürlich auch eine neue Form der Mitverantwortung (Bohl 2006, 660).

Darüber hinaus bedarf es einer guten und differenzierten Kommunikationskultur in der Klasse (Winter 2007, 34ff.). Es ist schwierig darüber zu befinden, ob diese Kultur die Voraussetzung sein muss oder das Ergebnis ist. Wichtig ist es nach unserem Empfinden vielmehr mit der Arbeit am bzw. der Erstellung des Portfolios zu beginnen und damit einen Prozess zu initiieren, den man natürlich im Sinne einer Prozessorientierung kontinuierlich zu begleiten und wiederum zu evaluieren hat (Ricken 2006, 639ff.).

- **Selbststeuerung:** Wenn es also um die konkrete Beteiligung / Partizipation des Schülers gehen soll, sieht sich der Schüler in hohem Maße einem Prozess der Selbststeuerung seines eigenen Lernens ausgesetzt. Nicht deduktiv sondern in einer induktiven Annäherung erschließt sich der Schüler seine eigene Aufgabe. Im Mittelpunkt steht damit neben dem *Was* auch das *Wie* des Lernens. Durch den Prozess der Selbststeuerung erlebt sich der Schüler im Sammeln / Bewerten und Auswerten der Arbeiten als selbstwirksam und nimmt sich aktiv lernend wahr, wodurch auch der Anspruch der Nachhaltigkeit bedient werden kann (Winter 2007, 34ff. und Schwarz 2007, 28ff.).
- **Reflexion:** Schließlich stellt die Reflexion einen wesentlichen Bestandteil der Portfolioarbeit dar. Fehlt die Reflexion, so ist dies eine mögliche Fehlerquelle (Winter 2007, 34). Winter (2007) zeigt deutlich die Bedeutung der Reflexion - neben den Bereichen des Dialogs und der Rückmeldung durch den Lehrer - in ihrer Verortung innerhalb der Kommunikationsstrukturen der Portfolioarbeit auf (ebd., 35).

8.1.2 Portfolio-Typen im Überblick

In der bisher noch allgemeinen Betrachtung wird bereits deutlich, in welch einem breiten Spektrum an Abstraktion und Ausdruck die Arbeit mit dem Portfolio erfolgen kann. Nach einer bisher mehr allgemeineren Darstellung, beschreiben wir zur weiteren Ausdifferenzierung die verschiedenen Portfolio-Typen, die sich in das **Prozess-Portfolio** und in das **Produkt-Portfolio** unterscheiden lassen. Diese wiederum sind nach Wiedenhorn (2006) in fünf verschiedene Portfolio-Arten zu unterteilen: Das Arbeits-Portfolio und das Entwicklungs-Portfolio sind dem prozessorientierten Portfolio-Typ zuzuordnen, das Bewertungs-Portfolio und das Vorzeige-Portfolio gehören der Kategorie der Produkt-Portfolios an und das Bewerbungsportfolio ist schließlich sowohl dem Prozess- wie auch dem Produkt-Portfolio unterzuordnen (Wiedenhorn 2006, 18ff.).

Ähnlich unterscheiden auch Endres et al. (2008) zunächst zwischen der Produkt- und der Prozessorientierung in der Portfolio-Arbeit und schlagen

> *„für die Schule (...) ein Präsentations- oder Veröffentlichungsportfolio, ein Lernwegportfolio und ein Talent- oder Bewerbungsportfolio vor“* (Endres 2008, 6).

und integrieren damit die bei Wiedenhorn (2006) aufgezeigten Gedanken zur Typisierung. Mit dieser Darstellung der Portfolio-Typen und der verschiedenen Arten der unterrichtlichen Umsetzung wird schnell deutlich, dass man sich im Rahmen der Planung von Unterricht im Vorfeld überlegen muss, welche Portfolio-Art man den Schülern vorschlagen möchte und welche Ziele mit dieser Form verfolgt werden sollen:

- Möchte ich mit den Schülern Mappen erstellen, mit denen sie sich für ein Praktikum oder eine Ausbildungsstelle bewerben können (Produktorientierung),
- möchte ich durch den Prozess der Selbststeuerung die Selbstständigkeit der Schüler fördern (Prozessorientierung) oder
- möchte ich im Sinne einer diagnostischen Orientierung / Lernstandserhebung ein Arbeits-Portfolio zu den aktuellen Inhalten anlegen lassen (Prozessorientierung)?

8.1.3 Portfolio-Prozess

Ähnlich wie es hier nicht den einheitlichen Typ geben kann und man immer wieder methodische wie auch inhaltliche Überschneidungen erkennen und akzeptieren muss, wird in der Theorie der Portfolio-Prozess als solcher durchaus unterschiedlich, jedoch nicht gegensätzlich zueinander beschrieben.

Während Ellmin / Ellmin (2010) mit den Phasen der Sammlung, des Auswählens und der Reflexion etwa 3 wesentliche Unterteilungen anführen, sprechen Endres et al. (2008) von fünf verschiedenen Phasen, die sie *„trotz der individuellen Gestaltungsmöglichkeiten“* (10) von Unterricht immer wieder beobachten können (Endres 2008, 10ff.).

1. **Einführungsführungsphase:** *„Im Mittelpunkt der Einführungsphase steht die Mitgestaltung des Lernenden an der inhaltlichen Ausrichtung, der Wahl der Sozialformen für den Arbeitsprozess, die gemeinsame Festschreibung des zeitlichen und organisatorischen Rahmens und der Abgleich verbindlicher Arbeits- und Bewertungskriterien“* (a.a.O., 10).
2. **Platzierungsphase**: *„Mithilfe einer bestimmten Auswahl an Produkten und Zwischenprodukten [Sammlung] kann die Portfolioautorin oder der -autor ihren oder seinen Lernprozess abbilden“* (a.a.O., 11).
3. **Arbeitsphase:** *„Über die reine Ablage und Sammlung geht das Portfolio insofern hinaus, als dass es eine kriteriengebundene und zielgerichtete Auswahl der in den vorausgegangenen Phasen erarbeiteten Produkte vorsieht“ (a.a.O., 12).*

4. **Reflexionsphase:** *„Die Phase der Reflexion und Beratung reicht von der Themenfindung bis zur Veröffentlichung des Portfolios. (…) Die Reflexion und Beratung des Lernenden umfasst letztlich die konkreten Lern- und Leistungsmerkmale auf den Ebenen: 1. Inhaltlich fachlich 2. Methodisch und 3 Individuell" (ebd.).*
5. **Veröffentlichungsphase:** *„Es sind neben der mediengestützten Vorstellung oder Präsentation noch andere Formen denkbar wie eine Ausstellung mit Vernissage, schulinterne oder -externe Veröffentlichungen im Zeitschriften- oder Buchformat, Internetauftritte, Aufführungen und Darbietungen aller Art" (a.a.O., 13).*

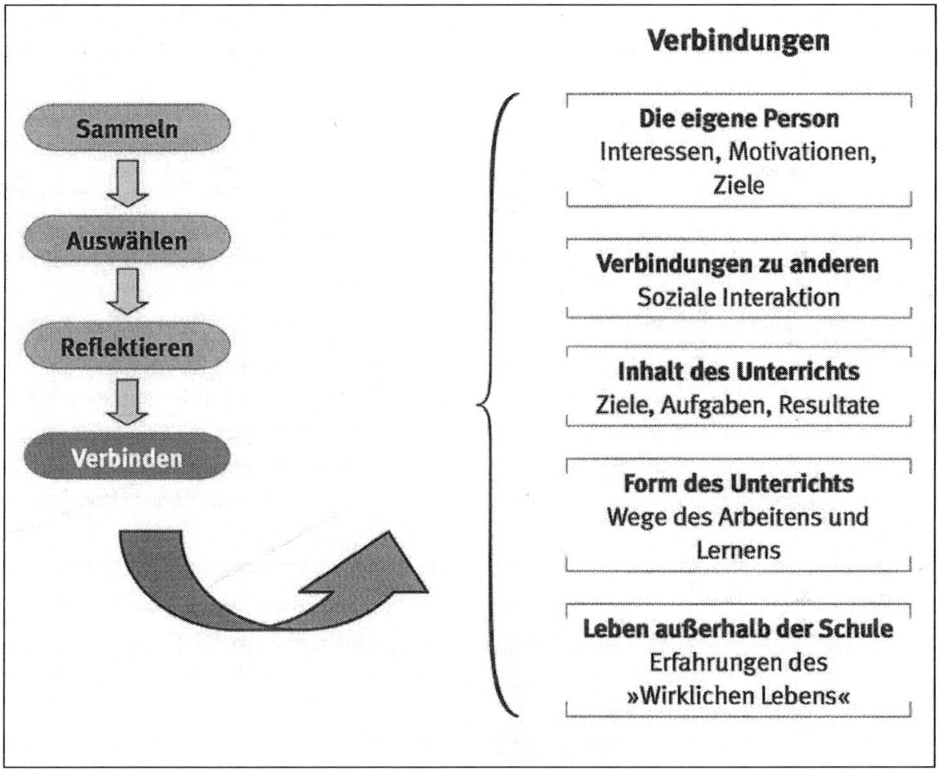

Abb. 55: Der Portfolio-Prozess (Ellmin / Ellmin 2010, 17).

Die Grenzen zwischen diesen fünf Phasen sind natürlich dynamisch und offen und für den Anfänger in dieser Methode nicht immer sofort fassbar. Umso wichtiger ist daher das Wissen um die Theorie mit ihren unterschiedlichen Ansätzen, um als Lehrender innerhalb dieser Modelle seinen eigenen Weg entwickeln zu können – schließlich spielt die Lehrerpersönlichkeit in offenen Unterrichtssituationen eine nicht zu unterschätzende Rolle.

Nach den Darstellungen der Portfolio-Phasen von Ellmin / Ellmin (2010) und Endres et al. (2008) stellen wir mit Wiedenhorn (2006) einen dritten Ansatz vor, der sogar sieben Schritte im Portfolio-Prozess unterscheidet (14ff.):

1. *Gemeinsame Klärung der Ziele,*
2. *Festlegen der Bedingungen, die für das Arbeiten an dem Portfolio gelten sollen,*
3. *Beginn des eigentlichen Arbeitsprozesses,*
4. *Ablage aller angefertigten Arbeiten und Entwürfe in der Mappe,*
5. *Reflexion über die gesamte Arbeit hinweg,*
6. *Präsentation des Portfolios vor der Klasse und*
7. *Beurteilung durch den Lehrer* (ebd.).

Insgesamt stehen sich diese Schritte nicht konträr gegenüber, sondern stellen lediglich eine Ausdifferenzierung der vielfältigen Arbeitsabläufe in Form einer immer feineren Aufgliederung dar.

8.1.4 Implementierung der Portfolioarbeit in den Unterricht

Während das Wissen um die theoretischen Grundlagen die dimensionalen Zugänge für den Lehrenden fassbar macht, lässt sich die Integration dieser offenen Form von Unterricht auf verschiedene Arten gestalten. Dazu mehr unten (☞ Abschnitt 8.2.1).

Vor der Frage der methodischen Implementierung bleibt jedoch noch die didaktische Annäherung an den Lerngegenstand zu klären. Inglin (2009) stellt hierzu in seinem Rahmenmodell für die Portfolioarbeit die didaktischen Rahmenbedingungen dar und stellt dem die organisatorischen und methodischen Grundlagen des Systems Schule gegenüber (vgl. hierzu Abb. 56 und weiterführend Endres et al. 2008, 22). Innerhalb dieser beiden Ebenen (Methodik / Didaktik) bewegt sich das Portfolio und ermöglicht in Form von Präsentation den Blick nach außen und stellt Schnittstellen her.

In einem solchen umfassenden Ansatz kann natürlich auch kein Unterricht in einer 45-minütigen Taktung funktionieren, vielmehr muss es zu einer strukturellen, personalen, organisatorischen und methodischen Öffnung kommen, verbunden mit einer Veränderung der Lehrer-Schüler-Rolle. Insgesamt bieten sich die größten Chancen einer tatsächlichen Umsetzung in einem kollegialen Dialog, der ein klassenübergreifendes Arbeiten und eine damit verbundene flexible Handhabung von Begleitung und Betreuung von Portfolioprozessen ermöglichen kann (Inglin 2009, 84 und Wiedenhorn 2006, 31).

Inglin (2009) stellt in seiner Übersicht (Abb. 57) nun verschiedene Modelle vor, auf deren Grundlage Portfolioarbeit unter integrativen Gesichtspunkten in den herkömmlichen Unterricht eingebunden werden kann.

In diesem Kontext stellt er fest, dass

> „Portfolioarbeit Teil des Regelunterrichts und dass der Regelunterricht Teil der Portfolioarbeit sein muss. Dies nicht nur aus ökonomischen Gründen, sondern ganz einfach auch, weil dies eine enorme gegenseitige Befruchtung ermöglicht" (Inglin 2009, 84).

Zusammengefasst beschreiben das Parallel-Modell und das Einheits-Modell also die beiden Gegenpoole: Während im Parallel-Modell die Schüler

> *„Portfolios thematisch und zeitlich unabhängig im Unterricht unter einem Coaching durch eine Lehrkraft"* (a.a.O., 85)

erstellen, dient im sogenannten Parallel-Modell

> *„der ganze Unterricht (...) der Erstellung und Auswertung der Schüler-Portfolios"* (ebd.).

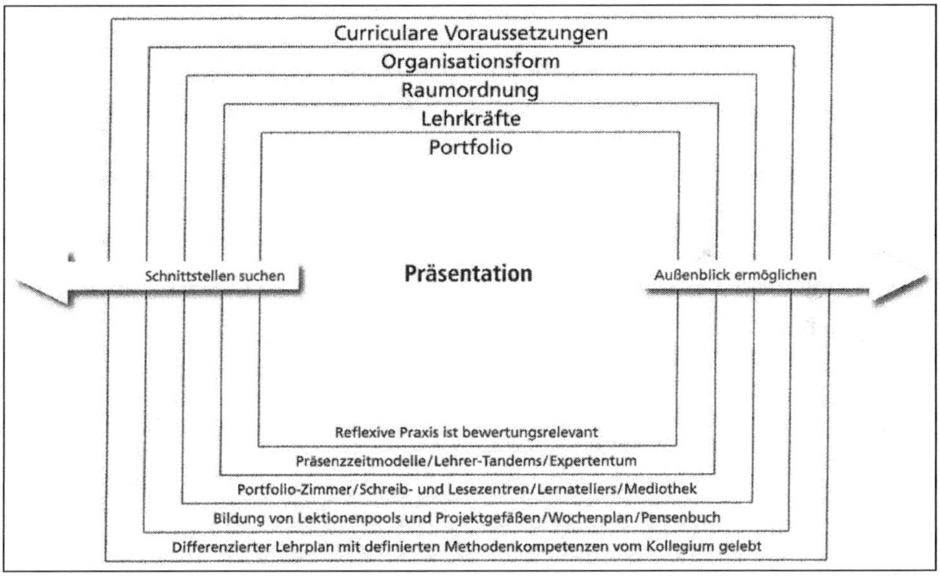

Abb. 56: Rahmenmodell für Portfolio-Arbeit (Inglin 2009, 82).

Demgegenüber will das sogenannte Zentrifugal-Modell nach einer exemplarischen Hinführung die eigenen Themen der Schüler methodisch gleich oder ähnlich in die Portfolios der Schüler einbinden. Diesen Prozess gilt es sukzessive aufzubauen, um den Schülern schrittweise die dazu notwenigen Kompetenzen an die Hand geben zu können.

Wiedenhorn (2006) bezieht sich in seiner Darstellung auf eine reduzierte Form der Ausführungen von Inglin (2009), der das Zentripetal-Modell und das Zentrifugal-Modell in ein sogenanntes Integrationsmodell zusammenführt. Inhaltlich entsprechen sich die beiden Ausarbeitungen jedoch (Wiedenhorn 2006, 21ff. und Brunner 2009, 89ff.).

In der praktischen Umsetzung dieses Ansatzes gilt es natürlich zu berücksichtigen, dass es sich bei diesen Modellen nicht um absolute Ansätze handeln kann, sondern dass Überschneidungen in der Praxis üblich und notwendig sind.

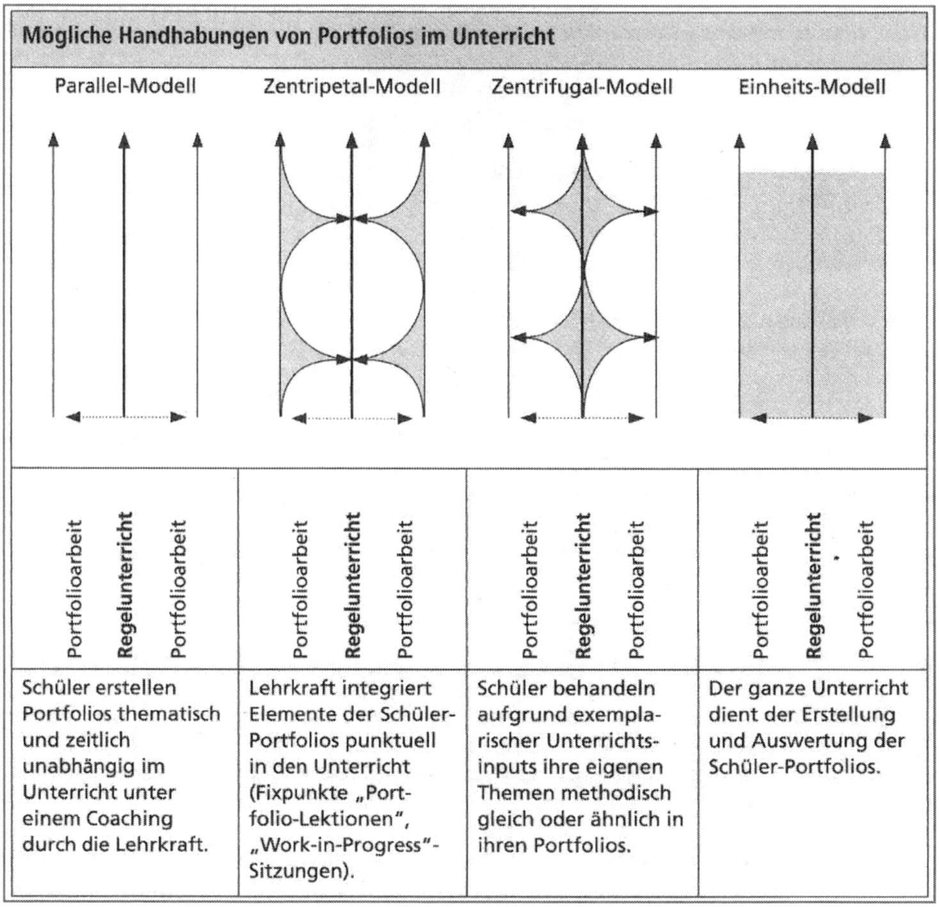

Abb. 57: Rahmenmodell für Portfolio-Arbeit (Inglin 2009, 85).

8.2 Portfolio-Arbeit im sonderpädagogischen Kontext

Die bisherigen Ausführungen unter Punkt 8.1 zeigen, wie komplex und vielschichtig sich dieser schülerorientierte Ansatz der Portfolio-Arbeit entfalten kann. Damit verbunden sind natürlich hohe Anforderungen an den Lehrer im Sinne einer individualisierenden Unterrichtsplanung und –gestaltung, wie auch an den Schüler im Hinblick auf die notwendigen strukturellen und kognitiven Grundlagen (Hartke 2003, 784ff.). Wir gehen davon aus, dass in den verschiedenen Bereichen der Förderschwerpunkte Übertragsmöglichkeiten an der einen oder anderen Stelle gegeben sein sollten, jedoch bergen die Komplexität und die oft schwierigen Abstraktionsanforderungen an den Schüler ein mitunter nicht zu bewältigendes Maß an Anforderungen im Umgang mit dieser offenen Gestaltungsform von Unterricht (Krawitz 2003, 791ff.).

8.2.1 Einsatzmöglichkeiten

Dies soll jedoch nicht bedeuten, Portfolios aus sonderpädagogischen Settings in der Gänze auszuschließen oder deren differenzierte Möglichkeiten nicht auch in Nischen nutzen zu können. Vielmehr gilt es sorgsam zu prüfen, in welchem Umfang und auf welchem Niveau dieses didaktische Werkzeug auch unter diagnostischen Gesichtspunkten zum Einsatz kommen kann. Analog zu den o. g. Gedanken aus der Regelpädagogik, bestehen für den Unterricht für Schüler mit sonderpädagogischem Förderbedarf folgende Einsatzmöglichkeiten:

- Grundsätzlich können Portfolios in den unterschiedlichen Förderschwerpunkten im Sinne einer **Präsentation** eingesetzt werden, gewissermaßen wie in einer Sammelmappe werden die Produkte und Notizen des Lernprozesses zusammengefasst und am Ende einer Lerneinheit oder eines Projektes den Mitschülern, den Eltern oder einem ausgewählten Publikum (Ausstellung) vorgestellt.

  Ähnlich wie in einem projektorientierten Unterricht gilt es auch hier mit den Schülern in einen inhaltlichen und organisatorischen Austausch zu treten, indem die Schüler von Beginn an im Entwicklungsprozess mitgenommen werden. In einem direkten und nahen Begleitprozess dürfen sie nicht das Gefühl haben, mit einer riesigen Aufgabe alleine da zu stehen, sondern sollten im Interesse einer stabilisierenden Zuwendung immer das Gefühl der Begleitung und Nähe durch den Lehrer haben. Dieser wiederum hat die Aufgabe nach und nach loszulassen und den Schüler zu eigenständigem Handeln hinzuführen – soweit dies möglich ist.

- Der Übergang von der Schule in den Beruf bzw. in das Arbeitsleben ist aktuell ein in allen Förderschwerpunkten breit diskutiertes Thema, sodass natürlich auch der Bereich der Bewerbung im Setting „Übergang Schule Beruf" eine wesentliche Rolle spielt. Wenngleich es letztendlich wieder um eine Präsentation gehen dürfte, dient das Portfolio in diesem Fall der **Bewerbung** um einen Ausbildungsplatz oder um einen Arbeitsplatz. Im Sinne einer qualitativen diagnostischen Betrachtung bieten sich durch die zusammengefassten Datensätze, Materialien und Informationen über den Bewerber ganz konkrete Einblicke in die tatsächlichen Kompetenzfelder. Damit begegnen Schüler ihrem Gegenüber nicht nur mit einem Zeugnis und einem Förderplan, die in erster Linie durch den Lehrer geprägt sein dürften, sondern können sich mit ihrem eigenen Portfolio entsprechend ihrer Möglichkeiten und Kompetenzen vorstellen. Diese Zusammenstellung kann natürlich unterschiedliche Schwerpunkte beinhalten, wie z. B.

    - die unterrichtlichen Arbeiten aus den letzten Jahren in einer losen Zusammenstellung,
    - spezifische Arbeiten und Ergebnisse aus den letzten Jahren – insbesondere aus der Zeit der Berufsvorbereitung oder auch
    - außerschulische Beurteilungen und Aktivitäten (z.B. Mitgliedschaft in der Freiwilligen Feuerwehr, o.ä.).

  Wie oben bereits angedeutet, sollte diese Zusammenstellung in der Phase des Übergangs Schule-Beruf gemeinsam von Schülern und Lehrern aufgearbeitet werden, um diese Form der inhaltlichen Darstellung auch gewinnbringend vermitteln zu können.

- Auch zur **Dokumentation** gegenüber den Eltern können entstandene Portfolios herangezogen werden, schließlich zeigen sie die Arbeiten der Kinder in einer ganz individuellen Ausgestaltung. Lösen sollte man sich dabei jedoch etwas von der Papierform. Stattdessen können auch Fotoalben, Foto-CDs, Videos und DVDs oder auch kleinere Untermenüs auf Homepages zur Portfolio-Dokumentation verwendet werden. Ziel ist es hier, den Eltern zu dokumentieren, in welchen Bereichen und in welchen jeweiligen Schritten sich das Kind entwickelt hat. Ergebnisse eines Prozesses (einer Unterrichtsreihe) werden zwar im Zeugnis beschrieben, die Darstellung eines Produktes in einem Portfolio wirkt jedoch anders: Jeder muss den Fortschritt und die Lernleistung selbst erkennen und würdigen, ohne dabei die vorgefertigte Meinung einer Beurteilung gelesen zu haben.

  Neben dieser Dokumentation in Bezug auf die Lernfortschritte geht es Eltern oft auch lediglich erst einmal um eine Kenntnis dessen, was das Kind gerade in der Schule bearbeitet. Dahingehend kann das Portfolio eine inhaltliche Nahtstelle zwischen Schule, Eltern und Schüler entwickeln, die auch die kleinen Dinge und scheinbaren Nebensächlichkeiten in einen Kommunikationszusammenhang bringen kann.

8.2.2 Qualitative diagnostische Zugänge

In den Überlegungen in 8.2.1 standen die Einsatzmöglichkeiten im Vordergrund, also wo ein Portfolio Verwendung finden sollte und wozu es sachdienlich sein kann. Innerhalb dieser Überlegungen standen primär der Schüler und die Eltern im Mittelpunkt des Geschehens. Unter dem Blickwinkel primär qualitativer diagnostischer Zugänge sollen nun die Möglichkeiten für den Lehrer im Überblick aufgezeigt werden:

- Gerade im sonderpädagogische Kontext dauern Fortschritte länger und Entwicklungen brauchen viel Zeit. Demgegenüber zeigen sich in den zeitlichen Intervallen der Zeugnisse oder auch der zu erstellenden und fortzuschreibenden Förderpläne oft sprunghafte Perioden im Hinblick auf die Lernfortschritte. Durch das Arbeiten mit einem Portfolio – gewissermaßen als einer Art Sammelmappe – in dem viele Dinge informell und „unbürokratisch" abgehandelt werden können, entsteht für den Lehrer ein anderer, ein umfassender Überblick. Dinge, die im Rahmen der üblichen prozessbezogenen Erhebungen gerne erfasst werden, wie die Graphomotorik oder die pränumerischen Fähigkeiten stehen hier eher hinten an und es treten andere Dinge in den Vordergrund: Neigungen zu gestalterischen Fertigkeiten, handwerkliches Geschick oder schauspielerische Fähigkeiten, die auf einer DVD festhalten wurden, bringen ein völlig neues Licht in die Bewertung eines Schülers.

- Es ist auch immer ein wenig Biographiearbeit mit dem Lesen und Auswerten eines Portfolios verbunden, die es natürlich in einen systembezogenen Rahmen zu setzen gilt (Schüler – Familie). Systembezogen meint, die Erkenntnisse immer in einen Zusammenhang mit den jeweils aktuellen Lebenssituationen zu stellen, um dem Schüler in seiner persönlichen Bedarfslage gerecht werden zu können *(„Gab es zu dem Zeitpunkt der Erhebung familiäre Konflikte?", „Begleitete das Jugendamt eine schwierige Zeit?"* oder *„Kam es zu stationären Unterbringungen und damit zu einem erheblichen Einschnitt in die sozial-emotionale Stabilität?"* usw.).

- Während in der regelpädagogischen Entwicklung im Allgemeinen von einem kontinuierlichen schulischen Voranschreiten auf der vertikalen Ebene ausgegangen werden kann (Primarstufe – SEK 1 – SEK 2 / Berufsbildung), lassen sich in sonderpädagogischen Settings vermehrt Wechsel auf der horizontalen Ebene beobachten (Einschulung im Förderschwerpunkt Lernen ☞ Wechsel in einen anderen Förderschwerpunkt / Einschulung in eine integrative Maßnahme ☞ Wechsel in eine Förderschule nach der Primarstufe / o. ä.). Auch im Zusammenhang mit diesen Wechseln auf der horizontalen Ebene bietet sich das Portfolio an, unter qualitativen diagnostischen Gesichtspunkten Informationen weiterzugeben bzw. diese aus dem vorhandenen Datenmaterial herauszufiltern.

- Schließlich kann diese Möglichkeit auch innerhalb eines Förderschwerpunktes zum Tragen kommen, denn auch hier sind Erkenntnisse über die nummerische Dokumentation mit Noten hinaus, im Sinne einer schülerorientierten und umfassenden qualitativen Betrachtung hilfreich.

- Letztendlich bleibt festzustellen, dass mit erhöhten Förderbedürfnissen und komplexen Beeinträchtigungen der qualitative Zugang durch das Portfolio von großem Nutzen sein kann, um verbale Ausführungen durch Bild- und Sachmaterial zu ergänzen. Insbesondere in der Begleitung von mehrfach beeinträchtigten Schülern im Förderschwerpunkt geistige Entwicklung runden bebilderte und beschreibende Zusammenstellungen über die Schulbesuchsjahre den Entwicklungsprozess diagnostisch ab: Während ein Schüler beispielsweise im Unterstufenbereich in seiner Nahrungsaufnahme auf absolute Ruhe angewiesen war, lässt er das Essen einige Jahre später auch in der Klasse zu – die Einbindung in soziale Bezüge wurde als Förderanliegen umgesetzt. Diesen Fortschritt mit Bildern und Textmaterial zu dokumentieren hilft allen beteiligten Kollegen, Situationen besser verstehen zu können und mit Blick auf die Fortschreibung des Prozesses neue Ideen in der Förderung auf der Grundlage der bisher gewonnenen Erfahrungen zu sammeln.

8.2.3 Grenzen der Portfolioarbeit

Wenn wir hier von Grenzen der Portfolioarbeit sprechen, meinen wir damit Grenzen in der Umsetzung in der täglichen Praxis. Man sollte sich bei der Hinwendung zu diesem offenen und schülerorienteren Ansatz darüber im Klaren sein, dass eine solche primär prozessbeschreibende und im Team fortzuführende Form der Dokumentation mit einem erheblichen Arbeitsaufwand verbunden ist, die es neben den vielen anderen Dingen im Schulalltag zu bewältigen gilt.
Mit dem Gedanken der Professionalisierung sonderpädagogischer Diagnostik unter qualitativen Gesichtspunkten sollen daher nachstehend wesentliche Aspekte aufgezeigt werden, die es im Falle einer Implementierung von Portfolios in Unterricht und Diagnostik zu beachten gilt:

- Das Anlegen und Führen eines Portfolios über und mit dem Schüler, mit dem Ziel der Dokumentation und einer damit evtl. verbundenen Präsentation kann nur dann zielführend sein, wenn es kontinuierlich und vollständig, sowie fachlich fundiert und objektiv in der Darstellung entwickelt und fortgeschrieben wird. Dass dies natürlich ein erhebliches Maß an Mehrarbeit mit sich bringt, sollte allen Beteiligten im Vorfeld klar sein. In letzter Konsequenz muss sich demnach das Team darüber austauschen, ob es zu einem solchen Prozess insgesamt bereit ist oder nicht.

- In den oberen Ausführungen wurden die Vorteile eines Portfolios in Phasen des Übergangs beschrieben, Einblicke mit qualitativem Charakter gewährleisten zu können. Damit dies auch wirkliche und objektive Einblicke werden, ist es wichtig, das Datenmaterial ohne Wertung, objektiv und sachlogisch aufzubereiten. Und dennoch sollten diese Sammlungen im Sinne einer sensiblen Datenbehandlung in persönlichen Übergaben stattfinden, um eine sachliche Interpretation abzusichern.

- Und schließlich muss die Einführung der Portfolioarbeit im Team diskutiert und kollegial abgestimmt werden. Denn nur wenn sich alle Mitarbeiter darauf einlassen können, wird diese Form der qualitativen Erfassung von Entwicklung und Lernstand auch letztendlich für den Schüler gewinnbringend sein.

Literatur

Abs, H. J. (2009): Standards schulischer Bildung. In: Andressen, S.; Casale, R.; Gabriel, Th.; Horlacher, R.; Larcher Klee, A.; Oelkers, J. (Hrsg.): *Handwörterbuch Erziehungswissenschaft* (819-833). Weinheim Basel: Beltz.

Adameit, H.; Heidrich, W.; Möller, Ch.; Sommer, H. (1983): Grundkurs Verhaltensmodifikation – ein handlungsorientiertes einführendes Arbeitsbuch für Lehrer und Erzieher. Weinheim.

Albers, T. (2009): Pluralität der Förderorte in der Sonderpädagogik. Zur Stellung der sonderpädagogischen Förderung im deutschen Schulsystem. In: Lücking, Ch.; Reichenbach, Ch. (Hrsg.): *Praxis konkret im (Förder) Schulalltag. Förderung von Kindern mit Förderbedarf in der körperlich-motorischen, sozial-emotionalen, sprachlich-kommunikativen und geistigen Entwicklung* (23-34). Dortmund: Verlag Modernes Lernen.

Amarosa, H. (2006): Diagnostik bei rezeptiven und expressiven Sprachstörungen. In: Petermann, U.; Petermann F. (Hrsg.): *Diagnostik sonderpädagogischen Förderbedarfs. Jahrbuch der pädagogisch-psychologischen Diagnostik.* Band 5 (163-186). Göttingen: Hogrefe.

Antonovsky, A. (1997): Salutogenese. Zur Entmystifizierung der Gesundheit. Tübingen: Deutsche Gesellschaft für Verhaltenstherapie.

Arnold, K. H. (2004): Von den Schwierigkeiten der Diagnostik „verhaltensgestörter" Schülerinnen und Schüler. In: Preuss-Lausitz, U. (Hrsg.): *Schwierige Kinder – schwierige Schule. Konzepte und Praxiskonzepte zur integrativen Förderung verhaltensauffälliger Schülerinnen und Schüler* (24-36). Weinheim Basel: Beltz.

Arnold, K. H. (2007): Sonderpädagogische Begutachtung und Förderplanerstellung: ein Strukturschema. In: Mutzeck, W. (Hrsg.): *Förderplanung Grundlagen – Methoden – Alternativen* (33-44). Weinheim Basel: Beltz

Arnold, K. H.; Kretschmann, R. (2002): Von der Eingangsdiagnose zu Förderungs- und Fortschreibungsdiagnosen. In: *Zeitschrift für Heilpädagogik*, 53 (7) 266-271

Bach, H. (1968): Geistigbehindertenpädagogik. Berlin: Carl Marhold Verlagsbuchhandlung.

Bach, H. (1980): Praktische Bildung für Geistigbehinderte. In: Mertes, J. P. (Hrsg.): *Geistigbehinderte – Förderung durch praktische Bildung* (6-15). Stuttgart: Klett.

Bach, H. (1989): Verhaltensstörungen und ihr Umfeld. In: Goetze, H.; Neukäter, H. (Hrsg.): *Pädagogik bei Verhaltensstörungen. Handbuch der Sonderpädagogik, Band 6* (3-35). Berlin: Marhold.

Bach, H. (2004): Bemerkungen zum Begriff der Förderdiagnostik. In: Mutzeck, W.; Jogschies, P. (Hrsg.): *Neue Entwicklungen in der Förderdiagnostik. Grundlagen und Praktische Umsetzungen* (21-22). Weinheim Basel: Beltz.

Bauer, Ch; Hegemann, Th. (2008): Ich schaffs! – Cool ans Ziel. Das lösungsorientierte Programm für die Arbeit mit Jugendlichen. Heidelberg: Carl-Auer.

Bayrisches Staatsministerium für Unterricht und Kultus (2003): Lehrplan für den Förderschwerpunkt geistige Entwicklung. München
Bayrisches Staatsministerium für Unterricht und Kultus (2007): Lehrplan für die Berufsschulstufe an der Schule mit dem Förderschwerpunkt geistige Entwicklung. München
Behring, K.; Kretschmann, R.; Dobrindt, Y. (2001): Prozessdiagnose mathematischer Kompetenzen in den Schuljahren 1 und 2. Band III: Grundlegende Fertigkeiten des 1. und 2. Schuljahres. Horneburg / Niederelbe: Persen.
Behring, K.; Kretschmann, R.; Dobrindt, Y. (2002): Prozessdiagnose mathematischer Kompetenzen in den Schuljahren 1 und 2. Band II: Grundlegende Fertigkeiten des 1. Schuljahres. Horneburg Niederelbe: Persen.
Behring, K.; Kretschmann, R.; Dobrindt, Y. (2006): Prozessdiagnose mathematischer Kompetenzen in den Schuljahren 1 und 2. Band I: Theoretische Begründung und Vortest. Horneburg Niederelbe: Persen.
Benkmann, K. H. (1989): Pädagogische Erklärungs- und Handlungsansätze bei Verhaltensstörungen in der Schule. In: Goetze, H.; Neukäter, H. (Hrsg.): *Pädagogik bei Verhaltensstörungen. Handbuch der Sonderpädagogik, Band 6* (71-119). Berlin: Marhold.
Berger, A.; Fischer, M.; Hoffmann, M.; Jüttemeier, M.; Müller, G. N.; Wittmann, E. Ch. (o.J.): Das Zahlenbuch. Begleitband. Zug: Klett und Balmer Verlag.
Bergsson, M.; Luckfiel H. (1998): Umgang mit schwierigen Kindern. Auffälliges erhalten, Förderpläne, Handlungskonzepte. Berlin: Cornelsen.
Berres-Weber, A.; Goldau, G. (1994): Spielen – Denken – Rechnen 1. Rheinbreitbach: Dürr&Kessler.
Bertrand, L. (2001): Förderdiagnostik bei Schülern mit spezifischem Förderbedarf. In: Bidok.uibk.ac.at/library/bertrand-eisenstadt.html.
Betz, D.; Breuninger, H (1998[5]): Teufelskreis Lernstörungen. Theoretische Grundlagen und Standardprogramm. Weinheim Basel: Beltz.
Birkel, P. (1990): Grundwortschatz-Rechtschreibtest für 4. und 5. Klassen (GRT 4+). Weinheim Basel: Beltz.
Birkel, P. (1994a):Weingartener Grundwortschatz Rechtschreibtest für 2. und 3. Klassen (WRT 2+). Göttingen: Hogrefe.
Birkel, P. (1994b):Weingartener Grundwortschatz Rechtschreibtest für 3. und 4. Klassen (WRT 3+). Göttingen: Hogrefe.
Birkel, P. (1995):Weingartener Grundwortschatz Rechtschreibtest für 1. und 2. Klassen (WRT 1+). Göttingen: Hogrefe.
Birkholz, J.; Dinges, E.; Worm, H. L. (2002): Förderpädagogik Mathematik. Buxtehude: Persen.
Boban, I.; Hinz, A. (1998): Diagnostik für Integrative Pädagogik. In: Eberwein, H.; Knauer, S. (Hrsg.): *Handbuch Lernprozesse verstehen* (151-164). Weinheim Basel: Beltz.
Boban, I; Hinz, A. (2000): Förderpläne – für integrative Beschulung überflüssig? Aber was dann? In: Mutzeck, Wolfgang (Hrsg.): *Förderplanung Grundlagen – Methoden –Alternativen* (131-144). Weinheim Basel: Beltz.
Bohl, Th. (2006): Veröffentlichung und Würdigung von Unterrichtsergebnissen. In: Arnold, K. H.; Sandfuchs, U.; Wiechmann, J. (Hrsg.): *Handbuch Unterricht* (657 – 661). Bad Heilbrunn: Klinkhardt.
Bos, W.; Voss, A.; Goy, M. (2009): Leistung und Leistungsmessung. In: Andressen, S.; Casale, R.; Gabriel, Th.; Horlacher, R.; Larcher Klee, A.; Oelkers, J. (Hrsg.): *Handwörterbuch Erziehungswissenschaft* (563-576). Weinheim Basel: Beltz.
Brem-Gräser, L. (2011): Familie in Tieren. Die Familiensituation im Spiegel der Kinderzeichnung. München: Reinhard.

Breuninger, F. I. (o. J.): Teufelskreise Lerntherapeutisches Kompendium. Braunschweig: Legasthenie-Zentrum e. V.

Brezinka, W. (1981[6]): Die Pädagogik der neuen Linken. München.

Brosat, H.; Tötemeyer, N. (2007): Der Mann-Zeichen-Test in der detailstatistischen Auswertung nach Ziler in neubearbeiteter Auflage. Münster: Aschendorf Verlag.

Brügelmann, H. (1986[2]): Die Schrift entdecken. Beobachtungshilfen und methodische Ideen für einen offenen Anfangsunterricht im Schreiben und Lesen. Konstanz: Libelle.

Brügelmann, H. (2005): Schule verstehen und gestalten. Perspektiven der Forschung auf Probleme von Erziehung und Unterricht. Konstanz: Libelle.

Brunner, I. (2009): So planen sie Portfolioarbeit. Zehn Fragen, die weiterhelfen. In: Brunner, I.; Häcker, Th.; Winter, F. (Hrsg.): *Das Handbuch Portfolio. Konzepte – Anregungen – Erfahrungen – aus Schule und Lehrerbildung* (89 – 95). Seelze

Buber, M. (1978): Urdistanz und Beziehung. Beiträge zu einer philosophischen Anthropologie. Heidelberg: Schneider.

Buber, M. (1978): Urdistanz und Beziehung. Beiträge zu einer philosophischen Anthropologie. Heidelberg: Schneider.

Buber, M. (1984): Das dialogische Prinzip. Heidelberg. Schneider.

Buber, M. (1995): Reden über Erziehung. Gerlingen: Schneider.

Buholzer, A.; Zulliger, S. (2010): Die Entwicklung der Diagnosekompetenz bei PH-Studierenden. www.fe.luzern.ch

Bundschuh, K. (1996): Einführung in die sonderpädagogische Diagnostik. München: Reinhardt.

Bundschuh, K. (2002): Sonderpädagogische Diagnostik und geeigneter Förderort – Eine Herausforderung zukünftiger Entwicklungen. In: Mutzeck, W. (2002[3]) (Hrsg.): *Förderdiagnostik. Konzepte und Methoden* (25-38). Weinheim Basel: Beltz.

Bundschuh, K. (2004): Förderdiagnostik im 21. Jahrhundert – Zwischen Problem- und Kompetenzorientierung. In: Mutzeck, W.; Jogschies, P. (Hrsg.): *Neue Entwicklungen in der Förderdiagnostik. Grundlagen und Praktische Umsetzungen* (39-54). Weinheim Basel: Beltz.

Bundschuh, K. (2006): Rahmenbedingungen und diagnostische Umsetzung zur Feststellung sonderpädagogischen Förderbedarfs in Bayern. In: Petermann, U.; Petermann F. (Hrsg.): *Diagnostik sonderpädagogischen Förderbedarfs. Jahrbuch der pädagogisch-psychologischen Diagnostik.* Band 5 (17- 36). Göttingen: Hogrefe.

Bundschuh, K. (2007): Förderdiagnostik konkret. Theoretische und praktische Implikationen für die Förderschwerpunkte Lernen, geistige , emotionale und soziale Entwicklung. Bad Heilbrunn: Klinkhardt.

Bundschuh, K. (2010[7]): Einführung in die sonderpädagogische Diagnostik. München: Reinhardt.

Bundschuh, K.; Scholz, M.; Reiter, S. (2007): Konzeptualisierung einer praxisnahen und kompetenzorientierten Förderplanung. In: *Zeitschrift für Heilpädagogik*, 58, 430-438

Büttner, G. / Kurth, E. (1999): Testreihe zur Prüfung der Konzentrationsfähigkeit (TPK): Manual Göttingen Hogrefe.

Carl von Ossietzky Universität Oldenburg (2011): Lehrerausbildung im Verbundprojekt OLAW: Entwicklung von Diagnose- und Förderkompetenz im Unterricht und in Lehr-Lern-Laboren. http://www.diz.uni-oldenburg.de/download/OLAW/Antrag_OLAW_Webseite.pdf.

Chaudhuri, U.; Kempf-Kurth, I. (2007): Lerntherapie und Schule. In: Zeitschrift für integrative Lerntherapie, 2, 4

Cierpka, M. (2011): Faustlos. Wie Kinder Konflikte gewaltfrei lösen lernen. Freiburg. Herder

Cierpka, M. (2007): Faustlos für Kindergarten und Schule. In: Suchodoletz, W. von (Hrsg.): *Prävention von Entwicklungsstörungen* (203-214). Göttingen: Hogrefe.

Crick, N. / Dodge, K.A. (1994): A review and reformulation of social-information-processing mechanisms in children`s social adjustment. In: *Psychological bulletin*, 115, 74-101

Dameit, H.; Heidrich, W.; Möller, Ch.; Sommer, H. (1983): Grundkurs Verhaltensmodifikation. Ein handlungsorientiertes einführendes Arbeitsbuch für Lehrer und Erzieher. Weinheim Basel: Beltz.

Dank S. (1996): Individuelle Förderung Schwerstbehinderter. Konkrete Beispiele, Programme, Übertragungsmöglichkeiten. Dortmund: Verlag Modernes Lernen.

Dax, H.; Meister, H. (2003): Sich ein Bild machen von einer pädagogischen Situation. In: Eberwein, H.; Knauer, S. (Hrsg.): *Lernprozesse verstehen. Wege einer neuen (sonder-) pädagogischen Diagnostik* (110-125). Weinheim Basel: Beltz.

Dehn M. (o. J.): Was ist Dyskalkulie? www.dmi.uni-bayreuth.de

De Vries, C. (2008): DIFMAB. Diagnostisches Inventar zur Förderung mathematischer Basiskompetenzen. Dortmund: Verlag Modernes Lernen

De Vries, C. (2010): Mathematik an der Schule für Geistigbehinderte: Grundlagen und Übungsvorschläge für Diagnostik und Förderung. Dortmund: Verlag Modernes Lernen.

Dönges, Ch. (2010): Der Begriff sonderpädagogischer Förderbedarf und die damit verbundene Praxis im Lichte der UN-Konvention über die Rechte von Menschen mit Behinderungen. In: *Sonderpädagogische Förderung heute 3*, 55, 319-327

Eberhardt, S.; Jahnke-Klein, S.; Kiper, H.; Krause, B.; Petri, Jürgen (2011): Entwicklung von Diagnosekompetenz durch kollegiale Hospitation im Unterricht. Oldenburger VorDrucke 592/11. Universität Oldenburg: Didaktisches Zentrum.

Eberwein, H.; Knauer, S. (2003^2) (Hrsg.): Lernprozesse verstehen. Wege einer neuen (sonder-) pädagogischen Diagnostik. Weinheim Basel: Beltz.

Eggert, D. (1979): Psychodiagnostik. In: Bach, Heinz (Hrsg.): *Pädagogik der Geistigbehinderten Handbuch der Sonderpädagogik Band 5* (392-420). Berlin: Marhold.

Eggert, D. (1997): Von den Stärken ausgehen. Individuelle Entwicklungspläne (IEP) in der Lernförderungsdiagnostik. Dortmund: Borgmann.

Eggert, D. (2000): Diagnostisches Inventar motorischer Basiskompetenzen bei lern- und entwicklungsauffälligen Kindern im Grundschulalter. Dortmund: Borgmann.

Eggert, D. (2003^2a): Von der Testdiagnostik zur qualitativen Diagnose in der Sonderpädagogik. In: Eberwein, Hans; Knauer, Sabine (Hrsg.): *Lernprozesse verstehen – Wege einer neuen (sonder-)pädagogischen Diagnostik* (16-38). Weinheim Basel: Beltz.

Eggert, D. (2007^5): Von den Stärken ausgehen. Individuelle Entwicklungspläne (IEP) in der Lernförderungsdiagnostik. Dortmund: Borgmann.

Eggert, Dietrich (2003b): Die psychologische Diagnostik der geistigen Behinderung zwischen Klassifikation und Individualisierung. In: Irblich, Dieter; Stahl, Burkhard (Hrsg.): *Menschen mit geistiger Behinderung* (476-501). Göttingen: Hogrefe.

Ellger-Rüttgardt, S. (2008): Geschichte der Sonderpädagogik. München: Reinhardt.

Ellmin, R.; Ellmin P. (2010): Lernprozesse sichtbar und einsichtig machen. Über die Arbeit mit Portfolios. In: *Pädagogik*, 62,16-20

Endres, W. (Hrsg.) mit Wiedenhorn, Th.; Engel, A. (2008): Das Portfolio in der Unterrichtspraxis. Weinheim: Beltz.
Erich, R. (2007): Kinder mit Verhaltensschwierigkeiten gezielt fördern. Das Programm der Entwicklungstherapie / Entwicklungspädagogik. Stuttgart: Raabe.

Feyerer, E. (2011): SonderschullehrerInnenausbildung NEU Konzeptionelle Überlegungen zur momentanen Diskussion um die Neugestaltung der LehrerInnenausbildung in Österreich.
Feyerer, E.; Niedermair, C.; Tuschel, S. (o. J.): Berufsfeld Sonder- und Integrationspädagogik.
Fingerle, M. (2010): Risiko und Resilienz. In: Kaiser, A.; Schmetz, D.; Wachtel, P.; Werner, B. (Hrsg.): *Bildung und Erziehung. Enzyklopädisches Handbuch der Behindertenpädagogik.* Band 3 (135-142). Kohlhammer: Stuttgart.
Fischer, E. (2008): Bildung im Förderschwerpunkt geistige Entwicklung. München UTB
Franger, W.; Pfeffer, W. (1986): Probleme und Möglichkeiten der Diagnostik bei schwerer geistiger Behinderung. In: Kornmann, R. (Hrsg.) (1986): *Förderdiagnostik. Konzept und Realisierungsmöglichkeiten* (84-101). Heidelberg: Edition Schindele
Fritz, A. (2003): Bedeutungsvariation und Fehleranalyse als Beobachtungszugang zur Diagnostik arithmetischer Kompetenz. In: Fritz, A. / Ricken, G. / Schmidt, S. (Hrsg.): *Rechenschwäche, Lernwege, Schwierigkeiten und Hilfen bei Dyskalkulie* (283-308). Weinheim Basel: Beltz.
Fritz, A.; Ricken G. (2008): Rechenschwäche. München: Reinhardt.
Fritz, A.; Ricken, G.; Schmidt, S. (Hrsg.) (2003): Rechenschwäche, Lernwege, Schwierigkeiten und Hilfen bei Dyskalkulie. Weinheim Basel: Beltz.
Fritz, A.; Schmidt, S. (Hrsg.) (2009): Fördernder Mathematikunterricht in der Sekundarstufe 1. Rechenschwierigkeiten erkennen und überwinden. Weinheim: Beltz.
Fröhlich, A. (Hrsg.) (1998): Lernmöglichkeiten. Aktivierende Förderung für schwer mehrfachbehinderte Menschen. Heidelberg: Edition Schindele.
Fröhlich, A.; Haupt, U. (2004): Leitfaden zur Förderdiagnostik mit schwerstbehinderten Kindern. Dortmund: Verlag Modernes Lernen.
Fröhlich, A. (2007): Die Arbeit mit Förderplänen an einer Schule für Geistigbehinderte – ein Praxisbeispiel. In: Mutzeck, W. (Hrsg.): *Förderplanung Grundlagen – Methoden – Alternativen* (55-61). Weinheim: Beltz.
Füssenich, I.; Löffler, C. (2005): Schriftspracherwerb. Einschulung, erstes und zweites Schuljahr. München: Reinhardt.

Gaidoschik, M. (2003): Rechenschwäche – Dyskalkulie. Eine unterrichtspraktische Einführung für Lehrerinnen und Eltern. Horneburg: Persen.
Ganser, B. (2001): Rechenstörungen. Diagnose – Förderung – Materialien. Donauwörth: Auer.
Goll, H. (1996): Transdiziplinarität. Realität in der Praxis. Vision in Forschung und Lehre – oder nur ein neuer Begriff. In: Opp, G.; Freytag, A.; Budnik, I. (Hrsg.): *Heilpädagogik in der Wendezeit. Brüche. Kontinuitäten. Perspektiven* (164-174). Luzern: Edition SZH.
Gößl, K. (2008): Ein neuer Lehrplan für die Berufsschulstufe in Bayern Förderschwerpunkt geistige Entwicklung. In: *Lernen Konkret*, 27, 2-8
Grissemann, H.; Weber, A. (1982): Grundlagen und Praxis der Dyskalkulie-Therapie - Diagnostik und Interventionen bei speziellen Rechenstörungen als Modell sonderpädagogischer - kinderpsychatrischer Kooperation. Berlin: Huber.
Grob, A. & Smolenski, C. (2005): Fragebogen zur Erhebung der Emotionsregulation bei Kindern und Jugendlichen (FEEL-KJ). Bern: Verlag Hans Huber.

Günthart, A. (1946): Einführung in die Vererbungslehre. Sammlung Dalph Band 7. Bern

Günther, H. (2007): Schriftspracherwerb und LRS. Methoden, Förderdiagnostik und praktische Hilfen. Weinheim: Beltz.

Günther, K. B. (1995): Ein Stufenmodell der Entwicklung kindlicher Lese- und Rechtschreibstrategien. In: Balhorn, H.; Brügelmann, H. (Hrsg.): *Rätsel des Schriftspracherwerbs. Neue Sichtweisen aus der Forschung* (98-121). Lengwil: Libelle.

Häcker, Th. (2005): Mit der Portfoliomethode den Unterricht verändern. In: *Pädagogik*, 57, 13-18

Häcker, Th. (2009a): Ein Medium des Wandels in der Lernkultur. In: Brunner, I.; Häcker, Th.; Winter, F. (Hrsg.): *Das Handbuch Portfolio. Konzepte – Anregungen – Erfahrungen – aus Schule und Lehrerbildung* (15-18). Seelze.

Häcker, Th. (2009b): Vielfalt der Portfolio-Begriffe. Annäherungen an ein schwer fassbares Konzept. In: Brunner, I; Häcker, Th.; Winter, F. (Hrsg.): *Das Handbuch Portfolio. Konzepte – Anregungen – Erfahrungen – aus Schule und Lehrerbildung* (33 – 39). Seelze.

Haeberlin, U. (2012): „Inklusion" – wundersames Heilmittel gegen Aussonderung? – Überlegungen zu den Folgen kurzschlüssiger Integrationsreformitis. In: *Sonderpädagogische Förderung heute*, 57, 183-189

Hahlweg, K.; Heinrichs, N. (2007): Prävention von kindlichen Verhaltensstörungen mit dem Triple-P-Elterntraining. In: Suchodoletz, W. von (Hrsg.): *Prävention von Entwicklungsstörungen* (183-201). Göttingen: Hogrefe.

Hartke, B. (2003): Offener Unterricht bei besonderem Förderbedarf. In: Leonhardt, A.; Wember, F. B. (Hrsg.): *Grundfragen der Sonderpädagogik. Bildung – Erziehung – Behinderung* (770 – 790). Weinheim: Beltz.

Hartmann, B. (2004): Entwicklung von Screeningverfahren zur Erfassung sozialer Kompetenzen von Schülerinnen und Schülern. In: Mutzeck, W.; Jogschies, P. (Hrsg.): *Neue Entwicklungen in der Förderdiagnostik. Grundlagen und praktische Umsetzungen* (186-193). Weinheim: Beltz.

Haudhuri, U.; Kempf-Kurth, I. (2007): Lerntherapie und Schule. In: *Zeitschrift für integrative Lerntherapie*, 2, 4.

Hecker, U. (2004): Vater, Mutter, Schule, Kind. In: Bartnitzky, H.; Speck-Hamdan, A. (Hrsg.): *Leistungen der Kinder wahrnehmen – würdigen – fördern* (144-159). Frankfurt: Grundschulverband.

Heimlich, U. (2011): Inklusion und Sonderpädagogik – Die Bedeutung der Behindertenrechtskonvention (BRK) für die Modernisierung sonderpädagogischer Förderung. In: *Zeitschrift für Heilpädagogik*, 62, 44-54.

Helmke, A.; Weinert, F. E. (1997) Bedingungsfaktoren schulischer Leistungen. In: Weinert, F. E., et al. (Hrsg.): *Psychologie des Unterrichts und der Schule - Enzyklopädie der Psychologie* (71-176). Göttingen: Hogrefe.

Hesse, I.; Latzko, B. (2011): Diagnostik für Lehrkräfte. Opladen: Verlag Barbara Budrich.

Heymann, H. W. (2010): Binnendifferenzierung – eine Utopie? In: *Pädagogik*, 62, 6-12.

Hildeschmidt, A. (1998 / 2003): Ökosystemische Diagnostik: Bewältigung des Alltags in Familie und Schule. In: Eberwein, H.; Knauer, S (Hrsg.): *Lernprozesse verstehen. Wege einer neuen (sonder-) pädagogischen Diagnostik* (182-193). Weinheim: Beltz.

Hillenbrand, C.; Hennemann, T.; Pütz, K. (2006): Förderplanung in Schulen mit dem Förderschwerpunkt emotional-soziale Entwicklung in NRW. In: *Zeitschrift für Heilpädagogik*, 57, 371-379.

Hillenbrand, C. (2002): Einführung in die Verhaltensgestörtenpädagogik. München: Reinhard.

Hillenbrand, C.; Hennemann, Th.; Heckler-Schell, A.; Breuer, F. (2008): Lubo aus dem All: Programm zur Förderung sozial-emotionaler Kompetenzen im Vorschulalter. München: Reinhardt.

Hillenbrand, C.; Hennemann, Th.; Hens, S. (2009): Lubo aus dem All – 1. und 2. Klasse. Programm zur Förderung sozial-emotionaler Kompetenzen. München: Reinhardt.

Hiller, G. G. (2012): Heterogenität – Ärgernis und Chance für die Schule. In: *Sonderpädagogische Förderung heute*, 57, 233-252

Holtz, K. L.; Kretschmann, R. (1989): Psychologische Grundlagen der Pädagogik bei Verhaltensstörungen. In: Goetze, H.; Neukäter, H. (Hrsg.): *Pädagogik bei Verhaltensstörungen. Handbuch der Sonderpädagogik, Band 6* (908-966). Berlin: Marhold.

Holtz, K. L.; Nassal, A. (1998): Epidemiologische Analysen der Zusammensetzung der Schülerschaft an Schule für Geistigbehinderte unter besonderer Berücksichtigung der schweren und schwersten geistigen Behinderung. Erste Ergebnisse einer bundesweiten Untersuchung. In: *Zeitschrift für Heilpädagogik*, 50, 90-98.

Horstkemper, M. (2006): Fördern heißt diagnostizieren. In: Becker, G.; Horstkemper, M.; Risse, E.; Stäudel, L.; Werning, R.; Winter, F. (Hrsg.): *Diagnostizieren und Fördern. Stärken entdecken – Können entwickeln* (56-59). Seelze.

Hußlein, E. (1983): Schule und Unterricht für Kinder und Jugendliche mit Verhaltensstörungen. Könighausen.

Ingenkamp, K.; Lissmann, U. (2008[6]): Lehrbuch der Pädagogischen Diagnostik. Weinheim: Beltz.

Inglin, O. (2009): Rahmenbedingungen und Modelle der Portfolioarbeit. Welche Konsequenzen ergeben sich für den Unterricht. In: Brunner, I.; Häcker, Th.; Winter, F. (Hrsg.): *Das Handbuch Portfolio. Konzepte – Anregungen – Erfahrungen – aus Schule und Lehrerbildung* (81-88). Seelze: Kallmeyer.

ISB (Staatsinstitut für Schulpädagogik und Bildungsforschung) (1997): Die Schule zur individuellen Lebensbewältigung Leitgedanken zu Erziehung, Unterricht und Förderung. München.

Jakob-Muth-Schule Essen (o.J.): ELDIB Entwicklungstherapeutischer Lernziel-Diagnose-Bogen. Manual. Unveröffentlicht.

Jennessen, S.; Wagner, M. (2012): Alles so schön bunt hier!? Grundlegendes und Spezifisches zur Inklusion aus sonderpädagogischer Perspektive. In: *Zeitschrift für Heilpädagogik*, 63, 335-344.

Jogschies, P. (2008): Förderdiagnostik und sonderpädagogische Begutachtung – ein Rückblick auf 30 Jahre. In: *Zeitschrift für Heilpädagogik*, 59, 132-142.

Jung, G. P. (2004): Längerfristige Planung. In: Fischer, E. (Hrsg.): *Welt verstehen – Wirklichkeit konstruieren. Unterricht bei Kindern und Jugendlichen mit geistiger Behinderung* (125-142). Dortmund: Borgmann.

Juul, K. D. (1979): Modelle pädagogischer Förderung von Kindern mit Verhaltensstörungen – vornehmlich in den USA. In: Speck, O. (Hrsg.): *Pädagogische Modelle für Kinder mit Verhaltensstörungen* (70-99). München: Reinhardt.

Kaufmann, S.; Wessolowski, S. (2006): Rechenstörungen. Diagnose und Förderbausteine. Seelze: Kallmeyer.

Kautter, H. (2003[2]): Das „Thema des Kindes" erkennen. Umrisse einer verstehenden pädagogischen Diagnostik. In: Eberwein, H.; Knauer, S. (Hrsg.): *Lernprozesse verstehen. Wege einer neuen (sonder-) pädagogischen Diagnostik* (138-150). Weinheim: Beltz.

Kautter, H. (1998): Das „Thema des Kindes“ erkennen. Umrisse einer verstehenden pädagogischen Diagnostik. In: Eberwein, H.; Knauer, S. (Hrsg.): *Lernprozesse verstehen – Wege einer neuen (sonder-)pädagogischen Diagnostik* (81-93). Weinheim: Beltz.

Kautter, H. (2002): Das „Außen“ wahrnehmen – das „Innen“ verstehen. In: Mutzeck, W. (2002[3]) (Hrsg.): *Förderdiagnostik. Konzepte und Methoden* (194-204). Weinheim: Beltz.

Keller, G. & Thiel, R.-D. (1998): Lern- und Arbeitsverhaltensinventar (LAVI). Handanweisung. Göttingen: Hogrefe.

Keuter, B.; Joost, A. (2009): Freiarbeit mit Schwerstbehinderten. Dortmund: Verlag Modernes Lernen.

Kiper, H. (2011): Diagnostische Kompetenz als Arbeitsbegriff – ein Vorschlag. In: Eberhardt, S.; Jahnke-Klein, S.; Kiper, H.; *Krause*, B.; Petri, J.(2011): *Entwicklung von Diagnosekompetenz durch kollegiale Hospitation im Unterricht.* Oldenburger Vor-Drucke 592/11 (7-20). Universität Oldenburg: Didaktisches Zentrum.

Klafki, W. (1995[5]): Neue Studien zur Bildungstheorie und Didaktik. Zeitgemäße Allgemeinbildung und kritisch-konstruktive Didaktik. Weinheim: Beltz.

Klafki, W. (1999[10]): Die bildungstheoretische Didaktik im Rahmen kritisch-konstruktiver Erziehungswissenschaft. Oder: Zur Neufassung der didaktischen Analyse. In: Gudjons, H.; Winkel, R. (Hrsg.): *Didaktische Theorien* (13-34). Hamburg: Bergmann&Helbig.

Klauer, K. J. (2003): Kommentar: Zur Diagnostik mathematischer Kompetenzen. In: Fritz, A.; Ricken, G.; Schmidt, S. (Hrsg.): Rechenschwäche. Lernwege, Schwierigkeiten und Hilfen bei Dyskalkulie (349-358). Weinheim: Beltz.

Klauß, Th. (2003): Alle Kinder alles lehren ... brauchen sie wirklich alle Bildung? In: Klauß, Th.; Lamers, W. (Hrsg.): *Alle Kinder alles lehren ... Grundlagen der Pädagogik für Menschenmit schwerer und mehrfacher Behinderung* (13-28). Heidelberg: Winter Edition „S“.

Klauß, Th.; Lamers, W. (Hrsg.) (2003): Alle Kinder alles lehren ... Grundlagen der Pädagogik für Menschenmit schwerer und mehrfacher Behinderung. Heidelberg: Winter Edition „S“.

Kleber, E. (1978): Lehrbuch der sonderpädagogischen Diagnostik. Eine Einführung in die Grundlagen diagnostischer Informationserhebung zum Zwecke pädagogischer Beratung für Sonderpädagogen, Lehrer und Berater. Berlin: Marhold.

Kleber, E. (2003[2]): Berücksichtigung der Sichtweise der Betroffenen im diagnostischen Prozess. In: Eberwein, H.; Knauer, S. (Hrsg.): *Lernprozesse verstehen. Wege einer neuen (sonder-) pädagogischen Diagnostik* (138-150). Weinheim: Beltz.

Klein, F.; Neuhäuser, G. (2006): Heilpädagogik als therapeutische Erziehung. München: Reinhardt.

Klemm, K.; Preuss-Lausitz, U. (2011): Auf dem Weg zur schulischen Inklusion in Nordrhein-Westfalen. Empfehlungen zur Umsetzung der UN-Behindertenrechtskonvention im Bereich der allgemeinen Schulen. www.gew-koeln.de/02/web03/bildungsbereiche/schule/inklusion/klemm_preuss-lausitz.pdf.

Klicpera, Ch.; Schabmann, A.; Gasteiger-Klicpera, B. (2007): Legasthenie. Modelle, Diagnose, Therapie und Förderung. München: Reinhardt.

KMK (Sekretariat der ständigen Konferenz der Kultusminister der Länder in der Bundesrepublik Deutschland (1994): Empfehlungen der Kultusministerkonferenz zur sonderpädagogischen Förderung in den Schulen in der Bundesrepublik Deutschland

Kobi, E. E. (1983): Diagnostische Zielsetzungen und Praxis in der Heilpädagogik. In: Kornmann, R.; Meister, H.; Schlee, J. (Hrsg.): *Förderungsdiagnostik. Konzept und Realisierungsmöglichkeiten* (9-20). Heidelberg.

Köller, O. (2012): Bildungsstandards in Deutschland. Implikationen für die Qualitätssicherung und Unterrichtsqualität. In: Meyer, M. A.; Prenzel, M.; Hellekamps, St. (Hrsg.): *Perspektiven der Didaktik.* Zeitschrift für Erziehungswissenschaft Sonderheft 9. 47-60.

Kooij, R. van der (2004): Förderdiagnostik als Prozess. In: Mutzeck, W.; Jogschies, P. (Hrsg.): *Neue Entwicklungen in der Förderdiagnostik. Grundlagen und praktische Umsetzungen* (55-73). Weinheim: Beltz.

Kornmann, R.; Meister, H.; Schlee, J. (1983) (Hrsg.): Förderungsdiagnostik. Konzept und Realisierungsmöglichkeiten. Heidelberg

Kornmann, R. (Hrsg.) (1986): Förderdiagnostik. Konzept und Realisierungsmöglichkeiten. Heidelberg: Edition Schindele.

Kornmann, R. (2007): Gutachten als Grundlage von Förderplänen. In: Mutzeck, W. (Hrsg.): *Förderplanung Grundlagen – Methoden –Alternativen* (45-54). Weinheim: Beltz.

Kragl, K. (2008): Lebenswegplanung am Förderzentrum mit dem Förderschwerpunkt geistige Entwicklung. In: *Lernen Konkret*, 27, 9-12.

Krauth, J. (1995): Testkonstruktion und Testtheorie. Weinheim: Beltz.

Krawitz, R. (1998[1]): Der Dialog als Methode individualpädagogischer Diagnostik. In: Eberwein, H.; Knauer, S. (Hrsg.): *Lernprozesse verstehen. Wege einer neuen (sonder-) pädagogischen Diagnostik* (126-137). Weinheim: Beltz.

Krawitz, R. (2003): Strukturierter differenzierter Unterricht bei besonderem Förderbedarf. In: Leonhardt, A.; Wember, F. B. (Hrsg.): *Grundfragen der Sonderpädagogik. Bildung – Erziehung – Behinderung* (791-809). Weinheim: Beltz.

Krawitz, R. (2003[2]): Der Dialog als Methode individualpädagogischer Diagnostik. In: Eberwein, H.; Knauer, S. (Hrsg.): *Lernprozesse verstehen. Wege einer neuen (sonder-) pädagogischen Diagnostik* (126-137). Weinheim: Beltz.

Krech, D.; Crutchfield, R. S.; Livson, N.; Wilson jr., W. A.; Parducci, A. (1992): Grundlagen der Psychologie. Weinheim: Beltz.

Kretschmann, R.; Arnold, K. H. (1999): Leitfaden für Förder- und Entwicklungspläne. In Zeitschrift für Heilpädagogik, 50 (09), 410-420.

Kretschmann, R. (2002): Förderdiagnostik in den Lernbereichen Deutsch und Mathematik. In: Mutzeck, W. (2002[3]) (Hrsg.): *Förderdiagnostik. Konzepte und Methoden* (103-136). Weinheim: Beltz.

Kretschmann, R. (2003): Prozessdiagnose des Lesens und Schreibens in den Schuljahren 1 und 2. In: Eberwein, H.; Knauer, S. (Hrsg.): *Lernprozesse verstehen. Wege einer neuen (sonder-) pädagogischen Diagnostik* (265-280). Weinheim Basel

Kretschmann, R. (2004): Diagnostikausbildung – für alle Lehrerinnen und Lehrer? In: Mutzeck, W.; Jogschies, P. (Hrsg.): Neue Entwicklungen in der Förderdiagnostik 123-137). Weinheim: Beltz.

Kretschmann, R. (2006): Stärken erkennen. Pädagogische Diagnosen als Basis für Lehrerhandeln. Unveröffentlichtes Manuskript. Bremen.

Kretschmann, R. (2007): Diagnostik in pädagogischen Handlungsfeldern. Diagnostik zur Optimierung von Lese- und Schreiblernprozessen. In: Hofmann, B.; Valtin, R. (Hrsg.): *Förderdiagnostik beim Schriftspracherwerb* (12-48).Frankfurt: Deutsche Gesellschaft für Lesen und Schreiben.

Kretschmann, R. (2009): Diagnostik in der Lerntherapie. In: *Zeitschrift für integrative Lerntherapie*, 10-17.

Langmaack, B. (2004): Einführung in die Themenzentrierte Interaktion TZI. Leben rund ums Dreieck. Weinheim: Beltz.

Laschkowski, W. (2001): Diagnostik. In: Ganser, B. (Hrsg.): Rechenstörungen. Diagnose . Förderungen – Materialien (23-85). Donauwörth: Auer.
Laufenberg-Born, H. (2007): Lernen als Therapie. Zeitschrift für integrative Lerntherapie, Heft 2, 13-17
Ledl, V. (1994): Kinder beobachten und fördern. Wien: Verlag Jugend und Volk.
Lemerise, E.; Arsenio, W. F. (2000): An integrated model of emotion process an cognition in social information processing. In: *Child Development*, 71, 107-118.
Lenhard, W. ; Schneider, W (2006): Ein Leseverständnistest für Erst- bis Sechstklässler (ELF 1-6). Göttingen: Hogrefe.
Leonhardt, A.; Wember, F. B. (2003) (Hrsg.): Grundfragen der Sonderpädagogik. Bildung – Erziehung – Behinderung. Weinheim: Beltz
Lienert, G. A. (1969[3]): Testaufbau und Testanalyse. Weinheim: Beltz.
Lindmeier, Ch. (2009): Sonderpädagogische Lehrerbildung für ein inklusives Schulsystem. In: *Zeitschrift für Heilpädagogik*, 60, 416-427.
Lorenz, J. H. (2003): Überblick über Theorien zur Entstehung und Entwicklung von Rechenstörungen. In: Fritz, A.; Ricken, G.; Schmitz, S. (Hrsg.): Rechenschwäche (144-162). Weinheim: Beltz.

Mand, J. (2003[2]): Förderdiagnostik als Lernprozessdiagnostik. Begründung, Methodenprobleme und diagnostischer Alltag. In: Eberwein, H.; Knauer, S. (Hrsg.): *Lernprozesse verstehen* (39-53) Weinheim: Beltz.
Mannhard, A. (2010): Kritische Auseinandersetzung mit Zeichentests in der therapeutischen und ärztlichen Praxis. In: *Kinder- und Jugendarzt*, 41, 1-4.
Matthes, G.; Endler, S.; Katzmarek, M.; Köhn, H. (2004): Wie kann die Förderplanarbeit gestaltet werden. In: Mutzeck, W.; Jogschies, P. (Hrsg.): *Neue Entwicklungen in der Förderdiagnostik. Grundlagen und Praktische Umsetzungen* (74-84). Weinheim: Beltz.
Max-Planck-Institut für Bildungsforschung (2001): Pisa 2000. Zusammenfassung zentraler Befunde. (o.a.A.).
May, P. (1998): Strategiebezogene Rechtschreibdiagnose – mit und ohne Test. Analyse von freien Schreibungen mit Hilfe der HSP-Kategorien. In: Balhorn, H. / Bartnitzky, H.; Büchner, I.; Speck-Hamdan, A. (Hrsg.): *Schatzkiste Sprache 1: Lesen und Schreiben von Anfang an* (279-293). Frankfurt: Arbeitskreis Grundschule.
May, P. (2002): Hamburger Schreib-Probe (HSP). Hamburg: VPM
May, P.; Malitzky, V (1998): Erfassung der Rechtschreibkompetenz in der Sekundarstufe mit der Hamburger Schreibprobe (HSP 4/5 und HSP 5/9). (www.rrz.uni.hamburg.de).
May, P.; Malitzky, V.; Vieluf, U. (2001): Rechtschreibtests im Vergleich: Wie stellt man deren Güte fest und wie besser nicht? Anmerkungen zur Kritik von Tacke, Völker und Lohmüller an der HSP. In: *Psychologie in Erziehung und Unterricht*, 48, 146-152
May, P.; Vieluf, U.; Malitzky, V. (o. J.): Testhefte zur Hamburger Schreibprobe. Hamburg: VPM
Mayer, A. (2010): Gezielte Förderung bei Lese- und Rechtschreibstörungen. München: Reinhardt.
MBWJK - Ministerium für Bildung, Wissenschaft, Jugend und Kultur Rheinland-Pfalz (2008): Schulordnung für die öffentlichen Grundschulen. Mainz.
MBWJK - Ministerium für Bildung, Wissenschaft, Jugend und Kultur Rheinland-Pfalz (2010): Handreichung zur Feststellung des sonderpädagogischen Förderbedarfs - zweiter Entwurf zur Erprobung ab dem Schuljahr 2010/2011. Mainz.
MBWW – Ministerium für Bildung, Wissenschaft und Weiterbildung Rheinland-Pfalz (2006): Schulordnung für die öffentlichen Sonderschulen. Mainz.

Melograno, V. (1994): Portfolio Assessment. Documenting Authentic Student Learning. In: *Journal of physical education*, 65
Merton, R. K. (1968): Sozialstruktur und Anomie. In: Sack, F.; König, R. (Hrsg.): *Kriminalsoziologie* (283-313). Frankfurt.
Meyer, H. (2012): Disput über aktuelle Probleme und Aufgaben der Didaktik. In: Meyer, M. A.; Prenzel, M.; Hellekamps, St. (Hrsg.): *Perspektiven der Didaktik*. Zeitschrift für Erziehungswissenschaft Sonderheft 9. 77-86.
Michalsen-Burkardt, U.; Winter, F. (2009): Portfolioarbeit, Leistungsbewertung und Schulentwicklung „Wir brauchen etwas anderes". In: *Pädagogik*, 61, 18-21.
Ministerium für Bildung, Frauen und Jugend Rheinland-Pfalz (2001): Richtlinien für den Unterricht an Schulen mit dem Förderschwerpunkt ganzheitliche Entwicklung. Mainz.
Ministerium für Bildung, Frauen und Jugend Rheinland-Pfalz (2001): Lehrplan zur sonderpädagogischen Förderung von Schülerinnen und Schülern mit dem Förderbedarf ganzheitliche Entwicklung. Mainz
Molnar, A.; Lindquist, B. (1993[3]): Verhaltensprobleme in der Schule. Lösungsstrategien für die Praxis. Dortmund: Borgmann.
Moser-Opitz, E. (2009): Erwerb grundlegender Konzepte der Grundschulmathematik als Voraussetzung für das Mathematiklernen in der Sekundarstufe I. In: Fritz, A., Schmidt, S. (Hrsg.): *Fördernder Mathematikunterrichte in der Sekundarstufe 1. Rechenschwierigkeiten erkennen und überwinden (29-45). Weinheim: Beltz.*
Moser-Opitz, E.; Reusser, I.; Moeri Müller, M.; Anliker, B.; Wittich, C.; Fressemann, O. (2010): BASIS-MATH 4-8, Basisdiagnostik Mathematik für die Klassen 4 bis 8. Göttingen: Verlag Hans Huber.
Moser-Opitz, E.; Schmassmann, M. (2003): Heilpädagogischer Kommentar zum Zahlenbuch. Zug: Klett und Balmer Verlag.
Moser, U. (2009): Test. In: Andressen, S.; Casale, R.; Gabriel, Th.; Horlacher, R.; Larcher Klee, A.; Oelkers, J. (Hrsg.): *Handwörterbuch Erziehungswissenschaft* (866-880). Weinheim Basel: Beltz.
Mühl, H. (1979): Handlungsbezogener Unterricht mit Geistigbehinderten. Bonn Bad Godesberg: Dürr.
Musenberg, O. (2008): Resolution der Konferenz der Lehrenden der Geistigbehindertenpädagogik an wissenschaftlichen Hochschulen in deutschsprachigen Ländern (KLGH). Zur Implementierung outputorintierter Bildungsstandards für den Förderschwerpunkt geistige Entwicklung. In: Sonderpädagogische Förderung heute 3, 53, 317-318
Mutzeck, W. (2002a[3]) (Hrsg.): Förderdiagnostik. Konzepte und Methoden. Weinheim: Beltz.
Mutzeck, W. (2002b): Kooperative Beratung. Grundlagen und Methoden der Beratung und Supervision im Berufsalltag. Weinheim: Beltz.
Mutzeck, W. (2004): Grundlegende Aspekte der Diagnostik in der Förderpädagogik. In: Mutzeck, W.; Jogschies, P. (Hrsg.): *Neue Entwicklungen in der Förderdiagnostik. Grundlagen und Praktische Umsetzungen* (10-20). Weinheim: Beltz.
Mutzeck, W. (Hrsg.) (2007[3]): Förderplanung Grundlagen – Methoden – Alternativen. Weinheim: Beltz.
Mutzeck, W; Jogschies, P. (2004) (Hrsg.): Neue Entwicklungen in der Förderdiagnostik. Grundlagen und Praktische Umsetzungen. Weinheim: Beltz.
Mutzeck, W.; Melzer, C. (2007): Kooperative Förderplanung - Erstellung und Fortschreibung individueller Förderpläne (KEFF): In: Mutzeck, W. (Hrsg.): *Förderplanung Grundlagen – Methoden –Alternativen* (199-235). Weinheim: Beltz.

Mutzeck, W.; Schulze, G.; Rühlmann, M. (2000): Die Qualität von Fördergutachten an Förderschulen für Erziehungshilfe und an Förderschulen für Lernbehinderte im Freistaat Sachsen. Forschungsbericht. Universität Leipzig.

Myschker, N. (1999[3]): Verhaltensstörungen bei Kindern und Jugendlichen. Erscheinungsformen – Ursachen – Hilfreiche Maßnahmen. Stuttgart: Verlag W. Kohlhammer.

Neukäter, H. (2008): Ansatz der kognitiven Verhaltensmodifikation. In: Vernooij, M. A.; Wittrock, M. (Hrsg.) (2008[2]): *Verhaltensgestört?! Perspektiven, Diagnosen, Lösungen im Pädagogischen Alltag* (83- 100). Paderborn: Ferdinand Schöningh.

Niedermann, A.; Sassenroth, M. (2004): Dani hat Geburtstag. Bilder- und Arbeitsbuch. Ein Instrument zur Feststellung und Förderung der Leseentwicklung. Horneburg: Persen.

Niedermann, A.; Sassenroth, M. (2007): Dani hat Geburtstag. Kommentar zu den Lesestufen. Ein Instrument zur Feststellung und Förderung der Leseentwicklung. Horneburg: Persen.

Nielsen, L. (2002): Beobachtungsbogen für mehrfachbehinderte Kinder. Entwicklungsniveau 0 - 48 Monate. Würzburg: Edition Bentheim.

Nußbeck, S. (2008): Psychologisch-pädagogische Diagnostik im Förderschwerpunkt „Geistige Entwicklung“. In: Nußbeck, S.; Biermann, A.; Adam, H. (Hrsg.): *Sonderpädagogik der geistigen Entwicklung. Handbuch der Sonderpädagogik Band 4* (227-250). Göttingen: Hogrefe.

Nußbeck, S.; Biermann, A.; Adam, H. (2008) (Hrsg.): *Sonderpädagogik der geistigen Entwicklung. Handbuch der Sonderpädagogik Band 4.* Göttingen: Hogrefe.

Oerter, R.; Montada, L. (1995) (Hrsg.): Entwicklungspsychologie. Ein Lehrbuch. Weinheim: Beltz.

Ondracek, P.; Stormer, N. (2007): Diagnostik und Planung Diagnostics and Planning. European Inclusion Studies (15-77). Berlin.

Pauly, E. (1997): Im Blickpunkt – Schulzeitplanung. In: Klöpfer, S. (Hrsg.): *Sonderpädagogik praktisch* (159- 163). Reutlingen: Diakonie-Verlag.

Perleth, Ch. (2003): Grundlagen der sonderpädagogischen Diagnostik. In: Leonhardt, A.; Wember, F. B. (Hrsg.): *Grundfragen der Sonderpädagogik. Bildung – Erziehung – Behinderung* (166-190). Weinheim: Beltz.

Petermann, U.; Petermann F. (2006): Zum Stellenwert sonderpädagogischer Förderdiagnostik. In: Petermann, U.; Petermann, F. (Hrsg.): *Diagnostik sonderpädagogischen Förderbedarfs. Jahrbuch der pädagogisch-psychologischen Diagnostik.* Band 5 (1-17). Göttingen: Hogrefe.

Petermann, U.; Petermann, F. (2006) (Hrsg.): Diagnostik sonderpädagogischen Förderbedarfs. Jahrbuch der pädagogisch-psychologischen Diagnostik Band 5. Göttingen: Hogrefe.

Pitsch, H.-J. (2002): Zur Didaktik und Methodik des Unterrichts mit Geistigbehinderten. Oberhausen: Athena.

Pitsch, H.-J.; Thümmel, I. (2005): Handeln im Unterricht. Zur Theorie und Praxis des Handlungsorientierten Unterrichts mit Geistigbehinderten. Oberhausen: Athena.

Pitsch, H.-J.; Thümmel, I. (2011): Zur Didaktik und Methodik des Unterrichts mit Geistigbehinderten. Oberhausen: Athena.

Preuss-Lausitz, U. (2004): Schwierige Kinder – schwierige Schule. Konzepte und Praxisprojekte zur integrativen Förderung verhaltensauffälliger Schülerinnen und Schüler. Weinheim: Beltz.

Probst, H.; Waniek, D. (2003): Emotionale Kompetenz im Jugendalter: Ressourcen und Gefährdungen. In: Salisch, M. von (Hrsg.): *Emotionale Kompetenz entwickeln, Grundlagen in Kindheit und Jugend* (51-72). Stuttgart.

Ratz, Ch.; Wittmann, E. Ch. (2011): Mathematisches Lernen im Förderschwerpunkt geistige Entwicklung. In: Ratz, Ch. (Hrsg.): *Unterricht im Förderschwerpunkt geistige Entwicklung. Fachorientierung und Inklusion aus didaktische Herausforderung (129-154).* Oberhausen: Athena.

Ricken, G. (2003): Psychomotorische und entwicklungsorientierte Verfahren zur Diagnostik des Rechnens. In: Fritz, A.; Ricken, G.; Schmidt, S. (Hrsg.): *Rechenschwäche. Lernwege, Schwierigkeiten und Hilfen bei Dyskalkulie* (260-282). Weinheim: Beltz.

Ricken, G. (2006): Lernprozessdiagnostik. In: Arnold, K. H.; Sandfuchs, U.; Wiechmann, J. (Hrsg.): *Handbuch Unterricht* (639-642). Bad Heilbrunn: Klinkhardt.

Ricken, G.; Fritz, A. (2009): Möglichkeiten und Grenzen der Diagnostik mathematischer Kompetenzen – was können wir erwarten? In: Fritz, A.; Schmidt, S. (Hrsg.): *Fördernder Mathematikunterricht in der Sekundarstufe I. Rechenschwierigkeiten erkennen und überwinden* (46-57). Weinheim: Beltz.

Rittmeyer Ch. (2005a): Kompendium Förderdiagnostik. Prinzipien, Methoden und Einsatzbereiche. Horneburg Niederelbe: Persen.

Rittmeyer, Ch. (2005b): Unterricht von Schülern mit geistiger Behinderung – Konzepte und Lernmaterialien. Hamburg: Verlag Dr. Kovač.

Rittmeyer, Ch. (2008): Schulprogramme und Qualitätssicherung. In: Nußbeck, S.; Biermann, A.; Adam, H. (Hrsg.): *Sonderpädagogik der geistigen Entwicklung. Handbuch Sonderpädagogik Band 4* (618-628). Göttingen: Hogrefe

Rödler, P. (1999): Kompetenzorientierung. In: Bundschuh, K.; Heimlich, U.; Krawitz, R. (Hrsg.): *Wörterbuch Heilpädagogik* (178-179). Bad Heilbrunn: Klinkhardt.

Sander, A. (2001): Von der integrativen zur inklusiven Bildung. Internationaler Stand und Konsequenzen für die sonderpädagogische Förderung in Deutschlang. http://bidok.uibk.ac.at/library/sander-inklusion.html.

Sander, A. (2002): Kind-Umfeld-Analyse: Diagnostik bei Schülerinnen und Schülern mit besonderem Förderbedarf. In: Mutzeck, W. (Hrsg.): *Förderdiagnostik. Konzepte und Methoden* (12-21). Weinheim: Beltz.

Sander, A. (2007): Zu Theorie und Praxis individueller Förderpläne für Kinder mit sonderpädagogischem Förderbedarf. In: Mutzeck, W. (Hrsg.): Förderplanung Grundlagen – Methoden –Alternativen (14-32). Weinheim: Beltz.

Sassenroth, M. (2003): Schriftspracherwerb. Entwicklungsverlauf, Diagnostik und Förderung. Bern: Haupt.

Schäfer, H. (2008): Zur Qualitätsentwicklung an der Schule mit dem Förderschwerpunkt ganzheitliche Entwicklung. In: *Sonderpädagogische Förderung*, 53 (2), 132-161.

Schäfer, H. (2009a): Für das Leben lernen – Vorhaben und Unterrichtseinheiten an der SFG. In: *Lernen Konkret*, 28, 4-7.

Schäfer, H. (2009b): Unterrichtsplanung an der SFG – Grundsätzliche Gedanken und praktische Hilfen. In: *Lernen Konkret*, 28, 8-12.

Schäfer, H. (2009c): Lesen und Schreiben im Förderschwerpunkt geistige Entwicklung. Historische Entwicklungen und neue Ansätze im Sinne einer subjektbezogenen Didaktik. In: *Teilhabe*, 48, 196-201.

Schäfer, H. (2010): Förderplanung vom Kinde aus – zur Notwenigkeit und Bedeutung einer individualpädagogischen Förderplanarbeit im Förderschwerpunkt geistige Entwicklung. In: *Praxis Info G*, 28, 33-53.

Schäfer, H. (2011): Zur Wirkungsweise von lautgebärden im Förderschwerpunkt geistige Entwicklung. In: *Behindertenpädagogik*, 50 (2), 200-212.
Schäfer, H. (2012): Leichte Sprache. Theoretische Herleitung und Handhabung in der Praxis. In: *Lernen Konkret* 31 (2), 22-29.
Schäfer, I.; Bikner-Ahsbahs, A. (2009): „Schwache Schüler" motivationsorientiert fördern. In: Fritz, A.; Schmidt, S. (Hrsg.): *Fördernder Mathematikunterricht in der Sekundarstufe I.* (201-212). Weinheim: Beltz.
Schauder, T. (Herausgegeben von Petermann, F. / Jäger, R. S.) (2011 – 3 vollständig überarbeitete und neu normierte Auflage 2011): ALS Aussagenliste zum Selbstwertgefühl für Kinder und Jugendliche. Bern: Hogrefe.
Schaupp, H.; Lenhart, F.; Holzer, N. (2010): ERT 4+. Eggenberger Rechentest, Diagnostikum für Dyskalkulie für das Ende der 4. Schulstufe bis Mitte der 5. Schulstufe. Göttingen: Verlag Ernst Huber.
Scheerer-Neumann, G. (1990): Sa: Sa: tä: I Sattel: Leseprotokolle unter der Lupe. In: Balhorn, H.; Brügelmann, H. (Hrsg.): *Das Gehirn, sein Alphabet und andere Geschichten* (258-266). Konstanz: Libelle.
Scheerer-Neumann, G.. (1995): Wortspezifisch: Ja – Wortbild: Nein. Ein letztes Lebewohl an die Wortbildtheorie. In: Balhorn, H.; Brügelmann, H. (Hrsg.): *Rätsel des Schriftspracherwerbs. Neue Sichtweisen aus der Forschung.* (149-173). Lengwil am Bodensee: Libelle.
Schenk, Ch. (2002): Lesen und Schreiben lernen und lehren. Eine Didaktik des Schriftspracherwerbs. Hohengehren: Schneider.
Scherer, P. (2012): Produktives Lernen für Kinder mit Lernschwächen. Buxtehude: Persen.
Schlee, J. (1985a): Zum Dilemma der heilpädagogischen Diagnostik. In: *Vierteljahresschrift für Heilpädagogik und ihrer Nachbargebiete VHN*, 54, 256-279.
Schlee, J. (1985b): Helfen verworrene Konzepte dem Denken und Handeln in der Sonderpädagogik? Eine Auseinandersetzung mit der Förderdiagnostik. In: *Zeitschrift für Heilpädagogik*, 36, 860-891.
Schlee, J. (2003): Diagnostik von Lernprozessen durch Rekonstruktion subjektiver Theorien. In: Eberwein, H.; Knauer, S. (Hrsg.) *Lernprozesse verstehen. Wege einer neuen (sonder-)pädagogischen Diagnostik (66-80).* Weinheim: Beltz.
Schlee, J. (2007^3): Fördern als planvolle Veränderung Subjektiver Theorien. In Mutzeck, W. (Hrsg.): *Förderplanung.* (178-198). Weinheim: Beltz.
Schlee, J. (2008): 30 Jahre „Förderdiagnostik" – eine kritische Bilanz. In: *Zeitschrift für Heilpädagogik*, 59, 122-131
Schob, C.; Jainz, A. (2004): Förderplan – Förderplanung. In: Mutzeck, W.; Jogschies, P. (Hrsg.): *Neue Entwicklungen in der Förderdiagnostik. Grundlagen und Praktische Umsetzungen* (289-292). Weinheim: Beltz.
Schönrade, S.; Pütz, G. (2003): Die Abendteuer der kleinen Hexe. Bewegung und Wahrnehmung beobachten, verstehen, beurteilen, fördern. Dortmund: Borgmann.
Schründer-Lenzen, A. (2007): Schriftspracherwerb und Unterricht. Bausteine professionellen Handlungswissens. Wiesbaden: VS Verlag.
Schuck, D.; Knebel, U. von; Lemke, W.; Schwohl, J.; Sturm, T. (2006): Rahmenbedingungen und diagnostische Umsetzung zur Feststellung sonderpädagogischen Förderbedarfs in Hamburg und Schleswig-Holstein. In: Petermann, U.; Petermann F. (Hrsg.): *Diagnostik sonderpädagogischen Förderbedarfs. Jahrbuch der pädagogisch-psychologischen Diagnostik.* Band 5 (37- 66). Göttingen: Hogrefe.
Schuck, K. D. (2004): Zur Bedeutung der Diagnostik bei der Begleitung von Lern- und Entwicklungsprozessen. In: *Zeitschrift für Heilpädagogik*, 55, 350-360.

Schulte-Körne, G. (2004): Lese-Rechtschreibstörung . Symptomatik, Diagnostik, Verlauf, Ursachen und Förderung. In: Thomé, G. (Hrsg.): *Lese-Rechtschreib-Schwierigkeiten (LRS) und Legasthenie. Eine grundlegende Einführung* (64-85). Weinheim: Beltz.

Schulte-Peschel, D., Tödter, R. (1999): Einladung zum Lernen. Dortmund: Verlag Modernes Lernen.

Schulz von Thun, F. (1981): Miteinander reden 1: Störungen und Klärungen. Allgemeine Psychologie der Kommunikation. Berlin: Rowohlt.

Schulze, G. G. (2004): Ergebnisse einer Analyse förderpädagogischer Gutachten in Sachsen. In: Mutzeck, W.; Jogschies, P. (Hrsg.): *Neue Entwicklungen in der Förderdiagnostik.* (220-237). Weinheim: Beltz.

Schumann, G., Burghardt, M.; Stöppler, Th. (2009): Zur Qualität professionellen Handelns von Sonderpädagoginnen und Sonderpädagogen. In: Wember, F. B.: Prändl, St. (Hrsg.): *Standards der sonderpädagogischen Förderung* (109-122). München: Reinhardt.

Schurad, H. et al. (2006[2]): Curriculum Sachunterricht für die Schule für Geistigbehinderte. Oberhausen: Athena

Schuster, Michael (2009): Kinderzeichnungen. Wie sie entstehen, was sie bedeuten. München: Reinhardt.

Schwarz, J. (2007): Portfolioarbeit in der Sekundarstufe II. Das Gelungene fördern – ein Dialog in Briefen. In: *Pädagogik*, 59, 28-33.

Schwenck, Ch.; Schneider, W. (2006): Diagnostik bei Teilleistungsstörungen des Lesens und Schreibens. In: Petermann, U.; Petermann, F. (Hrsg.): *Diagnostik sonderpädagogischen Förderbedarfs. Jahrbuch der pädagogisch-psychologischen Diagnostik.* Band 5 (117-138). Göttingen: Hogrefe.

Seiffge-Krenke, I. (2002): Emotionale Kompetenz im Jugendalter: Ressourcen und Gefährdungen. In: Salisch, M. von (Hrsg.): *Emotionale Kompetenz entwickeln, Grundlagen in Kindheit und Jugend* (51-72). Stuttgart.

Seitz, S. (2006): Die Frage nach dem 'Kern der Sache'. Bidok.uibk.ac.at/library/inkl-o1-06-seitz-didaktik.html.

Seitz, W.; Rausche, A. (2004[4]): PFK 9-14 Persönlichkeitsfragebogen für Kinder zwischen 9 und 14 Jahren. Bern: Hogrefe.

Sekretariat der ständigen Konferenz der Kultusminister der Länder der Bundesrepublik Deutschland KMK (1994): Empfehlungen zur sonderpädagogischen Förderung in der Schulen in der Bundesrepublik Deutschland.

Sekretariat der ständigen Konferenz der Kultusminister der Länder der Bundesrepublik Deutschland KMK (1998): Empfehlungen zum Förderschwerpunkt geistige Entwicklung.

Sekretariat der ständigen Konferenz der Kultusminister der Länder der Bundesrepublik Deutschland KMK (2006): Fördern und Fordern – eine Herausforderung für Bildungspolitik, Eltern, Schule und Lehrkräfte. Gemeinsame Erklärung der Bildungs- und Lehrergewerkschaften und der Kultusministerkonferenz vorgestellt.

Sommer-Stumpenhorst, N. (2006): Lese- und Rechtschreibübungen: Vorbeugen und überwinden. Berlin: Cornelsen.

Speck, Otto (1970): Der geistigbehinderte Mensch und seine Erziehung. München: Reinhardt.

Speck, Otto (1979): Verhaltensstörungen, Psychopathologie und Erziehung. Berlin: Marhold.

Speck, O. (1996): Erziehung und Achtung vor dem Anderen. Zur moralischen Dimension der Erziehung. München: Reinhardt.

Speck, O. (1997): Chaos und Autonomie in der Erziehung. Erziehungsschwierigkeiten unter moralischem Aspekt. München: Reinhardt.

Speck, O.: (1998[4]): System Heilpädagogik - eine ökologisch-reflexive Grundlegung. München: Reinhardt.
Speck, O. (2005): Menschen mit geistiger Behinderung und ihre Erziehung. München: Reinhardt.
Speck, O. (2012): Schulische Inklusion – Regel und Ausnahme. In: *Sonderpädagogische Förderung heute*, 57, 176-182
Stein, R. / Faas, A. (1999): Unterricht bei Verhaltensstörungen. Ein integratives didaktisches Modell. Neuwied: Luchterhand.
Steinborn, M. (o.J.): Mindmap zu: Die Stadien der Entwicklung von Lernstörungen (unveröffentlichtes Manuskript).
Stichling, M. (2007): Didaktik. Didaktische Modelle. In: Theunissen, G.; Kulig, W.; Schirbort, K. (Hrsg.): *Handlexikon Geistige Behinderung. Schlüsselbegriffe aus der Heil- und Sonderpädagogik, Sozialen Arbeit, Medizin, Psychologie, Soziologie und Sozialpolitik* (76-79). Stuttgart: Kohlhammer.
Störmer, N. (2007): Fokus auf Kompetenzen und Ressourcen. In: Ondracek, P.; Störmer, N. (Hrsg.): *Diagnostik und Planung. Diagnsotics and planings.* Berlin: Frank und Timme.
Stock, C.; Schneider, W. (2008a): DERET 1-2+. Deutscher Rechtschreibtest für das erste und zweite Schuljahr. Göttingen: Hogrefe.
Stock, C.; Schneider, W. (2008b): DERET 3-4+. Deutscher Rechtschreibtest für das dritte und vierte Schuljahr. Göttingen: Hogrefe.
Straßmeier, W., Speck, O, Homann, G. (1990): Förderung von Kindern mit schweren geistigen Behinderungen in der Schule. München: Reinhardt.
Straßmeier, W. (1997): Didaktik für den Unterricht mit geistigbehinderten Schülern. München: Reinhardt.
Suchodoletz, W. von (2007): Prävention von Entwicklungsstörungen. Göttingen: Hogrefe.
Suhrweier, H. (2002): Prinzipien einer Förderdiagnostik. In: Mutzeck, W. (Hrsg.): *Förderdiagnostik. Konzepte und Methoden* (39-55). Weinheim Basel: Beltz.
Tacke, G.; Völker, R.; Lohmüller, R. (2001): Die Hamburger Schreibprobe: Probleme mit einem neuen Rechtschreibtest. In: *Psychologie in Erziehung und Unterricht*, 48, 135-145
Theilen, U. (2004a): Mach Musik. Rhythmische und musikalische Angebote für Menschen mit schweren Behinderungen. München: Reinhardt.
Theilen, U. (2004b): Sprachlos? Von wegen! Kommunikation mit Kindern mit schweren Behinderungen. München: Reinhardt.
Theilen, U. (2006): Mach doch mit! Lebendiges Lernen mit schwerbehinderten Kindern. München: Reinhardt.
Trost, R. (2003): Förderplanung mit Menschen mit geistiger Behinderung. In: Irblich, Dieter; Stahl, Burkhard (Hrsg.): *Menschen mit geistiger Behinderung* (502-558). Göttingen: Hogrefe.
Trost, R. (2007): Förderplanung. In: Theunissen, G.; Kulig, W.; Schirbort, K. (Hrsg.): *Handlexikon Geistige Behinderung. Schlüsselbegriffe aus der Heil- und Sonderpädagogik, Sozialen Arbeit, Medizin, Psychologie, Soziologie und Sozialpolitik* (117-119). Stuttgart: Kohlhammer.

Vernooij, M.; Wittrock, M. (2008[2]) (Hrsg.): Verhaltensgestört?! Perspektiven, Diagnosen, Lösungen im Pädagogischen Alltag. Paderborn: Ferdinand Schöningh.
Vetter, Th. (1972): Das geistig behinderte Kind – seine Erziehung seine Bildung. Villingen: Neckar-Verlag.
Vierlinger, R. (1999): Leistung spricht für sich selbst. Direkte Leistungsvorlage (Portfolios) statt Ziffernzensuren und Notenfetischismus. Heinsberg.

Vierlinger, R. (2009): Direkte Leistungsvorlage. Portfolios als Zukunftsmodell der schulischen Leistungsbeurteilung. In: Brunner, I.; Häcker, Th.; Winter, F. (Hrsg.): *Das Handbuch Portfolio. Konzepte – Anregungen – Erfahrungen – aus Schule und Lehrerbildung* (40-45). Seelze: Kallmeyer.

Wagenschein, M. (1997): Verstehen lehren. Weinheim: Beltz.
Wember, F. B.; Prändl, St. (Hrsg.) (2009): Standards der sonderpädagogischen Förderung. München: Reinhard.
Wehrmann, M. (2003): Quadriga – Qualitative Diagnostik von Rechenschwierigkeiten im Grundlagenbereich Arithmetik – informelles Testverfahren für das 1. Bis 6. Schuljahr. Braunschweig: Institut für mathematisches Lernen.
Weinert, F. E. (2000): www.widawiki.wiso.uni-dortmund.de/index.php/lehrerkompetenz
Wember, F. (2003): Die Entwicklung des Zahlbegriffs aus psychologischer Sicht. In: Fritz, A.; Ricken, G.; Schmidt, S. (Hrsg.): *Rechenschwäche. Lernwege, Schwierigkeiten und Hilfen bei Dyskalkulie* (48-64). Weinheim: Beltz.
Wendeler, J. (2000): Förderdiagnostik für Grund- und Sonderschulen. Praxisorientierte Entwicklung von Lernzieltests. Weinheim: Beltz.
Wieczerkowski, W.; Nickel, H.; Janowski, A.; Fittkau, B.; Rauer, W. (1981[6]): AFS Angstfragebogen für Schüler. Bern: Hogrefe
Wiedenhorn, Th. (2006): Das Portfolio-Konzept in der Sekundarstufe. Individualisiertes Lernen organisieren. Mülheim an der Ruhr.
Willmann, M. (2012): De-Psychologisierung und Professionalisierung der Sonderpädagogik. Kritik und Perspektiven einer Pädagogik für „schwierige" Kinder. München: Reinhardt.
Winter, F. (2007): Portfolioarbeit im Unterricht. Orientierungspunkte und Indikatoren. In: *Pädagogik*, 59, 34-39
Wittling, W (1996): Piaget. In: Arnold, W.; Eysenck, H. J.; Meili, R. (Hrsg.*): Lexikon der Psychologie Band 2* (1636-1639). Freiburg: Herder.
Wittrock, M. (1998) (Hrsg.): Verhaltensstörungen als Herausforderung: Pädagogisch-therapeutische Erklärungs- und Handlungsansätze. Universität Oldenburg
Wocken, H. (o.a.A.). Andere Länder, andere Schüler, vergleichende Untersuchungen von Förderschülern in den Bundesländern Brandenburg, Hamburg und Niedersachsen (nach Feyerer 2011,10)
Wood, M. M. et al. (1986): Develpmental Therapy in the claasroom. Methods for Teaching Students with Social, Emotional or Behavioral Handicaps. Austin Texas
Woolfolk, A. (2008[10]): Pädagogische Psychologie. München: Pearson.

Zech, F. (2002): Grundkurs Mathematikdidaktik. Theoretische und praktische Anleitungen für das Lehren und Lernen von Mathematik. Weinheim. Beltz
Ziler, H. (1970): Der Mann-Zeichen-Test in detailstatistischer Auswertung. Münster: Aschendorf.
Ziler, H. (2000[11]): Der Mann-Zeichen-Test in detailstatistischer Auswertung. Münster: Aschendorf.

Bildquellennachweis

Abb. 1	Metawissen I: Entwicklungsverläufe und Störungsbilder (Seite 17).	Kretschmann, R. (2004): Diagnostikausbildung – für alle Lehrerinnen und Lehrer? In: Mutzeck, W.; Jogschies, P. (Hrsg.): Neue Entwicklungen in der Förderdiagnostik 123-137). © Weinheim: Beltz.
Abb. 2	Aussagen sozialnormorientierter Testungen (Seite 22).	Rudolf Kretschmann (2006): Stärken erkennen. Pädagogische Diagnosen als Basis für Lehrerhandeln (13). Bremen. Unveröffentlichtes Manuskript.
Abb. 3	Aussagen sozialnormorientierter Testungen (Seite 22).	Rudolf Kretschmann (2006): Stärken erkennen. Pädagogische Diagnosen als Basis für Lehrerhandeln (12). Bremen. Unveröffentlichtes Manuskript.
Abb. 4	Abfolge in der Förderplangestaltung (Seite 28–32).	Rudolf Kretschmann (2006): Stärken erkennen. Pädagogische Diagnosen als Basis für Lehrerhandeln. Bremen. Unveröffentlichtes Manuskript.
Abb. 5	Verlaufsmodell sonderpädagogischer Diagnostik (Seite 36).	Arnold, K. H.; Kretschmann, R. (2002): Von der Eingangsdiagnose zu Förderungs- und Fortschreibungsdiagnosen. In: *Zeitschrift für Heilpädagogik*, 53 (7) 266-271
Abb. 6	Entwicklung einer Normalverteilung nach Körpergrößen (Seite 61).	Nach Günthart (1946, 168) in: Kleber, E. (1978): Lehrbuch der sonderpädagogischen Diagnostik. © Berlin: Marhold.
Abb. 7	Normalverteilungskurve mit Standardskala und Flächenanteilen (Seite 62).	Konrad Bundschuh: Einführung in die sonderpädagogische Diagnostik (103). © 7., überarbeitete Auflage 2010 Ernst Reinhardt Verlag München / Basel, www.Reinhardt-Verlag.de
Abb. 8	Die sogenannte z-Skala (Seite 63).	Eigene Grafik (Rittmeyer / Schäfer 2012).
Abb. 9	Gebräuchliche Skalen in der Testdiagnostik (Seite 64).	Eigene Grafik (Rittmeyer / Schäfer 2012).

Abb. 10	Verschiedene Normskalen und ihr Bezug zur Normalverteilung (Seite 64).	Ingenkamp, K.; Lissmann, U. (2008[6]): Lehrbuch der Pädagogischen Diagnostik Seite (66). Weinheim: Beltz.
Abb. 11 bis 16	Abbildungen (11 bis 16) zum Pädagogischen Teufelskreis (Seiten 74-78).	Breuninger, F. I. (o. J.): Teufelskreise Lerntherapeutisches Kompendium. Braunschweig: Legasthenie-Zentrum e. V.
Abb. 17	Die Stadien der Entwicklung von Lernstörungen in Anlehnung an Betz / Breuninger (Seite 80).	Die Grafik stammt von Michael Steinborn, unveröffentlichtes Manuskript, o.J.
Abb. 18	Titelseite „DANI hat Geburtstag“ (Seite 90).	Aus: „Dani hat Geburtstag“, Albin Niedermann, Martin Sassenroth. © Persen Verlag, Buxtehude – AAP Lehrerfachverlage GmbH
Abb. 19	Kommentar zum Bilderbuch – Umschlag (Seite 91).	Aus: Ein Instrument zur Feststellung und Frühförderung der Leseentwicklung, Niedermann, Martin Sassenroth. © Persen Verlag, Buxtehude – AAP Lehrerfachverlage GmbH
Abb. 20	Die Beispielseiten 10 und 11 aus dem Bilderbuch (Seite 92).	Aus: „Dani hat Geburtstag“, Albin Niedermann, Martin Sassenroth. © Persen Verlag, Buxtehude – AAP Lehrerfachverlage GmbH
Abb. 21	Tabelle aus Niedermann / Sassenroth (2007, 7) in Anlehnung an Scheerer-Neumann (1990). (Seite 92).	Aus: Ein Instrument zur Feststellung und Frühförderung der Leseentwicklung, Niedermann, Martin Sassenroth. © Persen Verlag, Buxtehude – AAP Lehrerfachverlage GmbH
Abb. 22	Kommentierung der Seite 3 bis 9 des Bilderbuches „DANI hat Geburtstag“ (Seite 93).	
Abb. 23 **Abb. 24** **Abb. 25** **Abb. 26** **Abb. 27**	Testbogen zur HSP (Seiten 103-106).	Vorlagen aus: May, P. (2002): Hamburger Schreib-Probe (HSP). Hamburg: VPM
Abb. 28	“Imitation of Postures” aus dem SCSIT (Seite 126).	Ganser, Bernd (2001): Rechenstörungen. Diagnose Forderung Materialien (45 und 49). Donauwörth: Auer Verlag.
Abb. 29	Aufgaben zur Wahrnehmungskonstanz nach Frostig (Seite 127).	

Abb. 30	Abbildung aus Kaufmann / Wessolowski (2006, Anhang) Seite 134).	Kaufmann, S.; Wessolowski, S. (2006): Rechenstörungen. Diagnose und Förderbausteine. Seelze: Kallmeyer.
Abb. 31	Beobachtungsbogen (Seite 138).	Moser-Opitz, E.; Schmassmann, M. (2003): Heilpädagogischer Kommentar zum Zahlenbuch 1 (15) © Klett und Balmer AG, Zug.
Abb. 32	Spielplan zum Goldstückspiel (Seite 139).	Moser-Opitz, E.; Schmassmann, M. (2003): Heilpädagogischer Kommentar zum Zahlenbuch 1 Beilage. © Klett und Balmer AG, Zug.
Abb. 33	Beispiel für einen Feindiagnosebogen (Seite 144).	De Vries, C. (2008): DIFMAB. Diagnostisches Inventar zur Förderung mathematischer Basiskompetenzen. (17, 29 und 55). © Verlag Modernes Lernen. Dortmund 2006 / 2008.
Abb. 34	Kopiervorlage zum abgebildeten Feindiagnosebogen (Seite 145).	
Abb. 35	Der Förderbegleitbogen (Seite 146).	
Abb. 36	Modelle der Pädagogik bei Verhaltensstörungen (Seite 154).	Clemens Hillenbrand: Einführung in die Pädagogik bei Verhaltensstörungen. © 4., überarb. Auflage 2008 Ernst Reinhardt Verlag München / Basel (76). www.Reinhardt-Verlag.de
Abb. 37	Fall 17 – Beispiel au Brem-Gräser (Seite 167).	Luitgard Brem-Gräser: Familie in Tieren. Die Familiensituation im Spiegel der Kinderzeichnung (127). © 10., Auflage 2011 Ernst Reinhardt Verlag München / Basel www.Reinhardt-Verlag.de
Abb. 38	Bewertungskriterien MZA (Seite 170).	Mannhard, A. (2010): Kritische Auseinandersetzung mit Zeichentests in der therapeutischen und ärztlichen Praxis. In: *Kinder- und Jugendarzt*, 41, 1-4.
Abb. 39	Abbildungen aus Brosat / Tötemeyer (Seite 172).	Brosat, H.; Tötemeyer, N. (2007): Der Mann-Zeichen-Test in der detailstatistischen Auswertung nach Ziler in neubearbeiteter Auflage. Münster: Aschendorf Verlag.
Abb. 40	Normale Entwicklungsstufe, Alter, Förderort, Stufen der Entwicklungstherapie (Seite 174).	Erich, R. (2007): Kinder mit Verhaltensschwierigkeiten gezielt fördern. Das Programm der Entwicklungstherapie (48). Stuttgart: Raabe.

Abb. 41	Stufenmodell der sozial-emotionalen Entwicklung (Seite 174).	Erich, R. (2007): Kinder mit Verhaltensschwierigkeiten gezielt fördern. Das Programm der Entwicklungstherapie / Entwicklungspädagogik (47). Stuttgart: Raabe.
Abb. 42	Fallbeispiel „*Miriam*": Auszug aus einer ELDIB-Einschätzung (175).	Erich, R. (2007): Kinder mit Verhaltensschwierigkeiten gezielt fördern. Das Programm der Entwicklungstherapie / Entwicklungspädagogik (55). Stuttgart: Raabe.
Abb. 43	Das Modell der sozial-kognitiven Informationsverarbeitung (180).	Cierpka, M. (2007): Faustlos für Kindergarten und Schule. In: Suchodoletz, W. von (Hrsg.): *Prävention von Entwicklungsstörungen* (205). Göttingen: Hogrefe.
Abb. 44	Die beiden Programme für das Vorschulalter und die Klassenstufen 1 bis 2 (Seite 185).	Hillenbrand, C.; Hennemann, Th.; Hens, S. (2010): Lubo aus dem All – 1. und 2. Klasse.. München: Reinhardt.
Abb. 45	Beispiel einer klaren und strukturierten Raumplanung (Seite 188).	Erich, R. (2007): Kinder mit Verhaltensschwierigkeiten gezielt fördern. Das Programm der Entwicklungstherapie / Entwicklungspädagogik (91). Stuttgart: Raabe.
Abb. 46	Beispiel der Hausordnung der Rosenberg-Schule (Seite 197).	Rosenberg-Schule Bernkastel-Kues
Abb. 47	Grobstruktur einer Förderplanung (Seite 202).	Mutzeck, W.; Melzer, C. (2007): Kooperative Förderplanung: In: Mutzeck, W. (Hrsg.): *Förderplanung (210 und 215).* Weinheim: Beltz.
Abb. 48	Struktur der Kooperativen Erstellung und Fortschreibung individueller Förderpläne (Seite 203).	
Abb. 49	Phasen der Förderplanung (Seite 205).	Bundschuh, K.; Scholz, M.; Reiter, S. (2007): Konzeptualisierung einer praxisnahen und kompetenzorientierten Förderplanung (433). In: *Zeitschrift für Heilpädagogik*, 58, 430-438
Abb. 50	Diagnostik im Förderprozess (Seite 211).	Nußbeck, S. (2008): Psychologisch-pädagogische Diagnostik im Förderschwerpunkt „Geistige Entwicklung" (243). In: Nußbeck, S.; Biermann, A.; Adam, H. (Hrsg.): *Sonderpädagogik der geistigen Entwicklung. Handbuch der Sonderpädagogik Band 4* (227-250). Göttingen: Hogrefe Verlag GmbH & Co. KG.

Abb. 51	(Vorläufiges) Perspektivenschema zur Unterrichtsplanung (Seite 213).	Klafki, W. (1995[5]): Neue Studien zur Bildungstheorie und Didaktik. (272). Weinheim: Beltz.
Abb. 52	Der Prozesscharakter in der Förderplanung und der Zusammenhang zwischen Eingangsdiagnostik und Verlaufsdiagnostik (Seite 218).	ISB (Staatsinstitut für Schulpädagogik und Bildungsforschung) (1997): Die Schule zur individuellen Lebensbewältigung Leitgedanken zu Erziehung, Unterricht und Förderung (72). München.
Abb. 53	Portfolio-Begriffe (Seite 230).	Häcker, Th. (2009b): Vielfalt der Portfolio-Begriffe. Annäherungen an ein schwer fassbares Konzept (33 und 38). In: Brunner, I; Häcker, Th.; Winter, F. (Hrsg.): *Das Handbuch Portfolio. Konzepte – Anregungen – Erfahrungen – aus Schule und Lehrerbildung* (33 – 39). Seelze.
Abb. 54	Dimensionen zur Charakterisierung von Portfolioarbeit (Seite 231).	
Abb. 55	Der Portfolio-Prozess (Seite 235).	Ellmin, R.; Ellmin P. (2010): Lernprozesse sichtbar und einsichtig machen (17). Über die Arbeit mit Portfolios. In: *Pädagogik*, 62,16-20
Abb. 56	Rahmenmodell für Portfolio-Arbeit (Seite 237).	Inglin, O. (2009): Rahmenbedingungen und Modelle der Portfolioarbeit (82 und 85). In: Brunner, I.; Häcker, Th.; Winter, F. (Hrsg.): *Das Handbuch Portfolio.* (81-88). Seelze: Kallmeyer.
Abb. 57	Mögliche Handhabungen im Unterricht (Seite 238).d	